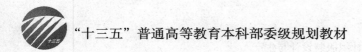
"十三五"普通高等教育本科部委级规划教材

针织服装设计基础

刘艳君　主编

中国纺织出版社

内 容 提 要

《针织服装设计基础》详细地介绍了针织服装设计与生产概述、针织服装的结构与样板设计的特点和方法、针织面料的特性对针织服装款式与样板设计的影响、原型法和规格演算法针织服装样板设计原理及步骤，并通过实例说明了这些方法的具体应用；同时对针织服装的裁剪工程及计算机技术在服装设计中的应用做了阐述。

本书既注重基础理论的讲解，又能与现实针织服装的生产实际相结合，图文并茂，通俗易懂。既可作为纺织类院校针织与服装专业的教材，也可供针织服装企业的设计与工程技术人员参考和阅读。

图书在版编目（CIP）数据

针织服装设计基础/刘艳君主编．—北京：中国纺织出版社，2016.5

"十三五"普通高等教育本科部委级规划教材

ISBN 978-7-5180-0920-6

Ⅰ．①针…　Ⅱ．①刘…　Ⅲ．①针织物—服装设计—高等学校—教材　Ⅳ．①TS186.3

中国版本图书馆CIP数据核字（2014）第199186号

策划编辑：孔会云　　特约编辑：刘艳雪　　责任校对：王花妮
责任设计：何　建　　责任印制：何　建

中国纺织出版社出版发行
地址：北京市朝阳区百子湾东里A407号楼　邮政编码：100124
销售电话：010—67004422　传真：010—87155801
http://www.c-textilep.com
E-mail：faxing@c-textilep.com
中国纺织出版社天猫旗舰店
官方微博http://weibo.com/2119887771
北京市密东印刷有限公司印刷　各地新华书店经销
2016年5月第1版第1次印刷
开本：787×1092　1/16　印张：18
字数：314千字　定价：48.00元

前言
Preface

　　针织服装是指采用针织面料缝制加工的服装或用针织技术直接生产的成形服装。由于针织物独特的结构特点，使针织服装形成了与机织面料服装不同的性能和风格，以其手感柔软、穿着舒适、富有弹性等优良性能，受到人们的普遍青睐，获得了蓬勃的发展生机。特别是近年来随着针织新技术、新工艺与新原料的应用，使针织面料性能更加完善，针织服装在服装中所占的比例越来越大，其种类已从传统的内衣和袜品发展到家居服、休闲服、运动服、高档外衣和时装等各个服装领域，所占的份额呈不断扩大的趋势。随着针织技术和服装加工技术的进一步提高，针织服装还将会有更广阔的发展空间。

　　针织服装是我国针织工业的重要支柱之一，为其培养专门的人才是纺织与服装院校的职责。随着教育改革的不断深化和高新技术在针织服装生产中的应用，对针织服装的教学也提出了更高的要求，亟待一本能适应目前针织服装生产需要的教材来满足教学的需求。为此，编者在参考国内外相关服装设计书籍的基础上，结合目前针织服装的生产实际，编写了本书。

　　为了使学生具有系统的设计理论知识，本书介绍了色彩设计的基础知识、服装造型的构成要素和造型美的基本原理。较详细地介绍了针织服装设计的特点，样板设计的方法，针织服装的生产工程等内容，并通过各类针织服装样板设计实例说明了这些方法的具体应用。对计算机技术在服装生产中的应用等内容也进行了介绍。全书图文并茂，阐述深入浅出，通俗易懂。期望本书对提高针织服装的教学水平，及提高企业工程技术人员与管理人员的技术水平起到一定的推动作用。

　　本书由刘艳君主编，全书共分十章，其中第一章、第五章第五节和第十章由吉林大学韩红爽编写；第二章和第三章由西安工程大学宋瑶编写，第四章，第五章第三节和第六节，第六章和第八章由西安工程大学的刘艳君编写；第七章和第九章由西安工程大学周捷编写。第五章第一节、第二节和第四节由咸阳职业技术学院吕灵凤编写。全书由刘艳君统稿。

本书在编写过程中，参阅了大量国内外有关文献资料，在此谨对这些编著者致以谢意。同时对在本书的编写过程中提供支持和帮助的针织服装生产企业及个人表示衷心的感谢。

　　由于作者水平有限，书中疏漏、错误之处在所难免，恳请各位读者对书中的不足之处给予批评指正。

编者

2015年3月

课程设置指导

本课程设置意义

针织服装以其手感柔软、舒适透气、适体美观等优良性能，受到广大消费者的青睐，需求量不断增加。特别是近年来随着针织工业的发展，新工艺、新技术不断出现，为针织服装设计提供了丰富多彩、性能各异的面料，使针织服装的使用范围不断扩大。从内衣、运动装扩展到外衣、休闲装、职业装等各个领域，使得针织服装制衣企业越来越多，社会对针织服装设计人才的需求将极为旺盛。设置《针织服装设计基础》课程，既可以满足企业对人才的需求，又能拓宽学生的专业知识面，使学生毕业后具有纵向延伸有针对性、横向拓宽有选择性的特点，从而培养出知识结构合理、适应性更强的专业技术人才。

本课程教学建议

《针织服装设计基础》作为纺织工程专业针织专业方向的一门专业课程，建议学时为48～64课时，教学内容可以根据各院校专业方向设置的目的和培养目标，选择本书的全部内容或所需要的部分内容。

《针织服装设计基础》还可作为针织服装制衣企业的设计与工程技术人员的参考书籍。

本课程教学目的

《针织服装设计基础》课程是纺织工程专业，针织方向本科生的一门专业核心课程。在本专业方向的培养中起着非常重要的作用。该课程是理论教学与基本技能培养并重的一门课。课程的目的是在基本设计理论学习的基础上，培养学生灵活运用基本理论进行服装样板设计的能力。通过本课程的学习，使学生掌握服装设计的基础理论知识和服装平面法样板设计的基本方法与技巧，能结合针织面料的特点，灵活进行针织服装的款式及样板设计，并具有从事针织服装设计与技术管理的能力，为今后从事针织服装的生产打下良好的基础。

目录

Contents

第一章　针织服装设计概述

针织服装包括用针织面料缝制成形的针织服装和通过成形编织技术直接生产的成形编织针织服装。缝制成形的针织服装是指以针织面料为主要材料通过裁剪和缝制加工技术制作而成的各种针织服装。成形编织针织服装是指用针织成形技术直接编织而成的各种成形针织服装的总称，包括全成形或半成形的各种横机产品及各种无缝内衣等。针织服装作为服装中的一个大类，它既有一般服装的共性，又有着鲜明的个性。以其柔软、舒适、良好的弹性和悬垂性等优良的性能，受到广大消费者的青睐，获得了蓬勃的发展生机。特别是近年来，随着新原料、新技术和新工艺在针织生产中的应用，使得针织面料的品种更加丰富，性能更加完善，从而为针织服装的设计开发提供了更广阔的发展空间。

第一节　针织服装的分类

随着针织技术的发展，针织服装无论是从品种上，还是数量上都有了空前的发展，如今的针织服装已经从传统的内衣渗透到外衣、家居服、休闲装、运动装、高档时装等各个服装领域，从广义上讲，针织服装还可包括针织类服饰配件，如各类袜子、手套、帽子、围巾、披肩、领带等。如今的针织服装，品种繁多，应用广泛，针织服装作为人们生活必不可少的生活用品，对其加以分类，将有助于搞好针织产品的设计、生产、仓储和销售。种类如此繁多的针织服装根据不同的需要，可以采用不同的分类方法，常用的通常有如下几种。

一、按针织服装生产方式分

按生产方式不同，针织服装可分为裁剪类针织服装和成形类针织服装两大类。

1.裁剪类针织服装　裁剪类针织服装是指利用针织机先织出各种面料，然后再通过裁剪和缝制等加工工艺，生产出针织服装。这类针织服装面料主要是利用各种圆型纬编针织机和经编针织机生产，机器的机号比较高，所生产的面料比较细腻。

2.成形类针织服装　成形类针织服装包括全成形针织服装和半成形针织服装两种，全成形针织服装是指下机后不需要任何裁剪和缝制，就可以直接穿着的针织服装。这类服装主要是利用电脑横机生产的全成形毛衫和用全成形针织机生产的全成形无缝内衣类服装。半成形针织服装是指下机后不需要裁剪，只需要适当的缝合就能穿着的针织服装，这类服装是通过收放针或编织结构的变化等工艺，先生产出成形衣片，然后经缝合而成，主要包括针织背心、羊毛衫、羊绒衫、驼绒衫、棉线衫、腈纶衫等各种针织毛衫类服装及无缝内衣类产品。

二、按穿着对象分

按穿着对象可以分为男装、女装和童装。而在童装中，特别是婴幼儿服装，大多是针织服装，面料从汗布、罗纹、提花、夹层等到抓绒、摇粒绒等都应有尽有；服装款式从和尚服、连体衣、背心、短裤、线衣线裤、长短袖T恤、外套到棉衣棉裤等应有尽有。

三、按用途分

根据类型及用途可分为针织内衣、针织外衣、针织毛衫和针织配件。

1.**针织内衣**　针织内衣包括文胸、内裤、背心、补整内衣、装饰内衣、情趣内衣、美体内衣、保暖内衣、棉毛衫裤、睡衣、家居服等。

2.**针织外衣**　针织外衣主要包括针织运动服、针织休闲服、针织时装等。针织运动服包括竞技类专业运动服和日常穿着的休闲运动服；针织休闲服包括针织长短袖T恤衫、长短袖POLO衫、针织卫衣、抓绒服装、摇粒绒服装等。针织时装指由各类针织面料制作的时装外套，如时装小西服、风衣等。

3.**针织毛衫**　针织毛衫包括各种套头衫、开衫、假两件套、毛背心毛裤等。

4.**针织配件**　针织配件包括各类袜子、手套、帽子、头巾、围巾、披肩、领带等。袜子包括船袜、二骨袜、三骨袜、四骨袜、连裤袜、五分袜裤、七分袜裤、九分袜裤、袜套、露趾袜等。针织手套包括成形编织而成的和用针织坯布缝制而成的两大类，分装饰用、保暖用和劳保用三类。女士搭配礼服所戴手套为装饰类手套，而现在的保暖用手套也不单单只是保暖，花型也很多，也兼具装饰作用，随着触屏手机的出现，手套也带有触屏功能。毛线品种和针织花型的增多，针织帽子、围巾和披肩也同样兼具保暖和装饰的功能。针织领带不再仅仅局限于单一场合，而是依据编织针脚的细密程度、颜色、图案以及尾部形状的多变性，带来更多花样款式，成为百搭圣品。

第二节　针织服装设计概述

针织服装作为人类生活的必需品，不仅起到遮体御寒和保护人体的作用，现代针织服装更具装饰和美化人体的作用，一个人的着装，常常能够体现人的气质和文化修养。一件好的针织服装是款式造型、面料种类的选择、颜色的搭配等综合因素通过设计和生产制作出来的产品，是艺术与技术结合的产物。所以针织服装设计在针织服装生产中起着至关重要的作用。

一、针织服装设计的含义

针织服装设计作为一门综合性的艺术，包含了面料的材质、造型、色彩、图案、装饰工艺等多方面的内容，材料的质感与色彩、款式与造型，综合地表达出针织服装的实用功能和装饰效果，而这种功能和装饰效果的完美表现涉及针织服装面料的加工性能，要依托于针织服装的制作和成形技术。针织服装最终要以产品为最终目的进行销售，所以又涉及针织服装的信息、针织服装的展示设计和市场营销等方面的内容。

二、针织服装设计的特性

（一）针织服装设计的目的

针织服装设计是为了美化人体、美化生活、满足人们穿戴的需求。人的体型多种多样，标准身材的人极少，因此，如何弥补人体不足、更好地展现着装者优美的体态与气质，是针织服装设计的主要任务。因此，设计师不仅要了解人体的知识，同时需要注意收集国内外资讯，注重市场调查，有目的地探索使用新元素，了解新材料、新产品的特点，不断学习先进的科学技术，了解针织服装变化的趋势。设计之前充分考虑五个W和一个H的规则，五个W分别是为谁设计（Who）、什么时候（When）、什么地方（Where）、为什么设计（Why）和设计什么（What）。为谁设计（Who）主要是考虑穿着者的年龄、性别、体形、职业、个性、肤色、发型、发色、面色等；什么时候（When），主要考虑服装穿着的季节、时间等；什么地方（Where），主要是考虑服装的穿着场所、环境等；为什么设计（Why）主要涉及设计目的；设计什么（What）主要是指服装的种类。一个H是指多少（How），主要是考虑预算、销售价格等。

（二）针织服装设计的特性

1.**针织服装设计与人体**　针织服装设计必须以人体为依据，要依赖人体穿着和展示才能得到完成效果，还要受到人体结构的限制。针织服装设计在满足实用功能的基础上应密切结合人体特征，利用外型设计和内在结构的设计强调人体优美造型，扬长避短，充分体现人体美，展示服装与人体完美结合的整体魅力。一般服装的美化方式可分两种：一种是强调人体曲线美，比如旗袍、紧身衣等；另一种是炫耀人体局部美，或者是作为一种艺术构思，强调扩张某部位，如大大的泡泡袖，比如有填充的翘臀等。针织服装款式变化万千，然而最终还要受到人体的限制。不同国家、地区、年龄、性别，人的体态骨骼不尽相同，针织服装在人体运动状态和静止状态中的形态也有所区别，只有深入观察、分析、了解人体结构以及人体在运动中的特征，才能利用各种艺术和技术手段使针织服装艺术得到充分的发挥。针织服装无论是表现人体美，还是扩张造型，无论是经典服装还是流行服装，最终均由人体来穿着展示。

2.**针织服装设计与政治经济**　经济是一切上层建筑的基础，直接影响到人们的购买能力。政治的变化与经济的发展程度直接影响着人们的着装心理与方式，形成一个时代的着装特征。发达的经济和开放的政治使人们思想活跃，服装色彩丰富，款式风格多样。比如，唐朝曾在政治与经济上达到盛况，那一时期女性的服饰材质考究，装饰繁多，造型开放，体现出雍容华贵的着装风格；而在物质匮乏期间，人们的衣着色彩单调，款式统一，缺少变化；在改革开放后，经济发达，服装款式众多，人们的穿衣风格也多种多样。经济的发展刺激了消费和购买能力，促使针织服装设计推陈出新。而市场的需求也促进了生产水平与科技水平的发展，新型针织服装材料的开发，新设备的制造以及制作工艺的发展，大大增强了针织服装设计的表现活力。

3.**针织服装设计与文化及艺术** 不同民族的历史文化、民俗和生活方式的不同，使着装风格也不尽相同。东方的服装较为保守、含蓄、严谨、雅致，而西方的服装则较追求创新、奔放、大胆、随意。随着各国各地区的文化交流日益增加，服装设计中也吸取其他国家和其他民族的精华，形成自身独特的服饰风格。如近年来中国元素受到国外设计师的青睐，而西方的牛仔裤在我国广泛流行。此外，各类艺术思潮也会对针织服装产生巨大的影响。如抽象派的构成主义，前卫派的立方主义，或是回归自然、复古主义等，都会对针织服装产生一定的影响，成为当时的流行因素。

（三）针织服装设计的原则

1.**时间（Time）** 不同的气候条件对针织服装的设计提出不同的要求，针织服装的造型、面料的选择、装饰手法甚至艺术气氛的营造都要受到时间的影响和限制。如夏季针织服装在功能上要求以凉爽为主，而冬季服装在功能上以保暖为主，所以面料选择截然不同，针织服装的款式和色彩也要与季节相适合。白天和晚上的针织服装也不尽相同，特别是礼服设计，分日礼服和晚礼服，不同的礼服在款式、面料、色彩等的选择都不同。同时一些特别的时刻对针织服装设计也有特别的要求，如毕业典礼、结婚庆典、大型活动开幕式等。

2.**场合、环境（Place）** 人们在不同的环境和场合，均需要相应的服装来适合。如参加高级隆重的宴会要着礼服，休闲场所可以穿随意的休闲装，运动场所要着运动服，在家则换上家居服等。所以针织服装设计一定要考虑人们着装的需求与爱好，以及一定场合中的礼仪和习俗要求。优秀的针织服装设计必然是服装与环境的完美结合，充分利用环境因素，使针织服装更具魅力。

3.**主体、着装者（Object）** 针织服装设计是以人为主体的，人是设计的中心，不同的国家、地区、民族、性别、年龄的人，体型、风俗习惯、喜好等均不相同，在设计前要对人的各种因素进行分析、归类，才能使设计出的服装具有针对性。针织服装设计者应对不同人群的人体形态特征进行数据统计分析，并了解人体工程学方面的知识，加强艺术修养，以便设计出科学、合体、漂亮的服装。从个体的人来说，不同的文化背景、教育程度、个性与修养、艺术品位、肤色、性格、职业以及经济能力等因素都会影响其对针织服装的选择。

三、针织服装设计的内容

传统观念中，服装设计的要素主要包括款式、色彩和材料。款式造型和色彩又有着千丝万缕的联系，是服装最显著的外观特征。首先吸引人的是款式和颜色，之后才会更近一步看结构、做工、面料质量和成份等细节。材料包括面料和辅料两大类，面辅料的配伍合理、新颖独特保证服装质量的同时，还可以起到一定装饰美化的作用。在实际的服装设计中包括更多的有关设计的内容，这里只介绍针织服装的风格设计、款式设计、样板设计、缝制工艺设计和装饰设计。

（一）风格设计

服装风格是指服装所表达的外观款式和文化内涵的结合，是服装总体特征的一种感觉，是指一个时代、民族、流派或一个人的服装在形式和内容方面所显示出来的价值取向、内在品格和艺术特色。服装风格的设计是服装设计中的最高境界，它所体现的精神内涵和文化氛围，能够直接表达人们对社会生活的态度和追求美的心理需求。服装风格的设计，除了强调一种构思精巧、风格鲜明的造型美以外，更要以消费者为对象进行。根据消费者不同的年龄、性别、文化修养、审美情趣、社会地位和对服装的理解、认识，进行合理的风格定位，划分合适的消费群体，达到创造商业利润的目的。设计师也要关注社会经济、文化、科技的发展变革，人们的思想意识的变化，同时也要对不同时期的文化艺术背景和时代特征有深刻的理解，探索国际服装潮流变化的成因和规律，能够对流行倾向进行综合分析，预测未来服装发展的动向，在保持自己设计风格的前提下融入流行元素。服装风格有多种，分类的标准也很多，如商业标准和造型艺术标准等，不同的划分标准使得服装风格所表现的含义大不相同。从大的方面分，有以高消费层次和高文化素养且品位高雅的成熟女性为主要设计对象的优雅风格，她们有诸多社交需要；强调温柔、甜美的整体形象，给人梦幻、浪漫、清纯的服饰印象的浪漫风格；以西欧经典传统作为创作灵感，具有深厚的文化背景，比较保守，不太受流行的左右，有相对稳定的服装样式概念和整体着装标准，代表了长期的、安定的正统服装倾向的经典风格；与大都市建筑、道路等现代化景观以及快节奏的生活方式相呼应，以建筑设计和工业造型设计的构成原理来设计服装，给人以大都会、合理主义、高技术、机能、构成主义、几何学及具有未来感觉的服饰印象的都市风格；给人以轻松、随意、舒适为主，穿着方便，具有很强的季节适应性，年龄层跨度较大，注重面料的机能性和舒适的裁剪，线条自然、零部件少、外轮廓简单，搭配随意多变，色彩组合明快的休闲风格；给人叛逆、反传统、破坏性的感觉，服装以怪异为主线，富于幻想，运用超前流行的元素，线形变化大，强调对比感，打破传统服装比例和正常结构的稳定性，局部夸张，具有刺激、开放、强烈、奇特和独创形象的前卫风格……常见的服装细分风格包括：瑞丽、嬉皮、百搭、淑女、韩版、民族、欧美、学院、通勤、中性、嘻哈、田园、朋克、OL、洛丽塔、街头、简约、波西米亚等。

（二）款式设计

款式设计是一个艺术创作的过程，也称作造型设计，用于表达服装艺术构思和工艺构思的效果与要求，常用的表达方式有概念板、时装画、效果图、款式图等，不同的方式有不同的表现目的，且其应用也不同。款式设计主要包括外部造型设计和内部造型设计。外部造型设计主要是指服装的廓型设计，是设计的主体。内部造型设计主要包括省道、褶裥、分割线、领、袖等的设计。内部造型设计要符合外造型的风格特征，内外部造型设计要相呼应。在设计过程中注意将不同点、线、面、体的特征在服装造型中的运用。比如单个点的装饰，多个点的不同排列方式，给人刚强、简练、庄重之感的直线；给人圆顺、柔软、优雅、弹性、律动之感的曲线等。还要注意色彩的运用。在服装设计中对于色彩的选择与搭配要充分考虑到不同人群的年龄、性格、修养、兴趣与气质等相关因素，还要考虑到在不同的社会、政治、经济、文化、艺术、风气和传统生活习惯的影响下人们对色彩的不同感情。面料的选择要考虑流行趋势，因为服装最终是以产品的形式销售出去；充分考虑服装材料使用的适应性，包括面料本身的性能和是否适应服装设计的需求；还要注意面料的成本问题。选择的面料要与服装的整体风格统一融合，充分发挥面料的性能，并使面料在保证服装设计风格的同时，能够提升服装品质。比如优雅风格的服装尽量选择柔软、平滑、悬垂感强的面料，以化纤、真丝、缎织物和乔其纱、雪纺纱或蕾丝布为主，同时能够保证服装裁剪、缝制和熨烫等工艺上的要求。

（三）样板设计

样板设计也称结构设计、纸样设计、打板，是将款式造型设计的构思及形象思维形成的立体造型的服装转化为多片组合的平面结构图的工作。在服装设计过程中起着承上启下的作用，是款式设计的延续和补充，也是工艺设计的准备与基础。样板直接影响到服装的制作和成型水平。样板设计主要包括平面构成（平面裁剪）和立体构成（立体裁剪）两大类。样板设计的内容应包括对人体的体型、人体构造进行研究，并进行人体测量，确定服装的细部规格，同时还要注重对人体运动后皮肤的变形和服装放松量的研究，运用平面裁剪和立体裁剪完成样板制作，再进一步通过补正得到工业生产的样板，最后经过放码得到系列生产的样板。

平面裁剪是以人体体型、服装规格、服装款式、原料质地性能和工艺要求为依据，运用服装制图的方法，在纸上画出服装衣片和零部件的平面结构图，剪下制成样板供制作服装使用。平面裁剪需要积累大量的实践经验、精通服装工艺，否则属于"纸上谈兵"。平面裁剪使用的较早，有丰富的经验，是实践后经验的总结和升华，具有较强的理论性，并且尺寸较为固定，比例分配相对合理，可操作性强，对于一些定型产品可提高生产效率，比如衬衫、夹克、西装等，对于初学者来说，由于放松量有据可依，便于控制和运用。

立体裁剪是将服装的款式设计与造型工艺相结合，把坯布（与面料特性相接近的试样布）披挂在人体模型上，凭借设计师对服装结构与造型的理解，以人体或模特为操作对象，边造型边裁剪，通过收省、打褶、剪切、转移等手段直接表现服装造型的设计方法，最后按布样制成样板直接裁剪再制成服装的一种技术手段。立体裁剪有"软雕塑"之美称，具有艺术与技术的双重特性。立体裁剪是一种模拟人体穿着状态的裁剪方法，可以直接感知成衣的穿着形态、特征及松量等，是公认的最简便、最直接的观察人体体型与服装构成关系的裁剪方法，不仅适合专业设计和技术人员掌握，也非常适合初学者掌握。只要能够掌握立体裁剪的操作技法和基本要领，具有一定的审美能力，就能自由地发挥想象，进行设计与创作。这种方法不仅适用于结构简单的服装，也适用于款式多变的时装。立体裁剪不受平面计算公式的限制，更适用于个性化的品牌时装设计，在操作过程中，可以边设计、边裁剪、边改进，随时观察效果、随时纠正问题。

在实际样板设计过程中经常将平面裁剪与立体裁剪结合使用，两种技术的优点充分地发挥出来，使样板更加准确，制作的服装效果更佳。

（四）缝制工艺设计

缝制工艺设计是按照服装造型、结构、规格设计的实际效果和意图进行缝型设计，即缝纫组合的缝线形状，它是完成服装制作的首位要素。缝制工艺设计是要在缝制方法和缝型结构方面有所创新，设计出新的工艺形态，有利于开发新品种，提高产品质量，利于创立品牌占领市场。缝制工艺设计最基本的要求是牢固，缝纫结合处要有较好的强度，耐洗、耐磨、耐穿，其次要求表面形态优美，如缝边的宽窄、针距、缉线明暗、用线粗细、配线颜色等。缝制工艺设计人员要熟悉服装专业术语，缝纫设备和各种缝型。简单的缝制工艺，熨烫很少，一般是在服装成型后一次性解决熨烫问题；精做的服装，工序比较多，每个零部件一般都需边熨烫边缝制，有些部位还需"推、归、拔"工艺，常用熨烫符号如图1-1所示。

名称	烫干	烫圆	拉烫	缩烫	归烫	拔烫
符号	90℃	120℃	120℃	140℃	140℃	140℃
名称	湿烫	干烫	盖布烫	不能烫	黏合烫	蒸汽烫
符号	300℃	100℃	500℃	0℃	200℃	500℃
说明	符号中的数字表示熨烫温度，温度的高低应根据面料测试的承受度数来标注					

图1-1　常用熨烫符号

（五）装饰设计

针织服装装饰设计是一种综合性的装饰艺术，体现了材料、花色、款式、工艺等多种因素的协调之美，无论是舒适的家居服、正式的职业服，还是华丽的礼服，都会或多或少采用服装装饰技法，这些形式各异的装饰设计可以为服装增辉添色，或者起到画龙点睛的作用。

1.加法装饰设计　加法装饰设计是在成品面料的表面添加质地相同或不同的材料，一般是用单一的或两种以上的材质在现有面料的基础上进行黏合、热压、车缝、补、挂、绣、缀等工艺手段来改变织物原有的外观，形成立体的、多层次的、有特殊美感的设计效果，也包括传统的工艺装饰镶、滚、嵌等。如点缀各种线、绳、带、布、穗、扎结、珠子、亮片、贴花、盘绣、绒绣、刺绣、纳缝、挂缀、金属铆钉、拉链、毛线、缎带、金属线、丝带、蕾丝、羽毛、毛皮、皮革等多种材料对服装面料装饰美化。加法装饰效果如图1-2所示。

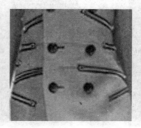

图1-2

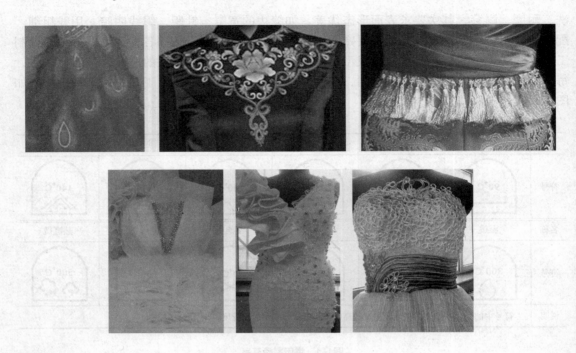

图1-2　加法装饰效果

　　2.**减法装饰设计**　　减法装饰设计是指在原有面料上，按设计构思对现有的面料进行破坏，主要通过抽丝（抽纱）、挖孔、剪切、撕裂、镂空（镂花、镂孔、镂空盘线、镂格等）、磨损、烧花、烂花、腐蚀、磨砂、做旧（水洗、砂洗、漂洗、石洗等）等手法除掉部分材料或破坏局部，使其改变原来的肌理效果，打破完整，使服装更具层次感、空间感或陈旧感，形成错落有致、亦实亦虚的一种新视觉美感。减法装饰效果如图1-3所示。

图1-3　减法装饰效果

3.立体造型装饰设计 立体造型装饰设计是对面料进行二次处理，可以是二维的，也可以是对面料的三维设计，其方法和处理手段多种多样。立体型设计主要有通过皱褶（抽皱、压褶、捏褶、捻转、波浪花边、堆叠、层叠、重叠等）、压印、扭曲、打结绣（布浮雕）等手法，使面料具有立体感、浮雕感的变形处理，产生更为丰富的肌理效果，具有强烈的触摸感觉，形成风格迥异、新颖独特的视觉艺术效果。立体装饰效果如图1-4所示。

图1-4　立体装饰效果

4.编结装饰设计 编结装饰设计包括用棒针、勾针将毛线或丝线、纱线等编结成型，或者是用手将不同质感的线、绳、皮条、带、装饰花边缠绕盘结，编结处理的图案和花型变化非常丰富。编结装饰效果如图1-5所示。

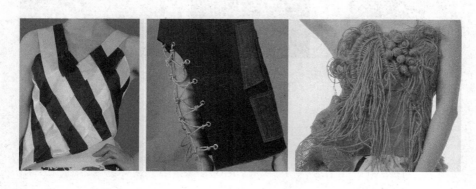

图1-5

图1-5　编结装饰效果

　　5.印染装饰设计　印染装饰设计包括对面料进行染色,有轧染和蜡染两种;或者是根据设计的花纹图案选用相应的印花工艺进行印花处理;或者用画笔等工具和纺织纤维染料、合成染料等颜料在面料的表面进行手绘;或者是利用喷笔或喷枪等工具,将调和好的颜料喷着在面料表面进行面料再造设计。印染装饰效果如图1-6所示。

图1-6　印染装饰效果

第二章　针织服装色彩设计基础

色彩作为针织服装设计的元素，与款式、造型相比，最先进入人的视觉。正所谓"七分色彩三分形"，描述的就是色彩对视觉效应的重要作用。人类在日常交流中也常用色彩来传达特定含意，色彩的万能与奇妙使人们无时无刻不感受到它所产生的美感。

第一节　色彩的分类与属性

一、色彩的分类

色彩分为三大类，即无彩色、有彩色和独立色。

无彩色是指由黑色、白色以及黑白两种色混合后形成的各种深浅程度不同的灰色系列。

有彩色是指各种有色彩感的颜色，在可见光谱中，红、橙、黄、绿、青、蓝、紫为基本色，通过色彩之间不同程度的混合后，产生出无数新的色彩。有彩色是色彩系中的主体部分。

独立色是指金色和银色。

二、色彩的三属性

色彩之间的差异，是由色彩的三属性区分的，即色相、明度和纯度。

1.色相　色相是指色彩的不同相貌和特征，是区分色与色之间的标准，也是色彩最基本的视觉属性。从光学上讲，色相是由入射光的光谱成分决定的。单色光的色相取决于光线的波长；混合光的色相取决于各种波长光线的相对量。物体的色彩是由照射光的光谱成分和物体表面的反射、投射特性决定的。色彩的相貌是以红、橙、黄、绿、青、蓝、紫的光谱色为基本色相，一定波长的光或某些不同波长的光混合，呈现出不同的色彩表现，这些色彩表现就成为色相。

色立体横截面上的色彩即是色相，色相环就是把色彩有次序地排列成圆。

2.明度　明度又称光亮度、深浅度，是指色彩本身的明暗程度，其变化会直接影响色彩的纯度。

色彩的明度有三种情况：一是同一种色相，由于光源强弱的变化产生的不同明度变化；二是同一色相的明度变化，是由同一色相加上不同程度的无彩色而产生的；三是在相同光源色下，各种不同色相之间的明度不同。在无彩色系中，白色为明度最亮的色彩，黑色为明度最暗的色彩，两者之间存在的是不同明度等级排列的一系列灰色。在有彩色系中，由于黄色处于光谱的中心，所以黄色为明度最亮的色彩，而紫色处于光谱的边缘，则为明度最暗的色彩。黄色、紫色在有彩色的色相环中是划分明暗的中轴线。有彩色加入不同程度的白色或黑色后，会形成多种明暗程度不同的色彩。按照色彩的明暗程度可以把色彩分为高明度色、中明度色和低明度色。

3.**纯度**　纯度也称饱和度、彩度或含灰度，是指色彩的鲜艳、饱和程度。有彩色系才拥有纯度，它取决于可见光波长的单纯程度，纯度最高的色彩是纯色，在纯色中加入无彩色混合后，其纯度就会下降。纯度越高色彩越强，反之纯度越低色彩越弱。之后就变成无彩色的黑、白、灰。有纯度的色彩，就必定有相应的色相，色相越明显的色彩，其纯度也越高，反之则越低。

色彩的三属性之间相互独立又相互影响、相辅相成。相互独立表现为色相的基础是波长，明度的高低取决于振幅，纯度则是某种纯色含量的多少。相互影响则表现在某种色相中加入白色，则明度自然上升，其纯度会因为含纯色量的减少而下降，而色相也就相应地产生了变化。

三、色彩的混合

色彩的混合是指两种或两种以上的色彩相互混合在一起，生成新色彩的方法。色彩混合是构成绘画和设计的最初感觉。19世纪末由法国画家乔治·修拉创作的点彩画法，就是将光与色进行分解，运用笔触的绘画技法，将原色中的红色点涂在画纸上，再在红的笔触上面点涂蓝色，当观看者站在一定距离欣赏的时候，画面上的两种色彩在视觉上混合成紫色。目前的工业产品的色彩都是通过色彩混合调制出来的。

色彩混合可以分为加色混合、减色混合和中性混合三类。

1.**加色混合**　两种或两种以上的纯色光混合后同时反映于人眼，视觉会产生另一种色光的效果，这种现象称为加色混合。它能积极地增加光量，提高反射率与明度。

将适当比例的红光、绿光和蓝光混合后，得到无彩的白光，而改变三种色光的混合比例，可以得到任何色光。红色与绿色光相互混合可以得到黄色光；红色与蓝色光相互混合可以得到品红色光；绿色和蓝色光相互混合可以得到青色光。混合得到的黄、品红、青色光为色光的三间色。如用它们再与其他色光混合可以得到各种不同的间色光。色光中各色混合时，会因比例的不同，亮度和饱和度不同，产生不同的色彩效果。此外，若两种色光相互混合后能产生白色光，那么这两种色光就是互补关系。在所有色光中，红色光、绿色光和蓝色光三种色光是不能用其他色光混合产生的，因此被称为色光的"三原色"。纯色光三原色加色混合如图2-1所示，色光的原色、间色与复色图如图2-2所示。

图2-1　纯色光三原色加色混合

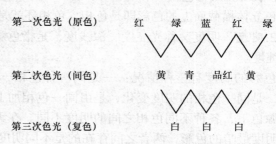

第一次色光（原色）	红　绿　蓝　红　绿
第二次色光（间色）	黄　青　品红　黄
第三次色光（复色）	白　白　白

图2-2　色光的原色、间色与复色图

2.减色混合 减色混合是指两种或两种以上的色料混合后产生另一种色料的现象。减色混合的三原色为物体色的三原色，即黄、品红、青色，按照不同的比例进行混合之后，可以得到一切色料的色彩。因此，这三种颜色被称为色料的"三原色"，色料三原色中的任意两色进行混合得到的色彩，称为间色；用间色分别与其相邻的三原色混合，得到复色。

在白光照射下，品红颜料吸收绿光、反射红光和蓝光（混合后为品红色光）而呈现品红色；黄色颜料吸收蓝光、反射红光和绿光（混合后为黄光）呈现黄色；青色颜料吸收红光、反射绿光和蓝光（混合后为青光）呈现青色。因此，品红和黄两种颜料混合后将吸收绿光和蓝光、反射红光而呈现橙红色；品红和青两种颜料混合后将吸收绿光和红光、反射蓝光呈现蓝紫色；青和黄两种颜料混合后将吸收红光和蓝光、反射绿光呈现黄绿色；品红、黄、青三种颜料混合后将吸收红、绿、蓝全部可见色光而呈现黑色。物体色的三原色减色混合如图2-3所示，颜料的减色混合如图2-4所示。

图2-3 物体色的三原色减色混合

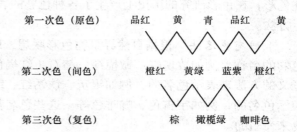

图2-4 颜料的减色混合

3.中性混合 中性混合也称为空间混合，是指基于人的视觉生理特征所产生的色彩混合，是色光同时刺激人眼或快速先后刺激人眼，而产生投射光在视网膜上的混合。

中性混合与加色混合原理是一致的，但中性混合是不改变色光和发色材料本身的色彩混合，其色料并不是发光体，混合的色彩既没有提高，也没有降低，中性混合色的明度等于混合各色明度的平均值。

中性混合分为旋转混合和并置混合两种方式。旋转混合是将两种或多种色放置在一个旋转圆盘上，通过动力令其快速旋转，这时就会看到新的色彩。旋转混合如图2-5所示。并置混合是将色彩以点状或线状进行密集排列，当这些色块在视网膜上投影小到一定程度的时候，不同的颜色刺激就会同时作用在视网膜的感光细胞上，使眼睛很难将这些不同色块独立辨别出来，当远看时，这些色彩会自然混合为一种色彩。并置混合如图2-6所示。

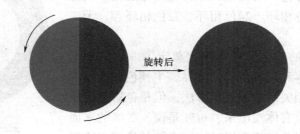

旋转后

图2-5 旋转混合

色彩空间混合的特点：一是近看色彩丰富，远看则色调统一；二是色彩在混合时会出现闪动的视觉感受；三是变化混合色的比例，可以用少量色得到多色彩的配色效果。在面料设计中的闪色织物、混色织物就是利用了此混合原理而制作的。

图2-6 并置混合

四、色彩的表示方法

色彩的种类繁多，正常人眼可辨的颜色种类可达几十万种以上，而用测色器分辨出的色彩则达到一百万种以上。色彩的管理是一个庞大而又复杂的工程，为了更全面、更直观、更准确地运用和表述色彩，在色彩研究的历史上产生了各种色彩的表示方法。

1.固有色名法 根据自然界景物色彩联想，即引用动物、植物或矿物的名称规定每个色彩的名称。例如玫瑰红、橄榄绿、赭石（红褐色）、柠檬黄、紫罗兰等；也有根据文学意义的方法来表示色名的，例如银灰、铁锈红、绯红、嫩绿等；还有根据色彩流行的方法表示色名的，例如宇宙色、咖啡色等。这些色名都是以固有色为基础，根据当时的流行事物来命名的。

2.系统色名法 系统色名法是以科学化的色彩体为基础，以色调形容词加上基本色名组成的。在基本色名中，将无彩色的基本色名分为白、亮灰、灰、暗灰、黑五个等级；将有彩色的基本色名分为红、黄红、黄、黄绿、绿、青绿、青、青紫、紫和红紫10个等级。在色调形容词中，以常用的明度修饰词和色相修饰词来表达。例如表达明度修饰词的极淡、极暗、鲜明的、暗的等；表达色相修饰词的红味的、黄味的、绿味的等。将基本色名配合色调形容词，便产生出例如红味的暗灰、黄味的绿、鲜明的蓝等系统色名。

系统色名法和固有色名法在色彩的划分上缺乏细致，科学性与准确性上较差，不能准确表达色彩，因此，这两种色彩的表示方式一般仅使用在日常交流上。

3.牛顿色环 牛顿色环是色彩最早的表示方法。英国科学家牛顿将太阳光分解之后光的头尾相连，形成一个圆环，将圆环进行六等分，每一份里分别填入红、橙、黄、绿、青、紫六个色相，这个圆环就称为牛顿色环或色相环。在牛顿色环上，表示了色相的顺序以及色相之间的相互关系，即三原色、三间色、邻近色、对比色和互补色的相互关系。在此基础上又发展了12色相环、24色相环、72色相环等，十二色相环如图2-7所示。

牛顿色环为后来的表色体系的建立奠定了一定的理论基础，有助于我们观察和理解色彩的世界。牛顿色环的发明虽然建立了色彩在色相关系上的表示方法，但是色彩基本属性中的明度和纯度并没有体现出来。也就是说，二维的平面无法表达三个因素，因此就需要通过三维空间的模式来诠释

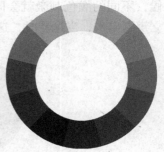

图2-7 十二色相环

色相、明度、纯度三者之间的关系，由此便出现了色立体。

4.色立体 19世纪德国画家龙格建立了历史上最早的三维色彩立体模型。随后各式色立体得以逐步发展与完善。色立体是用三维立体形式把色彩的色相、明度和纯度三个属性的关系立体呈现出来的色彩体系。色立体对于色彩的整理、分类、表述以及有效应用起到了重要的作用。

色立体是以旋转直角坐标的方法，组成类似地球仪的模型。其中以明度等级为垂直中心，向上明度越高，最高点北极表示白色，向下明度越低，最低点南极表示黑色，球心中心为灰色。横轴表示纯度等级，越接近明度轴，纯度越低，越远离明度轴，纯度越高，每一段横轴延伸的最外端，都是此段的纯色系。赤道线表示色相环的位置，色相环上各色与明度轴相连表示纯度。色立体上，南半球是暗色系，北半球是明色系，与中心轴垂直的圆直径两端色彩为补色关系，这便是色立体的基本构成形式，色立体的基本结构如图2-8所示。

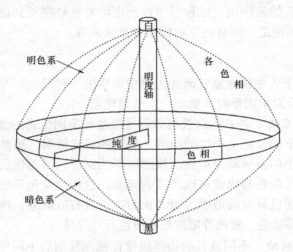

图2-8 色立体的基本结构

第二节 色彩的生理规律与心理理论

一、色彩的视觉生理现象

（一）视觉适应

人的视觉器官具有一定的适应客观环境变化的能力，这种能力称为视觉适应。视觉适应主要包括距离适应、明暗适应和色彩适应。

1.距离适应 人的眼睛能够识别一定区域内的形态和色彩，这主要是基于视觉生理机制具有调整远近距离的适应能力。眼睛中的水晶体能够自动调节其厚度，使物像准确地投射在视网膜上。

2.明暗适应　明暗适应是视网膜上感光度接收器根据视野的亮度变化而自动调节感光度的能力。明暗适应也称为光量适应。当人从亮处进入暗室时，最初任何东西都看不清楚，经过一定时间，逐渐恢复了暗处的视力，称为暗适应。相反，从暗处到强光下时，最初感到一片耀眼的光亮，不能视物，稍等片刻后便能恢复视觉，这称为明适应。通常，暗适应的过程约为5～10min，而明适应仅需要2s。人眼的这种独特视觉功能，主要是虹膜对瞳孔大小的控制来调节进入眼球的光量，以适应外部明暗的变化。光线弱时，瞳孔扩大；光线强时，瞳孔缩小。

3.色彩适应　人眼对环境颜色刺激作用下造成的颜色视觉变化，是视觉对颜色光的适应所致，这种现象称为色彩适应。当戴上有色彩的镜片观察外界时，开始会感觉景物带有镜片的颜色，经过一段时间后，人眼感觉镜片的色彩消失，外界的景物受色彩经验的影响又恢复成近似原来生活的颜色。通常，色彩视觉的第一感受时间约为5～10min，过了这段时间，"色彩适应"开始起作用，这种习惯性地把物象色彩恢复到白光原始面貌状态的本能与"色彩恒定性"或说是"固有色"的概念有直接关系。

（二）色彩视错

色彩是光线作用于人的视觉器官而在大脑中产生的一种反应。当大脑皮层对外界刺激物的判断、分析、综合发生困难时，就会产生视错现象。

1.色彩的前进与后退　色彩的前进与后退是指各种不同色彩的光因其波长的不同，从而成像在视网膜前后不同位置上产生的前进、后退的视觉效果。虽然人眼具有距离适应能力，但是对于波长微小的差异却很难做出快速准确的反应，因而使长波长的色彩成像在视网膜的后面，而短波长的色彩成像在视网膜的前面。色相的变化是影响色彩进退感的主要因素，一般长波长的暖色具有前进感，短波长的冷色具有后退感，例如红色、橙色等长波长的暖色有前进感，而蓝色、紫色等短波长的冷色有后退感。

2.色彩的膨胀与收缩　不同波长的物体成像在视网膜前后不同的位置上，长波长物体通常把像成在视网膜后面，人眼需要自动将其调节到视网膜正确的位置上，晶状体就收缩变扁，从而使长波长的暖色系物体看起来有运动扩张感，并且成像的边缘线有条模糊带，产生膨胀感。短波长的冷色系物体成像清晰，对比之下具有收缩感。明度对色彩的膨胀和收缩感也有很大影响，一般高明度色彩具有膨胀感和扩张感，低明度色彩具有收缩感。因此，同样粗细的黑白条纹，其感觉上白条纹要比黑条纹粗，而同样大小的方块，黄方块看上去要比蓝方块大些。据说法兰西国旗一开始是由面积完全相等的红、白、蓝三色制成的，但是旗帜升到空中后在感觉是三色的面积并不相等，于是召集了有关色彩专家进行专门研究，最后把三色的比例调整到红35%、白33%、蓝37%的比例时才感觉到面积相等。这就是因为不同色彩的膨胀感和收缩感不同所致的色彩视错。

3.视觉残像　视觉残像是指物体对视觉的刺激作用突然停止后，刺激物的影像并不能在人们的视觉中立即消失而仍然要暂时存留的一种现象。这是由于视觉神经兴奋而产生的一种生理现象，是视觉过程中的感觉，不是客观存在的真实物像。视觉残像一般分为正残像和负残像两种。

正残像又称为"正后像"，是连续对比中的一种色觉现象。它是指在停止物体的视觉刺激后，视觉仍然暂时保留原有物色映像的状态，也是神经兴奋有余的产物。如凝注红色，当将其移开后，眼前还会感到有红色浮现。通常残像暂留时间在0.1s左右。电影或电视节目就是依据这一视觉生理特性而创作完成的，将画面按每秒24帧连续放映，眼睛便观察到与日常生活相同的视觉体验。

负残像又称为"负后像"，指在停止物体的视觉刺激后，视觉依旧暂时保留与原有物色成补色映像的视觉状态。通常，负残像的反应强度同凝视物色的时间长短有关，即持续观看时间越长，负残像的转换效果越鲜明。例如，当久视红色后，视觉迅速移向白色时，看到的并非白色而是红色的补色即绿色；如久观红色后，再转向绿色时，则会觉得绿色更绿；而凝注红色后，再移视橙色时，则会感到该色呈暗。黄色的负残像是紫色，蓝色的负残像是橙色，红色的负残像是绿色。从而分析所得负残像与原物体的色彩是互为补色关系，也是我们之前所说的视觉色彩平衡现象。除色相外，科学家证明色彩的明度也有负残像现象。如白色的负残像是黑色，而黑色的负残像则为白色。

4.**对比现象** 对比现象分为同时对比和连续对比两类，是受心理因素影响而产生的心理性视错或视幻。

（1）同时对比：同时对比是指人眼在同一空间和时间内所观察与感受到的色彩对比视错现象。即同时对比不同色彩时，相邻接的色彩会改变或失掉原来的某些物质属性，并向对应的方面转换，从而展示出新的色彩效果和活力。明度不同的色彩同时对比，明亮的色彩会显得更加明亮，暗淡的色彩则会更加暗淡。不同色相的色彩同时对比时，邻接的各色偏向于将自己的补色推向对方，如橙色放在红色底上会显得发黄，而放在黄色底上则会显得发红。补色同时对比时，双方均显示出鲜艳饱满的魅力，如红色与绿色相邻，红色更加红，而绿色更加绿。纯度不同的色彩同时对比时，纯度高的色彩更艳，纯度低的色彩更灰。

（2）连续对比：连续对比是指先看一种色彩后，再看第二种色彩时，会把前一种色彩的补色加到后一种色彩上。如先关注绿色一段时间，再迅速将视觉转移到白色上，白色会出现隐约的红色，这是由于视觉残像造成的。

二、色彩的心理理论

（一）色彩的心理效应

人们对色彩的心理效应主要表现在色彩的冷暖、轻重、华丽与朴实、兴奋与沉静等方面，是色彩呈现出来的总印象。

1.**色彩的冷与暖** 当人们观察色彩时，通常依赖生活经验和联想而产生感受。蓝色、绿色、青色会让人想到冰山、雪、海洋、湖泊，产生寒冷的心理效应，把这类色彩界定为冷色；而红色、橙色等色彩会让人想到阳光、火焰、夏天，产生温热的心理效应，将这类色彩界定为暖色。纯度越高的色彩越趋向温暖感，纯度越低的色彩越趋向寒冷感。明度越高的色彩越有暖和感，而明度越低的色彩则有凉爽感。如红色中的粉红色，暖感比红色低，因此有偏冷的倾向。无彩色系总体上为冷色，其中灰色、金银色为中性色，白色为冷色，黑色相对白色而言，偏暖色。色彩的冷暖是一个假定性的概念，只有比较才能确定其色性。在孟塞尔色环上，划分了六个冷暖区域，其中蓝色和橙色分别代表冷极和暖极的两个极端色。色环上暖色区的色彩给人以温和、柔软、温暖的心理效应，冷色区的色彩则给人以干净、轻快、冷静的心理效应。色彩的冷暖如图2-9所示。

色彩的冷暖感在服装色彩的设计和配色上起着重要的作用。暖色给人愉快、温暖的感觉，因此，秋冬季或喜庆活动可选择暖色调的色彩；而夏季的服装则一般选择冷色调的色彩，给人轻快、凉爽的感受。

2.**色彩的轻与重**　在视觉上，不同的色彩会改变物体的轻重感。明度高的色彩有轻薄感，而明度低的色彩有厚重感。如白色、浅黄色、浅蓝色有轻盈、单薄的感觉；暗红、深紫、黑色有厚重的感觉。在同色相、同明度条件下，纯度高的色彩显得轻薄，纯度低的色彩则显得厚重。色彩轻重感是相对而言的，需要通过比较才能确定其轻重色性。

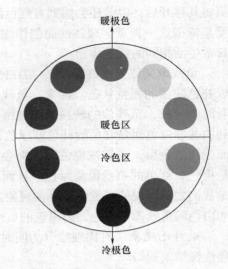

图2-9　色彩的冷暖

服装设计中，夏季的衣物多选择白色或高明度、高纯的色彩，有轻薄、透气的感觉；而冬季服装则更多选择黑色或低明度、低纯度的色彩，有厚实、保暖的视觉感受。

3.**色彩的软与硬**　色彩软硬感与明度、纯度有关，与明度关系尤其密切。明度较高的色彩具有软感，明度较低的色彩具有硬感。中纯度的色彩具有软感，高纯度和低纯度的色彩具有硬感。此外，对比色调强的色彩组合具有硬感，对比色调弱的色彩组合具有软感。在服装设计中，体现女性温柔、亲切的气质，可采用具有软感的色彩；而一般职业装和男装，则应选择具有硬感的色彩。

4.**色彩的华丽与朴实**　色彩可以给人华丽或朴实的心理效应，纯度对色彩的这种影响最大，同一色相的色彩，纯度越高，华丽感越明显，纯度越低，色彩的朴实感越明显。明度也有一定的影响，色彩丰富、明亮的色彩呈现华丽之感，色彩浑浊、暗淡的色彩呈现朴实之感。

色彩种类多，并且鲜艳明亮的组合呈现华丽感；色彩种类少，并且浑浊暗哑的组合呈现朴实感。对比度强烈的组合有华丽感，对比弱的组合有朴实感。

5.**色彩的兴奋与沉静**　色彩的兴奋与沉静感依赖于人们受色彩刺激后所产生的情绪反映。色相为暖色系的红、橙等色使人感到鼓舞、活跃，具有兴奋感。冷色系的蓝、青等色使人感到冷静、消极，具有沉静感。明度高的色具有兴奋感，明度低的色具有沉静感。纯度的作用最为明显，纯度高的色具有兴奋感，纯度低的色具有沉静感。暖色系中明度最高、纯度也最高的色兴奋感最强，冷色系中明度低、纯度低的色最有沉静感。此外，对比强的色彩组合具有兴奋感，对比弱的色彩组合具有沉静感。

（二）色彩的联想

1.**红色**　红色是三原色之一，是可见光谱中光波最长、振幅频率最低的色彩，在视觉上给人紧张感和扩张感；红色是热情的色彩，在所有色彩中具有最强的纯度。有着温暖的感觉，让人联想到自信、活力、快乐等字眼。这种有着感性、进取的色彩可以达到增加色彩欲的效果和提高人们情绪的作用。红色越亮，越能体现出快乐和超乎想象的感觉。红色越暗，越能体现出不确定和紧张的感觉。另外，红色代表警告、危险、禁止的含义，是醒目的色彩。不同的红色所传达的感觉不同，浅红色一般较为温柔、幼嫩、甜美，深红色则有深沉、热烈的感觉。

2. 橙色 橙色的光波仅次于红色，是欢快、积极的色彩，是色彩中最温暖的颜色，使人联想到金色的秋天、丰硕的果实；有着甜美、快乐、光辉、能量、拼搏的感觉，给人活力和力量感。研究心理学的歌德曾说过："在最高的能量中能看到橙色，健康和单纯的人们格外喜欢橙色"。橙色明度较高，是警戒色，如登山服、救生衣等常用橙色。橙色可以使人产生食欲感，因此很多的餐厅都喜欢使用橙色。

3. 黄色 黄色的波长居中，是有彩色系中明度最高的色彩。明亮的黄色最容易产生视觉的疲劳感。黄色让人联想到金色的光芒、太阳、希望、酸甜、明朗等字眼，象征着智慧、财富和权利，它是骄傲的色彩，理想主义的色彩。浅黄色几乎可以与所有颜色搭配，有激励情绪、增强活力的作用。土黄色具有泥土的气息，是大地之色，具有厚重、朴素、踏实的感觉。黄色在黑色搭配，象征着无限的力量；与蓝色搭配显示出自然轻松的感觉；与红色搭配，会让黄色呈现出橙色的感觉，呈现出温暖的一面。

4. 绿色 绿色给人无限的安全感受，使人联想到春天、自然、新鲜、健康、安全、舒适、自由和平，使眼睛感觉舒适，具有镇静、抚平心绪的作用。在中国，绿色是长寿和慈善的象征色。黄绿色给人清新、优雅、快乐的感受；浅绿色使人联想到春天的新芽；明度较低的草绿、橄榄绿则给人智慧、知性的印象。墨绿联想到稳重、成熟。绿色的用途极为广阔，无论是童年、青年、中老年，使用绿色均不失其活泼、大方之感。

5. 蓝色 蓝色光的波长短于绿色光。蓝色是博大的色彩，是永恒的象征，也是有彩色系中最冷的色彩。蓝色使人联想到蓝天、宇宙、大海、冰川，蓝色具有寒冷、宁静、稳重的感觉，是灵性知性兼具的色彩，在色彩心理学的测试中发现几乎没有人对蓝色反感。明亮的天空蓝色，象征希望、理想、独立；暗沉的蓝色，意味着诚实、信赖与权威。正蓝、宝蓝色含有坚定与智能的意味；淡蓝、粉蓝有轻松、轻快的感觉。蓝色有着镇定人们情绪的效果，所以外科医生和护士、手术室等地方常常使用蓝色调。此外，蓝色还具有可信赖的感觉，许多银行都运用到蓝色，警察制服和飞机机长的制服也多使用蓝色。

6. 紫色 紫色是波长最短的可见光波，在视觉上的感知度很低，是色相中最暗的色彩。紫色是红色和蓝色的混合色，属于中性色彩。紫色是既神秘又美丽的色彩，给人安静、孤独、忧郁的印象。在中国，紫色也是尊贵的颜色，如北京故宫又称为"紫禁城"，亦有所谓"紫气东来"之意。在罗马时代，国王和王妃、王位的继承者都是穿着紫色的服装，并且高职位管理者衣服的花边也是使用紫色，以此代表权利和高贵。深紫色是庄重和威严的颜色，给人以高品质和有价值的感觉。因此，很多高档女装中经常会看到深紫色的出现。紫红色带有红色的成分，具有青春活力的感觉。蓝紫色给人以深沉、冷静、内敛的感觉。

7. 白色 白色是所有可见光的总和，在色彩学上，白色是无彩色系中的一色。不论是东方还是西方，是干净、纯洁、朴素、和平的象征。在西方宗教中，白色代表着神圣，是神职人员的服装用色，也是重大宗教节日的主要用色。白色轻柔、宁静、温和，具有女性的特征和古典主义审美倾向。白色给人美好、清净之感，是医院的医护工作者的主要用色。白色还代表高雅、圣洁的爱情，所以婚礼服多选用白色。在服装服饰的用色上，白色也是永远流行的主要色，可以和任何颜色作搭配。

8.**黑色**　黑色是无彩色系之一，具有抑制情绪的作用。黑色使人联想到黑夜、死亡、恐惧和神秘，同时也象征着权威、高雅和低调。黑色属于男性的范畴，是非常个性化的色彩，西装、燕尾服、高级主管的日常穿着等正式服装均为黑色。黑色为大多数主管或白领专业人士所喜爱，是展现权威、专业、自律和坚定的色彩。黑色是永远的流行色，无论任何色彩与之搭配都很适合，并能起到极好的衬托作用。黑色是艺术家非常喜欢的色彩，印象派画家雷诺瓦曾称赞黑色为色彩的女王。

9.**灰色**　灰色是白色和黑色混合而成的，属于无彩色系的一种。灰色让人联想到久远而古老的纪念币、寺院、古城等，代表了无限、永久、古典、诚恳、成熟的感觉。灰色服装用色上也是永远流行的主要颜色。在所有的明度的灰色中，中灰和淡灰色具有哲学和沉静的感觉，银灰色则是有着未来的感觉，并给人以稀有、节俭的印象。深灰色接近于黑色，因此它也具有黑色的力量和特征。中明度的灰色是所有色彩中最中性的颜色，视觉和心理上会产生平淡、沉闷、乏味之感，可加入其他有彩色进行搭配，提升视觉感。灰色是百搭色，不管与任何色彩进行搭配都合适。灰色也属于缓解视觉疲劳的色彩，不容易让人厌倦。

（三）色彩的象征

由于时代、地域、民族、宗教等因素的不同，人们对色彩的想象、理解和需求不同，便赋予色彩一些特定的含义，使某些色彩因其象征的内容的多样性，在不同的时代和区域有着不同的意义，这就是色彩的象征。

我国古代就出现用阴阳和五行结合来解释宇宙所发生的万物变化，将木、火、土、金、水与青、红、黄、白、黑五色对应起来。除此之外，还将色彩与季节对应，青代表春，赤代表夏，白代表秋、冬代表黑；以及将颜色与方位神兽对应，青色象征东方（青龙），红色象征南方（朱雀），白色象征西方（白虎），黑色象征北方（玄武），黄象征中央（天子）。

在其他国家，色彩也有着不同的象征意义。在日本，曾用紫色、青色、红色、黄色、白色和黑色象征官阶的12个品位。在英国，金色和蓝色象征名誉和忠诚，银色和白色象征信仰和纯洁，红色象征勇敢和热情，青色象征虔诚和诚实，绿色象征青春和希望。在印度，白象或白牛象征吉庆神圣。在丹麦，红色、白色、绿色和黑色象征着积极。墨西哥神话中的大地神必定身穿红色衣服，具有日出、降生、青春等象征意义。在泰国，不同的色彩象征着一周不同的日期，如黄色象征星期一，粉色象征星期二，绿色象征星期三，橙色象征星期四，蓝色象征星期五，紫色象征星期六，红色象征星期天。欧洲一些国家也有以色彩象征星期的习惯。此外，美国将色彩与月份对应，不同的色彩象征不同的月份。

传统风俗对于色彩的象征也有着直接的影响。如新娘的结婚礼服，按照中国的传统应为红色，象征着喜庆、吉祥、圆满。但在西方，新娘的结婚礼服应为白色，象征着纯洁无瑕，并且只有第一次结婚的新娘才能穿纯白的婚纱，如果再婚，则应穿淡彩婚纱以示区别。

宗教艺术也用象征色来表示特定的内容和仪式，如基督教节日中，红色象征情人节，橙色象征万圣节，紫色象征复活节。佛教中，黄色是神圣的色彩，象征远离尘世，而古老的庙宇和僧袍都是黄色的，代表着光明与智慧。道教的三种基本色为白、黑、红，其中阴阳两极用黑白两种表示，而红色也象征阳。因此这三种色彩就成为道教的象征。在伊斯兰教中，绿色是敬畏之色，神圣之色，古兰经的装订线和封面通常都是绿色的。了解色彩的象征意义，对于服装色彩的设计和服装色彩的选择是十分必要的。

第三节　针织服装色彩的美学原理

针织服装由色彩、款式和面料三要素组成，色彩在服装设计中起着先声夺人的作用，色彩是服装美学的重要构成要素。服装的色彩搭配原则是色彩设计的总体思路和指导方针。

一、服装的色彩搭配法则

（一）服装色彩的对比

色彩对比是服装色彩搭配的一项基本法则，其目的是为了活跃服装的整体气氛，提升服装色彩的视觉冲击力。色彩对比是色彩之间的搭配和比较，即两种或多种色彩之间的衬托组合。

1.**色相对比**　色相对比是指由各色相的差别而形成的对比，在服装的色相搭配中是最丰富的，其效果也最为明显。

在色相环上相距15°左右色之间的对比称为同种色对比；相距30°左右色之间的对比称为邻近色对比；相距60°左右之间色的对比称为类似色对比；相距90°左右色之间的对比称为中差色对比；相距120°左右色之间的对比称为对比色的对比；相距180°左右色之间的对比称为互补色对比，色相对比如图2-10所示。

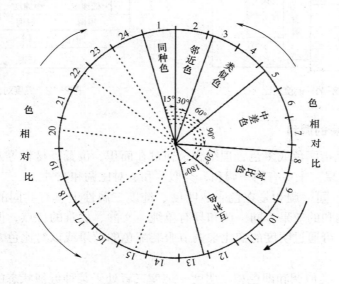

图2-10　色相对比

2.**明度对比** 因色彩的明暗差别而形成的对比称为明度对比。明度对比可以提升色彩的层次和空间感。色彩明度的差别是通过将白色和黑色按等差比例相混合建立的11个等级的明度色标来表示，划分为三个等级，其中1～3级为低明度调，4～6级为中明度调，7～9级为高明度调。根据明度差的大小，明度对比又可分为三类，即明度相差3级以内的称为短调对比，明度相差4～5级的称为中调对比，明度相差6级以上的称为长调对比。明度对比如图2-11所示。除此之外，将低明度、中明度、高明度色彩与短调、中调、长调对比相搭配，可以得到明度对比的9种组合，即低短调、低中调、低长调、中短调、中中调、中长调、高短调、高中调、高长调。通过不同的搭配，可以形成各式各样的明度色彩层次和空间感。

3.**纯度对比** 因色彩纯度差异而形成的对比称为纯度对比，其强弱取决于纯度差。将色彩纯度分为9个等级，0～3级为低纯度基调，4～6级为中纯度基调，7～9级为高纯度基调。根据纯度强弱的不同，纯度对比又可分为三类，即纯度相差在3级以内的称为短调对比，纯度相差4～6级的称为中调对比，明度相差7级以上的称为长调对比。纯度对比如图2-12所示。

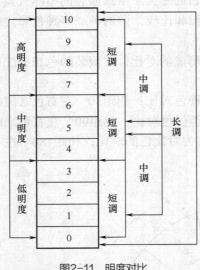

图2-11 明度对比

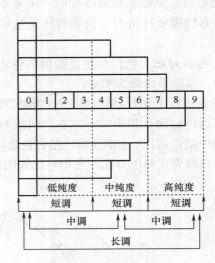

图2-12 纯度对比

（二）服装色彩的调和

色彩的调和是指两色或多色合理组合，通过在面积、位置、材料等方面的搭配，产生和谐统一的视觉效果。主要有同一调和、类似调和、对比调和三种。

1.**同一调和** 同一调和是在色彩、明度、纯度三属性上具有共同的因素，在同一因素色彩间搭配出调和的效果。同一调和具有单纯、文静、优雅的特点，但也容易给人以单调、呆板的感觉。可通过明度的变化来调节服装配色的效果或以对比色、补色进行小面积的点缀。

2.**类似调和** 类似调和即色相、明度、纯度三者处于某种近似状态的色彩组合。类似调和的服装色彩有微妙的变化，如配合明度和纯度的变化便会产生生动、活泼、明朗的服装配色效果，使服装色彩更加丰富。

3.**对比调和**　对比调和是选用对比色或明度、纯度差别较大的色彩组合形成的调和，色彩色相差别大，视觉上给人以夸张、另类之感，在服装色彩的搭配上需谨慎使用。

（三）服装色彩设计的形式法则

服装色彩设计的形式法则是服装色彩搭配中，强调色与色之间的关系性和协调性，想要创造服装色彩的和谐之美，需要从几下几点形式法则入手。

1.**比例**　比例原理是服装色彩设计的一个主要法则，通过调整色彩之间的比例关系，随形态分割和色彩配置产生的服装色彩中各色彩的形状、位置、空间等相互关系的比率和比较，以此改变服装的整体外观效果。在色彩形式法则中，常用的比例有黄金比例、渐变比例、反差比例等。在服装色彩设计中，黄金比例可简化为3∶5或5∶8，是理想化的比例形式，常用于古典风格的晚装和优雅套装设计中。反差比例将服装色彩设计主要部位的比例关系极大地拉开，产生强烈的视觉反差效果，产生新颖独特的视觉感受。比例在服装上的应用如图2-13所示。

2.**平衡**　在一个交点上，双方不同量、不同形但相互保持均衡的状态称为平衡。其表现为对称式的平衡和非对称性平衡两种形式。对称给人以稳定感但容易显得呆板，非对称性平衡就像天平量物，不同形、不同量的组合在视觉上产生相对的稳定感，形成视觉上的平衡，它一般是不对称的。非对称性跟对称相比，显得丰富多彩。

色彩的平衡感，受色相因素的影响，同时还与明度和纯度有关。在服装配色中对色彩十分鲜艳的服装作一些平衡处理，可以采用以黑、白、灰或其他低纯度的色彩来进行平衡搭配，如上下装的搭配、服装和配饰的搭配、服装和环境色彩的搭配等。色彩的明度也是对平衡感有重要影响的一个要素。在进行明度配色时，应该对服装的左右、前后、上下的色彩轻重平衡有所把握。色彩的平衡还离不开面积，任何一种色彩的面积增减，对人的视觉与心理的影响也会有所增减，选择不同的色彩组合服装，考虑其面积比，可以丰富视觉效果。平衡在服装上的应用如图2-14所示。

图2-13　比例在服装上的应用

图2-14　平衡在服装上的应用

3.**对比**　对比形式法则是将服装色彩设计中色彩的象征、形状、面积、位置等元素相互衬托，主要表现为相异、相悖的因素的组合，各因素间的对立达到能够统一的范围内的高限度。对比在服装上的应用如图2-15所示。在服装色彩设计中，色彩对比包括色相对比、明度对比、纯度对比、冷暖对比等。每一种对比在视觉表现和象征的效果上都有自己的特点，是其他对比所不能替代的。

图2-15　对比在服装上的应用

4.**节奏**　服装色彩中的节奏是指色相、纯度、明度、位置、大小、形状及图案等要素以一定的方式变化和反复，从而产生节奏感。它有多种性格，如静的、动的、微妙的、雄壮的、优美的等。不同的律动产生不同的气氛。节奏在服装上的应用如图2-16所示。

色彩重复的因素表现在三个方面，一是采用服装色彩和配饰色彩的重复使用来构成节奏；二是面料中的纹样色彩的反复使用也能形成有规律的节奏；三是内外衣、上下装色的反复出现也能形成自然优美的节奏。

图2-16　节奏在服装上的应用

5.**强调**　强调是在服装色彩设计中重点突出某个部分，使之成为视觉的中心。当服装的配色过于简单时，可通过强调的方法使之产生紧张感和刺激感，从而起到调和的作用。强调在服装上的应用如图2-17所示。

在服装的色彩设计中，强调色彩一般选取一种，不宜过多，否则容易分散人的注意力，造成视觉混乱，无中心、无秩序的感觉。当强调色彩比其他色彩视觉强烈时，此强调色面积不宜过大，以免失去强调的作用。强调色的位置，一般应放在人眼容易注意的位置，如领部、胸部、袖肩、袖口、腰部等。此外，强调部分可设置在服装配件上，如腰带、胸花、纽扣、丝巾、领结等处。

图2-17　强调在服装上的应用

二、服装色彩搭配的基本形式

服装色彩搭配主要分为色相配色、明度配色和纯度配色三类。

（一）色相配色

以色相为主的色彩搭配是以色相环上角度差为依据的色彩组合。主要分为同种色组合、邻近色组合、类似色组合、中差色组合、对比色组合和互补色组合。

1.同种色组合　同种色组合主要通过色彩的明度、纯度变化达到不同的视觉效果，其特点为色相相同，色彩之间的个性差异甚小，对比的视觉效果极弱，对比柔和，单调且朴素，常给人雅致、柔和、专一的感觉。如果面料质地相同或相似，在配色上可以通过增强或减弱服装各部件色彩的明度或纯度，变幻出丰富的配色形式。由于同种色组合在视觉上较为单调，与之色彩组合搭配的服装应在款式设计的复杂性上予以加强，或在面料风格上进行对比。如图2-18所示。

2.邻近色组合　邻近色色相差异小，所以主色调色彩需明确，容易取得调和。在休闲服中，这种配色组合较为常见。邻近色组合其特点为色相之间的倾向近似，对比效果较弱，对比含蓄、自然且微妙，但容易造成平淡，产生沉闷感。在配色上应在纯度和明度上尽量拉大距离，以调整服装的气氛。如图2-19所示。

图2-18　同种色搭配

图2-19　邻近色搭配

3.类似色组合　类似色组合是色彩设计中常用的配色形式，其特点为色彩之间的性格比较接近，但与同种色和邻近色对比，其呈现一定的距离感，对比效果既统一又有些许变化，其色彩组合调和、自然，视觉效果较为柔和悦目。在使用这种配色时，应注意色彩的比例关系，辅助色太少会影响主色调，辅助色太少则会显得缺少变化，缺乏生气，调整好色相的关系才能取得最佳的视觉美感。如图2-20所示。

4.中差色组合　中差色组合中各个色相之间的性格特征较为明显，其特点为色彩对比强弱居中，例如红色与黄色，视觉上没有强烈的反差，但又相对具有独立性，并显得比较协调统一。此色彩组合是一种比较特殊的配色方式，在各类服装上有广泛的应用。如图2-21所示。

图2-20　类似色搭配　　　　　　　　　　　　　　　　图2-21　中差色搭配

5.对比色组合　对比色组合色相之间反差明显，有较强的色相对比倾向，其特点为色彩之间基本无共同点，色彩之间调和性差，不易达成和谐，但视觉效果强烈、醒目，富有个性。在色彩设计中常采用一些手法来降低对比性，增加调和性，即拉大色彩的比例差（图2-22），使辅助色只作为点缀，或降低一方或双方的纯度（图2-23），再或者配以无彩色作为第三色进行调和。

图2-22　对比色配色中拉开面积差　　　　　　　　图2-23　对比色配色中降低一方纯度

6.互补色组合　互补色组合中的色彩处于对立倾向，是最不和谐的关系，其组合在视觉效果上能产生强烈刺激，使服装看起来夸张、刺激、张扬。但运用互补色对比，需要有高超的色彩观，否则极容易产生不协调的视觉效果。通过几种调和方法可以使互补色对比变得和谐，一是提高互补色明度（图2-24），使对立的两个色彩亮度增加，稀释色彩对比时造成的视觉浓郁感；二是降低互补色明度（图2-25），将互补色的一色或双色的明度降低，缓解原本色彩强烈的对比；三是拉开互补色之间面积差（图2-26），将一种色彩作为主色调，另一色彩作为点缀即可；四是在互补色中加入其他具有明度差异性的色彩（图2-27），避免互补色之间的直接接触，从而缓解对立感。

图2-24　提高互补色明度

图2-25　降低互补色明度

图2-26　拉开互补色面积差

图2-27　互补色中加入其他色

（二）明度配色

　　以明度为主的色彩搭配是以表现色彩明暗关系的组合，是服装色彩设计的常用方法，体现出色彩深浅对比，以及服装的层次感。明度配色主要分为明度差大的组合、明度差中的组合和明度差小的组合三大类。

1.明度差大的组合 明度差大的组合是指高明度配低明度的配色方式。明度差大配色能产生一种醒目、鲜明的感觉，视觉上富有刺激感，适合用于青春活泼或设计新颖独特的服装中。其中黑色和白色的搭配（图2-28），是明度差最大的组合，这种配色给人清爽、干练之感，黑白搭配也是服装最经典的搭配方式之一。当高明度与低明度相搭配时（图2-29），由于明度相差大，多采用色相进行统一，色彩不宜选用相差过大的色，明度相差大的互补色应慎用。

图2-28　黑白明度组合

图2-29　高明度与低明度组合

　　2.明度差适中的组合 明度差适中的组合是指高明度配中明度，以及中明度配低明度的组合。这一类的色彩组合视觉效果清晰、明快，与明度差大的色彩相比更显柔和、自然，给人以轻快明朗的感觉。其中高明度与中明度的搭配，色彩相对明亮，主要适合春季和夏季的服装配色。中明度与低明度的搭配，虽没有高明度配中明度明亮，但与短低调相比具有柔亮感，庄重中呈现生动，较适合秋季和冬季的服装配色。如图2-30所示。

　　3.明度差小的组合 明度差小的组合是指高明度配高明度、中明度配中明度或低明度配低明度的组合。其配色效果反差最小，视觉缓和，给人以深沉、舒适、平稳之感。其中同等高明度色彩搭配，色彩显得粉嫩、娇柔，常用于风格浪漫、唯美的夏季服装或淑女装的配色。同等中明度的色彩搭配，色彩感中性、典雅，常用于春秋季的服

图2-30　高明度与中明度组合

装配色。同等低明度的色彩搭配，色彩灰暗、模糊，常用于职业装和冬季的服装配色，易显得稳重、厚实。明度差小的组合在配色时，不宜采用同种色，配色应区分色相和纯度，或采用配饰增加活力和生气。如图2-31和图2-32所示。

图2-31　高明度组合

图2-32　低明度组合

（三）纯度配色

以纯度差别形成的色彩对比体现出色彩之间的艳丽与灰暗关系，以纯度为主的色彩组合尤其能产生色彩的碰撞感，一般分为纯度高的组合、纯度差适中的组合和纯度差低的组合。

1.纯度差高的组合　纯度差高的组合是指高纯度与低纯度的搭配，给人以艳丽、生动、刺激等不同的感受，这种配色方法运用较为常见，适合前卫新潮的服装设计。纯度差高的组合可分为两种，一是以艳色为主，灰色为辅的搭配，大面积的艳色给人以热烈的感觉，适合运动风格和青春时尚的服装设计。二是以灰色为主，艳色为辅的搭配，因大面积使用灰色呈现出沉闷、稳重的感觉，但小面积的艳色为整体色彩增亮，适合职业类的服装设计。如图2-33所示。

图2-33　高纯度与低纯度组合

2.纯度差适中的组合　纯度差适中的组合是指高纯度与中纯度色相搭配（图2-34）或低纯度与中纯度色相搭配（图2-35）的组合。前者即鲜明色调和纯色调搭配，整体纯度偏高，色彩个性较为突出，具有较强的华丽感。在配色时应注意色相之间的配合与明度差的调控，以达到协调。后者配色效果沉静中带有清晰感，给人以灰暗、朴素的感觉。如选择以冷色调为主色调，则体现出服装的庄重、冷静感；如以暖色调为主色调，可以体现出色彩的柔和丰富感。

3.纯度差低的组合　纯度差低的组合是指色彩间的纯度差别较小的配色，可分为同等高纯度、同等中纯度和同等低纯度组合三种。同等高纯度组合（图2-36），由于色彩的纯度均较高，给人以华丽、多彩、活跃的感觉。其配色中的各个色彩个性独立，融合性较差，不宜搭配出良好的视觉效果。同等中纯度组合（图2-37），由于色彩的鲜艳度有所降低，给人以温和、成熟之感，虽色彩均为中纯度，但色彩个性依然较明确，在配色时应注意色彩面积的适应。同等低纯度组合（图2-38），由于色彩个性不明确，易给人单调、模糊之感，在配色时应从色相和明度上增加一些对比元素，以此获得良好的视觉效果。

 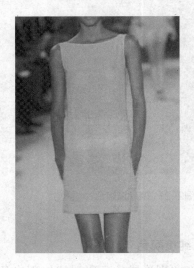

图2-34　高纯度与中纯度组合　　　　　　　　　图2-35　低纯度与中纯度组合

图2-36　同等高纯度组合　　　　图2-37　同等中纯度组合　　　　图2-38　同等低纯度组合

三、服装色彩设计的相关因素

（一）色彩与人体因素

服装色彩设计首先要考虑设计的对象，由于人的性别、年龄、职业、体型、肤色、文化修养和审美水平等因素的不同，对服装色彩会有自己独特的喜好。设计的服装色彩必须符合着装者的个性要求和喜好。

服装色彩在服装美中至关重要，是视觉的第一印象，如穿着浅粉色服装的女性，给人以温柔、青春的感觉；穿着黑色西装的男人，给人稳重、历练的感觉；穿着深褐色服装的中年人，显得更成熟稳重。一般情况下，老年人喜爱深沉的色彩，中年人喜欢含蓄的中性色，青年人喜欢追求新奇、个性，喜欢亮丽、对比强的色彩，而儿童则喜欢鲜艳、明快的糖果色，反映其天真、活泼的个性。

由于色彩具有冷暖、胀缩、进退等视觉效应，不同的色彩及其组合会产生不同的对比效果，甚至产生视错，所以服装色彩在设计的时候，应充分利用这些因素，使服装起到美化人的作用。对于身材高大或偏胖的人，不宜选择具有膨胀感的高明度、高纯度和暖色调的色彩，这些色彩会使人体态显得更加庞大，应选择具有收缩感的低明度、低纯度色彩和冷色调色彩；身材瘦小的人则可以选择具有膨胀感的艳色、浅色和暖色。

服装色彩与人的肤色密切相关。面色红润的人适合穿茶绿或墨绿色衣服，不适宜穿正绿色衣服，会显得俗气；肤色偏黄的人适宜穿黄色或浅黄色上装，可把偏黄的肤色衬衫衬托得洁白娇美；肤色偏黑的人则适宜穿浅色调、明亮的衣服，如浅黄、浅粉、月白等色彩的衣服，这样可衬托出肤色的明亮感。服装色彩还与人的性格有关。性格消沉、孤僻寡言的人喜欢青色、紫色、灰色、黑色等配色的服装；性格活泼、乐观好动的人，则喜欢红色、橙色、黄色、绿色等配色的服装。

（二）色彩与环境因素

自然环境和社会环境对服装的色彩设计有着重大的影响，色彩的配色必须与自然环境、社会环境相协调。例如，生活在不同环境的人，受到不同社会政治、民族习俗、生活习惯、宗教信仰、文化水平等因素的影响，对色彩的喜好是不同的。地处南半球的东南亚、欧洲南部等国家的人喜欢鲜艳、明亮、强烈的色彩，如红色、橘色等；而地处北半球的加拿大、冰岛等国家的人喜欢宁静、柔和的色彩；在亚洲红色代表快乐、吉祥，是人们喜爱的色彩；而在非洲，红色代表死亡，南非的丧服就是红色的，因此在色彩的选择上要考虑环境的因素。

服装是季节性的产品，色彩是服装季节性的重要表现。如夏季宜选用素雅、浅色的色彩，如用天蓝、粉红、淡黄和白色等；春天配色宜采用多样、明快、绚丽的配色，如采用绿、天蓝、米色等色；秋天，服装追求温和的中性色彩，如采用烟灰、深黄、驼色等色；冬天一般选用暖色和纯度较高的色，如大红、橙、藏青、深蓝、黑色等。

此外，活泼的节日、喜庆的婚礼等场合应选用绚丽、多彩的服装配色；办公室职业装应选择柔和、稳重的色调；而舞台装则更多地运用张扬醒目的色彩。

（三）色彩与材质因素

服装色彩与材质密切相关，色彩因材质的不同表现出不同的情调，材质因色彩的加入而产生变化。例如，同一种粉色，用在真丝上表现出华丽、轻盈的感觉，而用在毛织物上则表现出含蓄、柔美、厚实的感觉。因此，服装的色彩必须与材质相配合，才能充分体现服装设计的主题。各类服装材质由于其结构、物理化性能和表面特征不同，对色光的吸收、反射或投射的能力不同。如麻纤维表面粗糙，对光形成漫反射，色彩的明度和饱和度有所减弱；而丝的表面光滑，对光的反射强，具有良好的光泽度。另外，相同的纺织原料，采用不同方法织造的服装材料也会表现出不同的性能和表面效果。结构紧密，具有较长浮线的针织物经缎组织，其纱线排列紧密，浮线对光形成一致反射，因此具有良好的光泽。而表面凹凸的组织，会对光线形成漫反射，织物色彩较为暗淡。因此，了解和掌握色彩与材质的关系，有助于将色彩与材料完美结合，在设计中更好地展现服装的整体效果。

（四）色彩与图案因素

服装色彩与图案关系密切，一方面服装图案影响色彩设计的方向，引导配色的形式。另一方面色彩设计以与图案相匹配的明度、纯度衬托图案，将图案和服装配色组合一个有机整体。图案的种类繁多，包括单独纹样、二方连续、四方连续等形式。服装图案配色的基本方法有衬托法、呼应法、点缀法和缓冲法。在服装色彩设计中，应有效运用色彩设计原理，将图案纳入整体构思中，使整体色彩形成一个视觉和谐统一的效果。

第三章 服装造型的构成要素与造型 美的原理

第一节 服装造型的构成要素

一、点

（一）点的概念

点是最基本和最重要的元素，在造型设计中是一切形态的基础。点是相对的概念，是细小的简单形象，我们把看起来感觉较小的形态称为点。点最重要的功能就是表明位置和进行聚集，与其他元素相比，点最容易吸引人的视线。点可以是任何形式的，其最基本形状有圆点、方点、三角形点、不规则点等，其中圆点是最典型、最理想的点。

（二）点的性质和作用

点没有上下左右的连接性与方向性，但具有活泼、突出诱导视线的特性，在空间中起到标明位置的作用。空间中不同的点如图3-1所示。点在空间中可以有不同的位置，且给人不同的视觉感受。

（1）单点位于一个空间的中心时，它给人的感觉是静止的、平稳的、扩张的。

（2）单点不在空间中心而是靠近一边时，这个点便有了运动感和方向感，视觉上较为活泼生动，不显得呆板。单点一般在服装中起装饰作用，如纽扣、胸花等部件。

（3）两点对称出现在同一个空间时，给人以平稳感，可产生连接和吸引的效果。

（4）两点靠近空间一边时，这两个点给人向外延伸的感觉，增加了动感。

（5）三个点按一定位置排列时，给人三角联系的稳定感。

（6）多个大小相同的点在空间以等距离间隔排列时，会产生线的感觉。

（7）多个大小不同的点在空间排列时，视觉中心首先会出现在大点上，然后再向小点移动的效果，给人以韵律感和流畅感。

（8）多个且大小不同的点在空间中随机排列时，可产生节奏感和深度感。这类型的点，在服装中一般用于休闲装、运动装。

（9）多个点在空间上下左右有规律的排列，可产生面的感觉。

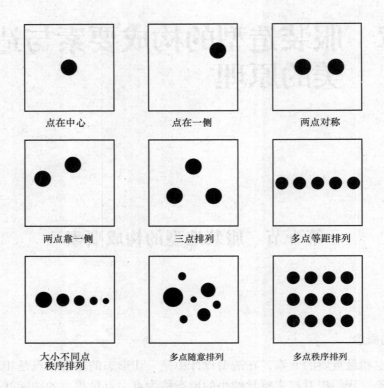

点在中心　　　　　　　点在一侧　　　　　　　两点对称

两点靠一侧　　　　　　三点排列　　　　　　　多点等距排列

大小不同点
秩序排列　　　　　　　多点随意排列　　　　　　多点秩序排列

图3-1　空间中不同的点

（三）点在服装设计中的应用

通过点的形状、大小、数量、位置等的变化，可以产生多种多样的视觉效果。服装上纽扣、装饰品、面料等，都可以看作是点在服装设计中的应用。

1.纽扣的点应用　服装设计离不开各种纽扣的布局安排，纽扣作为服装上的部件，是点的作用体现，它既有功能性，又有装饰性（图3-2）。虽然通常服装中纽扣只占了很小的比例，但纽扣位置直接影响着服装的效果。如西装中的纽扣，门襟和袖口设计为三粒扣，其风格为保守、正统的西装；设计为一粒扣，则有时尚、年轻的感觉；两粒扣则是介于两者之间的风格，此外，双排扣的服装给人复古、稳重的感觉。女装中常在领口或兜盖处设计一粒精美的大纽扣，起到突出扩张，吸引视线的作用。

2.装饰品的点应用　服装设计中常采用装饰品来强调服装的重点部位。一般多在领口、胸前、肩部、袋边、袖口、腰部、下摆边等部位加以强调，借助胸针、立体造型的花朵、蝴蝶结、毛线球等装饰品加以巧妙设计，使其成为服装的视觉中心，达到画龙点睛的效果，让整件服装更具魅力。一般来说，装饰品作为点的元素出现在服装上，可以避免服

图3-2　服装上纽扣的点应用

装过于单调，起到协调服装整体美的作用。如图3-3所示。

3.面料的点应用 面料上的某些图案、花纹、刺绣都属于服装上点的要素。面料上图案的表现形式各有不同，如字母、文字、各种抽象或具象的图形，花纹中各种色彩印染出的深浅不同小色块，以及刺绣的纹样，都可以视为是点的体现，如图3-4所示。以点为元素的面料，或体现出服装文静、素雅、大方的风格，或体现出服装活泼、跳跃的风格。

图3-3　服装上装饰品的点应用

图3-4　面料上点的应用

二、线

（一）线的概念

线作为造型元素，它以抽象的形态存在于日常生活中。线是相对的概念，点的移动轨迹构成线，当点朝一个方向排列或运动时，形成直线；当点的运动方向不断变化时形成曲线或不规则的线。当长宽比成悬殊比例时称为线，当长宽比例相近时则有点或面的感觉。线具有位置、方向、长度和一定粗细的属性，是造型设计中必不可缺的元素。

（二）线的性质和作用

线有多种表现形式，直线、垂线、曲线、粗线、细线，不同的线会给人带来不同的视觉感受，如图3-5所示。

（1）直线具有男性的特征，具有理性、简洁、直率的性格，能表现出一种力量的美感。男装中使用直线较多，如男西装、军服等。

（2）垂直线显得修长、硬朗、年轻，富有生命力、力度感和伸展感。

（3）水平线让人联想到广阔的大地和浩瀚的海洋，给人宽广、稳定、平静、和谐的感觉。

（4）斜线使人联想到陡峭的山坡，具有速度感、方向感和运动感，给人一种好动、调皮、危险而不稳定感。一般在运动装中斜线使用较多。

（5）折线则因方向变化丰富，易形成空间感，给人强硬、干练、不安的感觉。

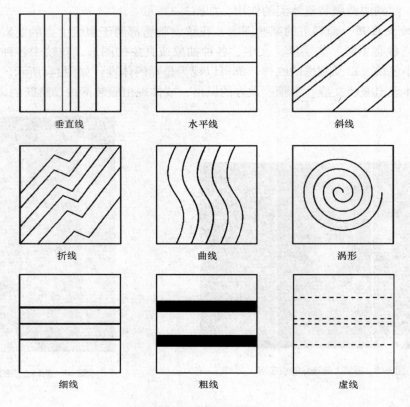

垂直线	水平线	斜线
折线	曲线	涡形
细线	粗线	虚线

图3-5　各式各样的线

（6）曲线具有女性的特征，给人柔软、圆润、优雅、飘逸、轻松、流畅的感觉，其中自由曲线是随意的曲线，有"C"形、"S"形、涡形以及各种各样的随意曲线，曲线具有花哨、自由、潇洒的性格，富于变化，丰富视觉效果。曲线多用于女装设计中，如连衣裙、休闲服中。

（7）细线，看起来精致、轻巧，给人隐蔽、锐利、轻柔的感觉，一般用于职业装、淑女装和风格优雅的服装中。而粗线，看起来粗苯且明显，给人壮实、敦厚、硬朗、朴实的感觉，多用于男装、休闲装的设计中。

（8）虚线是由点组合而成的线，具有软弱、含蓄和不明确的性格。虚线在服装中不做结构线使用，而较多用于装饰线，如休闲服、牛仔裤上的装饰性明线。

（三）线在服装设计中的应用

线是服装设计中应用最为广泛的要素。服装的外轮廓线、内部结构线，领口、袖口、袋口等零部件的造型线、装饰线，均需要以不同的线条来表现。

1.造型线　服装中的造型线（图3-6）是包括外轮廓线、

图3-6　服装中的造型线

内部结构线和装饰线三种类型。服装的轮廓线是由肩线、腰线、侧缝线等结构线组合而成的。由法国设计师克里斯丁·迪奥以字母创立的A型、H型、X型等，是服装中典型的廓型线构成形式。内部结构线是塑造服装整体与局部款式变化的线，内部结构线主要有省道线、分割线、袖肩线、公主线、刀背线、褶裥线等，是服装必不可少的线，如果没有内部结构线，服装就很难实现美化人体曲线的效果。

2. **装饰线** 装饰线是对整个服装的造型起点缀作用的线。装饰线可以分为平面装饰线与立体装饰线。平面装饰线（图3-7）主要有镶边、嵌条、细褶线、明辑线、刺绣以及线条形态的装饰花纹等；立体装饰线（图3-8）是各种平面装饰线的不同组合，或针织成型服装中凹凸起伏的立体花纹组织的线状物，可以使简单的服装造型看起来更加美观活泼。

图3-7 平面装饰线

图3-8 立体装饰线

另外，合理运用不同粗细的纵向装饰线还可以使服装产生纤细的视觉效果，达到调整体态的效果。运用各种不同色彩的线条与服装主色调的反差，可以使服装看起来更加具有美感。将腰带、彩条、镶边等装饰线进行穿插、分割，可以使服装突出流行特征。如图3-9所示。

图3-9 腰带、镶边的装饰线

三、面

（一）面的概念

线运动的轨迹称为面，扩大的点形成了面，一根封闭的线形成面，密集的点和线同样能形成面的视觉效果。点和面是相对的，两者间没有绝对的区分，与点相比，面是一个平面中相对较大的元素，点强调位置关系，面在空间中具有长宽两维。在一定条件下，点可以扩大成面，面也可以缩小成点。线变粗时也可以为面，而当面的长宽比值很大时则为线。

（二）面的性质和作用

面有分割空间的作用。面分为方形、圆形、椭圆形、三角形、自由形等表面形态。不同形态的面如图3-10所示。

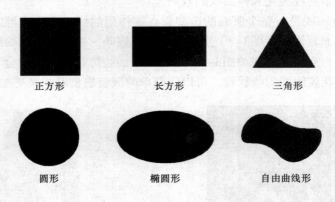

| 正方形 | 长方形 | 三角形 |

| 圆形 | 椭圆形 | 自由曲线形 |

图3-10　不同形态的面

（1）方形有正方形和长方形两种，由水平线和垂直线组合而成，具有稳定、刻板、严肃、有力的感觉。

（2）圆形是最单纯的曲线圆围成的面，在平面形态中具有静止感。椭圆形和圆形相比，更明快，且斜率变化无穷，因此给人一种张弛缓急的、变化而统一的流动感。

（3）三角形是由三直线封闭而成的，正三角形由水平线和斜线组合，具有稳定、尖锐、刺激的感觉。倒三角形具有动感、力量和不安定的感觉。

（4）自由曲线形是由任意的线组合而成的，是随机而成的面，其形式变化不受限制，具有活泼、自然、随意之感。其中自由曲线形的面富有柔美之感，是女性特征的典型代表。

（三）面在服装设计中的应用

服装设计中根据面的不同性格，灵活地加以组合运用，能使服装产生多种多样的风格。服装是由裁片组合而成，大部分服装的裁片都是大小不等的面，这些面缝合后，就形成了服装的轮廓。尤其是不同色彩的裁片拼接在一起时，面的效果最为显著。

1.**方形面**　方形面给人以大度、端正的感觉，能较好地体现男性气质，故方形面在男装中运用较为广泛。如西装、夹克、大衣等男装，从外形轮廓、肩部装接线到袋形设计，多以直线和方形的面组合构成。如图3-11所示，方形面具有男性气质。

2.**圆形面、椭圆形面**　圆形面给人以美满、圆润的感觉，适合表现丰满、圆润、可爱的女性特征，因此，圆形

图3-11　方形面具有男性气质

面、椭圆形面在女装设计中经常见到。廓型如圆摆裙、吊钟形的裙子等；局部造型中如强调肩部的插肩袖、泡泡袖、大圆领、圆角口袋等。吊钟形的裙子如图3-12所示。

　　3.三角形面　三角形面在男装设计中较为普遍，用倒三角形面可以夸张男士上衣的肩部造型，增加服装刚劲、锐利的力量感和潇洒、稳重的风格，更好地体现出男性刚健、豪放的气质。此外，用正三角形面夸张女装裙的臀部造型，给人以稳重、洒脱的感觉，是女装造型的理想形态。如图3-13所示，三角形面具有力量感。

　　4.自由形面　自由形面的设计如图3-14所示。常用于男装、女装和童装的服装设计中，给人以强烈、鲜明的感官印象。

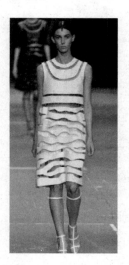

图3-12　吊钟形的裙子　　　　　图3-13　三角形面具有力量感　　　　图3-14　自由形面的应用

四、体

（一）体的概念

面的移动可成为体，但这种移动必须具有长度、宽度和深度。

（二）体的性质和作用

设计中的体可以是面的合拢或点、线的排列集合等，如面的卷曲、重叠或合拢形成体；点、线的排列集合或点、线构成的内部空间也可成为体。体也可以是方形体、球体、圆柱体、圆锥体等，体也可以是任意造型。体具有占据空间的作用，根据所占有空间的不同而呈现不同性格。

（1）方形体由方形的面或直线组合而成，给人方方正正，中规中矩的感觉，具有平稳感，显得笨重、朴实、呆板。

（2）球体是完美的象征，显得圆润、丰富，具有动态之美，又不失厚重之感。

（3）圆柱体给人厚实、饱满之感，具有活跃感和稳定向上的感觉。

（4）圆锥体从下向上渐渐变小进而消失，显得不仅具有轻巧、凌空之感，又具有稳定的感觉。

（三）体在服装设计中的应用

服装上整体部位如蓬松的大身、裙体等都是体的表现。圆锥体造型（图3-15）在晚礼服、婚纱等女装造型中表现得最为明显。方形体造型（图3-16）主要应用在硕大的坦克袋、箱形大衣以及冬装的羽绒服设计中；椭圆球体造型（图3-17）和圆柱体造型（图3-18）主要应用在宫廷式服装的灯笼袖、灯笼裙的裙身以及直筒裤、直筒连衣裙等。

图3-15　圆锥体造型　　　图3-16　方形体造型　　　图3-17　椭圆球体造型　　　图3-18　圆柱体造型

第二节　视错及其应用

一、视错的概念

视错又称视错觉，是人通过视觉得出的判断与客观事实不一致的一种错觉现象，是观察者在客观因素干扰下或者自身的心理因素支配下，基于经验或不当的参照而形成的错误判断，对图形所产生的与客观事实不相符的错误感觉。正确的了解各种视错现象，掌握其原理和规律性，有利于在服装设计中通过调整服装造型，利用视错来弥补体型缺陷，创造出更好的作品。

二、视错的类型

（一）几何学视错

1.**长度视错**　长度视错是指长度相等的线段，由于位置、角度、交叉等环境因素差异或诱导因素不同，使观察者产生视觉上的错觉，认为线段不相等。如图3-19中a、b两条线段相等，但在视错的情况下，a线段比b线段长。

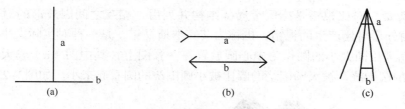

图3-19 长度视错

2.分割视错 分割视错是指对相同造型选用不同方向、形状的线条加以分割，使人产生视错效应。分割是灵活多变的，不论是水平、垂直以及倾向分割，都会由于分割的位置、方向，以及分割的密度不同而产生不同的效果。

图3-20中垂直线段分割能强调其高度；随着线条数量的增加，引导视线左右移动而产生宽阔的感觉；当线条之间距离减小后，线条的密度增加，则会产生变得纤细的感觉。

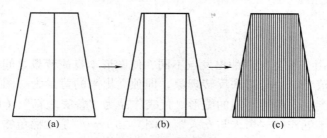

图3-20 垂直线分割视错

图3-21中水平线段引导视线左右移动，产生扩宽的视错现象；随着水平线段数量的增加、密度的变化，会引导视线自上而下的游动，可减少扩宽，产生增高和纤细的感觉。

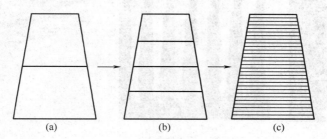

图3-21 水平线分割视错

3.弯曲视错 弯曲视错也称为赫林视错，即两条平行线因受斜线的影响呈弯曲状的错视效果。弯曲视错如图3-22（a）和（b），两个画面中的线段是水平直线且平行，但图（a）给人向里凹陷的感觉；图（b）给人向外凸起的感觉。

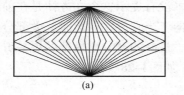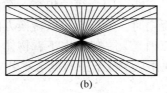

图3-22 弯曲视错

4.对比视错　对比视错是指两个局部结构并列后，相互之间因外形的对比而产生的视错现象。由外形对比产生的视错，也称为艾宾浩斯视错，是一种对实际大小知觉上的视错，即两个完全相同大小的圆作为中心圆放置在一张图上，其中图（a）较大的圆围绕，图（b）较小的圆围绕；被大圆围绕的圆比被小圆围绕的圆看起来小。如图3-23所示。

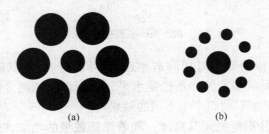

(a)　　　　　　　　　　(b)

图3-23　对比视错

（二）认知视错

1.反转视错　由于视觉判断的出发点不同，使图形本身或背景之间产生矛盾的反转现象。一般分为两种情况，一是图底反转现象，即独立出来的背景为"图"，周围的部分则为"底"，图与底产生出两种不同的图形。代表作品为"鲁宾之杯"（图3-24）和日本设计师福田繁雄1979年创作的"男人与女人"（图3-25）。二是"鸭兔错觉"，即人脑自动将印象中相似的形状或物件做对比，对该物的主要形象做出判读，在不破坏主要认知特征的情况下再加上另一个特征，富于图像新的意义，造成大脑的误判，如图3-26所示。

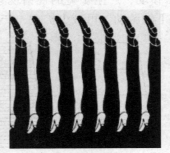

图3-24　鲁宾之杯　　　　　图3-25　男人与女人　　　　　图3-26　鸭兔错觉

2.空间视错　空间视错是指在二维平面上空间交错连接，通过视觉经验认知，产生具有三维效果的立体造型，如图3-27所示。空间视错典型的例子是纳克方块（Necker Cube），是个模棱两可的线条画，它以等大透视的角度绘画一个立方体，即平行的边在图中会画成等长的平行线。因为线的相交，图画没有提示这个立方体是在前还是在后，向上还是向下。当人凝望时，发现它可以转换方向。当它放在左边时，大部分人都会将左下的面当成其前面。原因是人一般都向下看物体，最高的部分比最低的更易看到，因此大脑偏向将这个立方体视作从上往下望的视错效果，如图3-28所示。

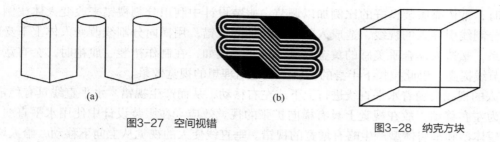

图3-27 空间视错   图3-28 纳克方块

（三）色彩视错

由色彩产生的视错，即色彩本身的属性不同或放置环境不同而导致视觉上的错觉。如把两张中等明度的灰色纸片分别放在更亮和更暗的底子上，由于底色的明度不同，原来同样灰色明度呈现出明显的不同，亮底上的灰色更暗，暗底上的灰色更亮。如果在黑色的底子上放置不同明度、不同纯度、不同色相的相同半径的圆，会发现明度高、纯度高的圆显大，有扩张感；而明度低、纯度低的圆显小，有后退感，如图3-29所示。明度高的黄色圆形看起来比明度低的蓝色圆形大。再如，把两张橙色纸片分别放在绿色和红色的底子上，由于底子不同，两个同明度、同纯度、同色相的橙色显出不同的色相，红色底子上的橙色偏黄绿色，绿色底子上的橙色偏红色。这种色彩的错觉主要是由于在色彩对比中相邻的颜色都会有对方色相补色的倾向。

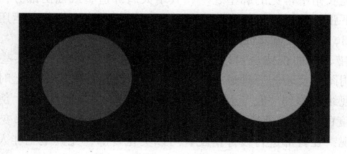

图3-29 色彩视错

（四）生理视错

生理视错主要来自人体的视觉适应现象，人的感觉器官在接受过久的刺激后会钝化，也就造成了补色及残像的生理错视。由于白光是由不同波长的色光所组成的，所以如果两种色光加在一起可成为白光，那么这两色为互补色。而视网膜上的细胞受某种色光刺激后，会对该色产生疲劳，所以在视线离开该色后，该部分的细胞暂无法作用，而未受刺激的另一部分细胞开始活动，因而产生另一种视感，也就是补色的残像，因视觉疲劳而产生的视觉暂留现象即为生理错视。

三、视错在服装设计中的应用

（一）修饰体型

1.调整人体的比例和高度 人体美的一个重要标准就是人体的比例，当其不符合黄金比例时，常依靠服装良好的比例加以调节。服装设计中利用分割视错来改变人体比例，用纵向分割线引导人的视线，造成人的身高增加的视错；用横向分割线改变人体上下身的比例关系，塑造人体合乎美感的黄金比例的视错。例如，在制作裙装、旗袍时，会有意识地将腰节线提高，以此拉长下半身的比例，创造出理想的视觉效果。

人的视线会随着水平直线进行上下或左右移动，从而产生视错。水平直线具有稳定感，视觉为左右移动，故在视觉上具有横向扩张的视觉效应。在服装设计中使用水平直线，可使纤瘦体型和窄肩体型产生略有增宽的视错。垂直线使人的视觉从上向下移动，给人增高、增长的感觉，产生挺拔感。在服装设计中，前门襟加装襟、公主线、刀背线都是利用垂直线的特性达到增高的目的。如门襟所形成的垂直线，有上下拉长的效果，可借助垂直线为肥胖体型的人弥补缺陷，从而起到收身的视错效果。然而"水平直线显瘦，垂直线显宽"是在一定范围内产生的视觉效果。当服装的总线条数量超过四条以上，穿横条纹服装的人比穿竖条纹服装的人看上去更修身。

外形的对比视错也可以修饰体型。例如，庞大的袖子可以衬托出手部的纤细；瘦小体型者可以在胸前装饰荷叶边，或采用泡泡袖、宽松袖等，增加视觉上的体重感，以此弥补身体上的缺陷和不足。

2. 修饰人体曲线　服装是由不同形状的几何图形裁片组合而成，利用服装的造型线可掩盖人体曲线上的不足。例如，在强调女性曲线美的洛可可时期女性穿着的裙子，X廓型的服装是妇女传统衣裙中常见的廓型之一，其增大肩部造型或袖山部分，用裙撑将臀部垫起，裙自腰部往下张开，裙摆如庞大的吊钟，腰部用紧身胸衣束紧，运用对比错视使女性腰身显得更加纤细，以此凸显女性的曲线美。

运用反转视错、弯曲视错也可以达到美化人体曲线的目的。如某些带有图案或条纹的服装，就是利用图底反转的原理进行设计的。当视线集中在"图"上时，服装呈现一种视觉画面，而当视线转移到"底"上时，服装则给人另一种视觉感受。例如，在服装的腰部内侧使用低明度的条纹或色块进行拼接设计，在视觉上会产生腰部变得纤细的视错效果。运用弯曲错视，在臀部进行设计搭配，可以美化臀部，尤其是肥胖人群的曲线可以得到改善。

（二）修正脸型

在服装搭配中，领型与脸型的对比错视较为明显，可以起到修正脸型的目的。

1. 修正长脸的领型　高而紧的领子，如立领、堆领，将颈部掩盖住或用围巾高高把颈部紧紧包裹住的形式，突显了面部，有强调宽脸的效果。高领型，尤其是带有柔软悬垂或有褶的设计，使脸型显得圆润。脸型较宽的人，不适合高领，因为高领会显得脸型更宽。而长脸型的人，则选用高领或圆领，高领能将脖子掩盖，使脸的长度显得短一些。

领子、领口横向分割时，会在视觉上给人以横宽的感觉，如方领、一字领、圆领等，这些领型使得圆胖的脸型更加宽胖，但却可以修正长脸、瘦脸，以免给人尖刻的感觉。如图3-30所示。

2. 修正宽脸的领型　前端开得较深的领口或V领，其颈部露出部分较多，让脸型有显小的倾向。V领运用斜线分割错视，使视线被诱导而上下移动，视觉上增加了脸部的长度，可以使脸型显得秀气。狭长圆形领或方形领口，同样增加了视觉的长度，是圆脸型、方脸型的理想领口类型。一般可采用翻领，如青果领、枪驳领等效果较好。如图3-31所示。

    3.修正不端正脸型的领型　具有柔和节奏感的领型可对不端正的脸型可以起到掩饰的作用。使用装饰性较强的多褶、曲线形的领型，使不端正的脸型起到缓和，在脸部周围加一些褶、边饰，会使脸型更加柔和，让视觉忽略脸型的缺陷，达到美化的目的。如图3-32所示。

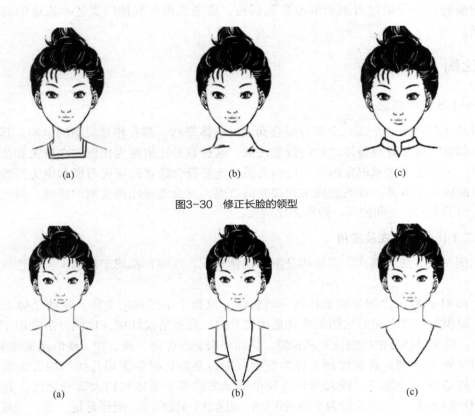

图3-30　修正长脸的领型

图3-31　修饰宽脸的领型

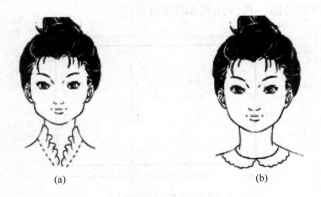

图3-32　修正不端正脸型的领型

第三节　服装造型美的法则

美是经过处理，在统一感和有秩序的情况下产生的。美是从秩序中产生的，秩序是美的重要条件。服装设计的主要目的是要表现出尽善尽美的服装作品，而设计出具有造型美的服装，需要通过对服装的鉴赏和创造，逐渐发现与其他门类艺术相通的基本规律和法则。

一、比例

（一）比例的概念

世界上任何由一个或几个部分组合而成的整体事物，都有相互关系的定则，其存在着部分与部分，或部分与整体之间的数量比值，这种数量比值称为比例。在审美和艺术创作活动中，人们要求艺术形象内部的比例关系一定要符合通常的审美习惯和审美经验。如比例的调配超出了审美心理所能理解和接受的范围，就会造成比例失调的感觉。对比的数值关系达到了美的统一和协调，被称为比例美。

（二）比例的形式及应用

比例一般有两种形式，即比例分割和比例分配。这两种都属于比例，但在性质上却有区别。

1.比例分割　比例分割是将统一的整体分成数个小面积的个体，这些个体之间的比例、小面积与整体之间的比例关系就是比例分割。在服装设计中，比例分割常用于内部结构设计，确定内部分割线的位置和长短，从而使服装产生高、矮、胖、瘦的视觉效果。

（1）黄金比例：黄金比例也称为黄金分割，是古代科学家用几何学的方法求证而来的，是将整体一分为二，较大部分与较小部分之比等于整体与较大部分之比，其比值为$1:0.618$或$1.618:1$，即长段为全段的0.618，近似$3:5$或$5:8$。通俗地说，即$2:2$或$3:6$等比例划分出来的空间没有$3:5$或$5:8$的美观。黄金比例具有严格的比例性、艺术性、和谐性，蕴藏着丰富的美学价值。黄金比例如图3-33所示。

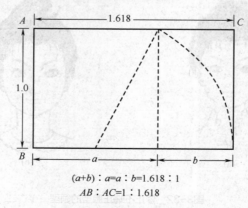

$(a+b):a=a:b=1.618:1$

$AB:AC=1:1.618$

图3-33　黄金比例

（2）渐变比例：渐变比例是某种状态和性质按照一定顺序逐渐地、阶段性地变化，也称为逐变，是有趋势的递增或递减的变化。渐变的形式分为规律渐变和不规律渐变两种。

规律渐变是指某种形态按照一定的比例关系或特定的规律进行递增或递减。如："斐波那契"数列是以1，1，2，3，5，8，13，21，34……的排列形式出现的，即这个数列从第三项开始，每一项都等于前两项之和。"贝尔"数列是以1，2，5，12，29，70……的排列形式出现的，即从第三项开始，它的每一项均为前项的二倍与再前项相加。这种比例形式运用于立体构成中可产生颇佳的效果。服装中常用的渐变数列为3，4，6，8，12……这种渐变比例有平稳柔和的过渡感，在服装中常用于各种波浪花边的比例分配。

不规律渐变是抽取事物的本质特征进行的变化，其变化是没有规律的，只强调视觉上的渐变性，如色彩上的不规律渐变或材质款式上的无规律渐变过渡，将具象的形态抽象化，产生活跃、跳跃的视觉效果。例如在服装中，装饰珠片由多到少、由大到小的排列，色彩中几种色彩的随意性渐变，都属于不规律渐变的形式。

2.比例分配 比例分配是在两个或两个以上物体之间确定某种比例。它不是对整体进行分割，是体现附加于整体之外的个体之间或附加个体与整体之间的比例关系，或者几个并列个体共同构成一个整体时的比例关系。如在进行比例的设计时，可从局部出发，确定什么部位添置装饰，口袋的位置及大小，图案的位置及大小，领子的大小等，或者服装中通过不同面料、色彩之间的拼接形成整体服装，使服装增加视觉的丰富感。

二、平衡

（一）平衡的概念

平衡是计量上平均分量的基础，如天平两边处于均等时，就获得一种平稳静止的平衡状态。在造型艺术中，整体内容形式因素之间的组合关系，如果能给人以平稳、安静的感觉，那么这种组合关系则可称为平衡。艺术造型中的平衡，是靠人们的视觉和心理去感受的，处于平衡状态的形象能给人舒适、恬静的美感，反之则使人感到不安。平衡的形式有对称和均衡两种。

（二）平衡的形式及应用

1.对称 对称是一种绝对平衡的形式。在用对称形式构成的服装中，均可以找到一个中心点或对称轴，把画面分成两部分，各部分不仅数量、质量相同，而且到这个中心点的距离也相等。

对称在服装中有三种表现形式，即单轴对称、多轴对称、点对称。单轴对称是以一根轴为中心，左右两边的因素相同，使服装具有朴实、安定感，但往往过于简单，会缺乏生气。多轴对称是以两根或两根以上的轴为基础，分布在他们周围的因素相等或相近，不仅左右的形对称，而且上下、对角的形对称，整体效果显得更为严谨。点对称则是以一点为基础，相同的因素以中心点为基点，旋转后才能重合，其构图呈现"S"形，所以具有运动感，这种形式设计的服装相比前两种对称形式较为活泼。对称多用于比较庄重的服装上，如正式的西装或商务类型的服装上，显得端正，当需要强调变化和动感时可以在服装上点缀一些小饰品。如图3-34所示。

2.**均衡**　均衡是一种非对称的平衡形式，是指造型艺术作品中对应因素形状并不相同，但在一定范围内使其结构形态获得视觉与心理上的平衡。与对称平衡相比，均衡在空间、数量、间隔、距离等要素上都没有等量关系，它是大小、长短、强弱等要素间寻求稳定感和平衡感。均衡常被应用在前开口交叉的颈围线、衣身的褶裥等处。均衡在设计上不容易创作和掌握，但线条设计富于变化、流畅柔和，显得活泼、华丽。如图3-35所示。

图3-34　对称在服装上的应用

图3-35　均衡在服装上的应用

三、旋律

（一）旋律的概念

旋律也称为律动，是音乐术语，指声音经过艺术构思而形成的有组织、有节奏的和谐运动。在造型设计中，是指造型要素有规律的排列，形成一种具有节奏韵律变化的美感。

（二）旋律的形式及应用

1.**有规律重复**　有规律重复也可称为反复，即同一因素的相同反复。反复既要使形态保持一定的变化和联系，又要注意形态之间保持适当的距离。反复的间隔过于接近，就会显得过于统一而单调，反复的间隔过于疏远，就会显得关系淡薄和零散。把两种以上的形态轮流反复排列使用称为交替。交替时反复地变形，是成组的反复。如壁纸、印花图案经常看到这种反复的现象。如图3-36所示。

图3-36　有规律重复

2.**无规律重复** 无规律的重复是相同因素在方向上不定向或距离上不等距的重复。在不规律中带有节奏性，充满情趣。流动旋律、层次旋律、流线旋律和放射旋律都属于无规律的重复。虽然这种重复在宽窄、大小、间距上已发生变化，但仍保持相似的特点。这种无规律的重复是服装显得更加生动活泼。如图3-37所示。

图3-37 无规律重复

四、统一

（一）统一的概念

统一是指形状、色彩、材料的相同或相似要素汇集成一个整体而形成的，是个体与整体的关系中通过对个体的调整使整体产生有秩序感。

（二）统一的形式及应用

1.**重复统一** 在设计中将同一元素或具有相同性质的元素重复使用，这些元素在一个整体中很容易形成统一，称为重复统一。重复统一形式最简单，在服装设计中常用于图案、边饰、零部件以及其他装饰设计。

2.**中心统一** 中心统一是指整体中的某一个体称为设计中的重点，吸引人的视线集中在个体上，通过对这一重点的突出，使之对其余的个体起到某种抓拢作用，其余个体元素以此为中心形成统一。

3.**支配统一** 支配统一是指主体部分控制整体以及其他从属部分，通过建立主从关系形成统一。该手法在设计中被广泛运用，相同的材料、形状，相同的色相、明度、纯度，相同的花形纹样等都可以作为支配的要素。在系列装设计以及服装的组合搭配中，支配统一的手法运用得最多，效果最明显。

五、协调

（一）协调的概念

协调也称为调和或和谐，是完成全部设计效果的准备阶段，通常使用两种或多种特点不同的元素进行相互协调。如外形、色彩、材料、结构、线条、工艺等协调，使各设计要素之间相互产生联系，彼此呼应，形成具有一定秩序的协调美的视觉效果。

（二）协调的形式及应用

1.**类似协调** 具有类似特点要素间的协调称为类似协调。由于各设计元素间的共性，该协调设计中不能过于统一，以免使设计没有特点。

2.**对比协调** 对比协调是对立要素之间的协调。各要素间差异较大，容易冲突，协调的难度较大，最佳的方法就是在对立面中加入对方的因素或在双方中加入第三者因素，使要素之间冲突减弱，达到协调的目的。

3.**大小协调** 大小协调是指将构成服装的各要素进行面积尺寸上的合理搭配。大小协调容易获得变化丰富的视觉效果。

4.**格调协调** 格调本身强调的就是一种感受，是指涉及带给人的视觉和心理上的感受。格调在服装设计中也可以理解为服装的风格，即各服装元素的风格协调、服装风格与人精神气质的协调等。

六、强调

（一）强调的概念

强调可以烘托主体，是服装设计较常使用的原则之一。它能使视线一开始就有主次感，并将视线首先吸引到服饰的主要部分，再逐渐将实现转移。服装从轮廓到局部结构，都应有助于展现人体最美丽的部位。服装重点强调的部位有领、肩、胸、腰等部位，并加以美化。服装设计中强调的手法有三种，即风格的强调、功能性的强调、人体补正的强调。

（二）强调的形式及应用

1.**主题的强调** 强调主题的手法一般运用在发布会服装或比赛服装的设计中。这一类服装的设计一般给出一个主题，然后围绕这个主题展开设计，一般会组成系列，从构思、选料、色彩到工艺配饰等都以突出主题为主，甚至连发布表演的场景、灯光、音响等都要考虑与设计主题相呼应。

2.**功能性的强调** 服装除美化功能外，还需要具有实际功能，因此不同功能服装的外形、面料、色彩均应体现功能的舒适、美观程度。如运动服经常要求款式宽松、轻便或面料有弹性，设计色彩绚丽、愉悦，达到美观实用的效果。

3.**人体补正的强调** 人体优美、修长的轮廓外形为最理想的外形，凡不符合这种体形的，只有通过补正强调的手法，方能达到扬长避短的效果。如胸部平坦的女性可以穿着胸部饰有重叠花边的连衣裙，可起到补正身形的作用。

七、对比

（一）对比的概念

对比含有两个以上不同的质和量要素才能显示出来，它是求得变化、增加特征、在视觉上形成强烈刺激的最好方法，给人以明朗、清晰、活泼、轻快的感觉。

（二）对比的形式及应用

1.**造型对比** 服装设计中，造型对比是指造型元素在服装的廓形或者结构细节设计中形成的对比，如水平线条与垂直线条的横竖对比，不对称的造型疏密对比等。如图3-38所示。

2.**材质对比** 材质对比是指在服装上用性能和视觉风格差异很大的面料，使之形成对比，以此来强调设计和突现面料特制。这种混搭的对比方法在服装设计中更能突显材料的可塑性和变化性特征。如图3-39所示。

3.**量感对比**　　服装设计中的量感对比主要是指各种不同色彩、不同设计元素的面积在构图中所占的量的对比。色彩和面积的大小会带来视觉的误差从而产生量感上的对比，使用这种技法时要注意对比色的运用。如图3-40所示。

4.**色彩对比**　　色彩对比是服装设计常用的表现手法，是指各种色彩在构图中的对比，它有同类色对比、邻近色对比、对比色对比和互补色对比等。对比或者强烈或者柔和，或模糊或者鲜明，富于变化是对比色表现的主要特点。如图3-41所示。

图3-38　疏密对比

图3-39　材质对比

图3-40　量感对比

图3-41　色彩对比

第四章　针织服装生产概述

第一节　针织服装设计与生产特点

针织面料的基本结构是由线圈相穿套而成，这一结构特性决定了大多数针织面料都具有良好的弹性、延伸性、柔软、透气、穿着舒适的特点。这使得用针织面料制作的内衣在各种内衣中一枝独秀，长期以来深受广泛消费者的青睐。用弹性面料制作的体操服装、游泳衣和各种矫形服装穿着合体、活动自如方便，没有束缚感。针织生产使用的原料范围广泛，机器规格齐全，使用不同原料和设备编织的面料可以具有不同的性能。既可以薄如蝉翼，也可以厚如毛呢；可以有超常的弹性，也可以有稳定的尺寸；可以清淡素雅，也可以色彩斑斓。因此，针织服装种类繁多，应用范围越来越广泛，已从传统的内衣和毛衫类服装发展到时装、休闲装、职业装、学生装、运动装、家居服、旅游服装、礼服、功能性服装和特种专用服装等一切服装领域，已经成为服装行业独树一帜的奇葩。针织服装从设计到生产都有其鲜明的特点，主要表现在如下几方面。

一、针织服装款式设计特点

针织面料的特性是针织服装款式造型设计的基础。与机织面料相比，针织面料有很多独特的性能，针织服装的款式设计应该充分考虑面料的这些性能。总体来看，针织服装的款式造型设计主要有两大类型，一类是宽松舒适型，一类是紧身塑身型。

宽松舒适型服装是我国针织服装传统的造型风格，一般是以简单的垂直线、水平线或弧线为主，配以较大的放松度，使人体的三围趋向一致，形成H型廓型。在面料上即可以选用柔软轻薄的面料，以充分表现其柔软舒适、悬垂性和潇洒飘逸的特点，如传统的秋冬季棉毛衫、T恤衫、文化衫、羊毛衫、家居服、睡衣等；也可以选用密度较大、尺寸稳定性好的面料，如采用各种提花组织，人造毛皮面料制作的大衣、外套等，具有造型刚健、豪放、洒脱的特点。各种宽松型针织服装如图4-1所示。

紧身式针织服装的品种很多，包括各种紧身便装、紧身运动衣、塑身矫型内衣等。弹性是针织面料突出的特性，除一些提花组织和复合组织织物外，大多数针织面料的横向拉伸率可达20%。随着针织技术的发展和新型弹性纤维在针织面料中的应用，一些加入高弹性纤维的针织面料或者用弹性纤维直接织造的针织面料弹性可达200%以上，用这类面料制作的服装适体性特别好，穿着时，既能充分体现人体的曲线美，又能使人体伸缩自如，满足人体的各种运动与活动的需要，同时还兼有舒适透气的优点，是制作各种矫型内衣，紧身运动服（如体操服、泳装等）的首选面料。用高弹针织面料制作的服装能紧贴肌肤，调整约束肌肉的位置，因此它又是制作各种矫型塑身衣的理想面料，如束腰、腹带等。紧身式服装已成为弹性针织服装特有的造型。图4-2所示是各种紧身便装，这类服装的线条简洁自然，贴体流畅，能充分展示人体的曲线美，是年轻人喜欢的款式。图4-3是各种紧身运动衣，包括体操服、泳装、芭蕾舞服等。图4-4是各种塑身衣，包括束裤、护腰、护膝等功能针织产品。

(a) 浴袍　　　　　　　　(b) 睡衣　　　　　　　(c) 吊带家居服　　　　　(d) 长袖家居服

(e) 棉毛衫　　　　　　　　　(f) 圆领T恤　　　　　　　　　(g) 文化衫

(h) 童装　　　　　　　　　(i) 羊毛开衫　　　　　　　　(j) 厚毛衣

图4-1　各种宽松型针织服装

(a)　　　　　　　(b)　　　　　　　(c)

(d)　　　　　(e)　　　　　(f)　　　　　(g)

(h)　　　　　　　　　　　(i)

(j)　　　　　　　　(k)

图4-2　各种紧身便装

(a) 男体操服

(b) 女体操服

图4-3

(c) 泳装

(d) 舞蹈服

图4-3　各种紧身运动衣

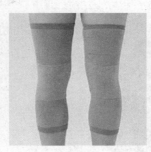　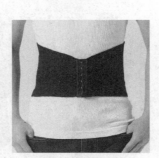　

(a) 护膝　　　　　　　　　(b) 护腰　　　　　　　　　　(c) 腹带

(d) 连腰式文胸

(e) 收腰束身短裤

(f) 连体塑身衣

(g) 分体塑身衣

图4-4　各种塑身衣

二、针织服装结构设计的特点

由于受针织面料性能的影响，使得针织服装在结构设计方面除了具有一般服装设计的共性之外，还有许多自己的特点，主要表现在如下几个方面：

（一）结构线表现形式简洁

针织面料具有良好的弹性，这使得在梭织服装中需要采用曲线的部位，在针织服装中只需要直线或斜线就能达到相似的效果，针织服装与梭织服结构对比如图4-5所示，插肩袖服装裁片示意图中（a）图代表的是针织服装裁片的形状，（b）图代表的是梭织服装裁片的形状。可以看出，梭织服装的肩部是通过曲线来形成肩的形状。针织服装的肩部仍是由简单的斜线组成，肩部的形状是在服装穿着后，靠面料的弹性和悬垂性来获得。

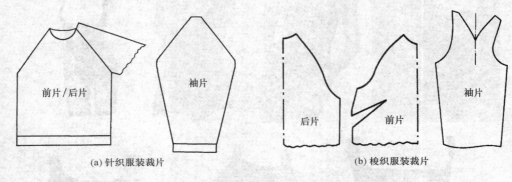

前片/后片　袖片　　后片　前片　袖片

(a)针织服装裁片　　　　　　　(b)梭织服装裁片

图4-5　针织服装与梭织服装结构对比

（二）围度放松量小

为了满足人体着装后，呼吸及运动的需求，使人体没有束缚感，要求服装具有一定的放松量。放松量的多少与面料的弹性有极大的关系。大部分针织面料都具有良好的弹性，对于一般合体款式的服装，用针织面料制作时，其放松量会比梭织服装小。而对于一些紧身服装，如游泳衣、体操服及紧身内衣等，在设计服装样板时，其放松量可能为负值，即这类服装的样板不但不加放松量，反而要使成品服装的尺寸小于人体的净尺寸，具体的减少量根据面料弹性大小的不同而定。

（三）分割线和省道设计尽量少

人体是一个凹凸不平的立体曲面，为了使制作出来的服装穿着合体、造型美观，在采用没有弹性的面料制作服装时，就需要采用省道、分割线、褶裥等方式来达到造型的目的。而在利用有弹性的针织面料制作服装时则不同，通常不需要设计省道线、分割线和褶裥等，而是利用面料本身的弹性、悬垂等性能，适当运用缩缝、抽摺、波浪等处理方法来塑造人体曲线美。另外，由于有的针织面料具有脱散性，以及缝合后的省道易造成成品外观的牵吊和不平伏，分割缝处硬挺无弹性，凹凸不平，既破坏了针织服装自然、柔软、舒适、富有弹性的特点，又容易降低针织物的牢度和耐用性，因此，针织服装在结构设计中要尽量减少分割线和省道的设计。如需增加一些装饰性的分割线或收省处理，则省道量应尽可能减小。

三、针织服装边口造型的特点

针织面料具有的弹性、卷边性和脱散性，使得针织服装在领口、袖口、裤口及上衣底边等边口的处理方法和边口造型方面与梭织服装相比有很大的不同。

（一）罗纹边口

由于人体结构的影响，为了使服装穿脱方便，通常需要在服装的领口处开门襟，在裤脚口、袖口和下摆片开衩或做成敞口的形式。但针织面料具有良好的延伸性和弹性，所以针织服装的领口、袖口和裤脚口可以不开门襟或开衩，仅凭其延伸性和弹性就可以使其既能很方便的穿脱，又能使其穿上后仍保持非常合体的状态。在使用相同原料的情况下，罗纹组织针织物是所有针织物中弹性最大的。同时由于罗纹组织针织物平整、纹路清晰、风格独特，因此常被用于针织服装的边口部位，如领口、袖口、裤脚口和口袋边等。使用罗纹组织边口的服装经多次穿脱拉伸后，仍能具有良好的保形性。图4-6所示为罗纹边口的针织服装或其局部。

(a) 提花男毛衫　　　　　　　(b) 青果领毛衣　　　　　　　(c) 女式毛衣

(d) 连衣毛裙　　　　　　　(e) 罗纹边连衣裙

图4-6

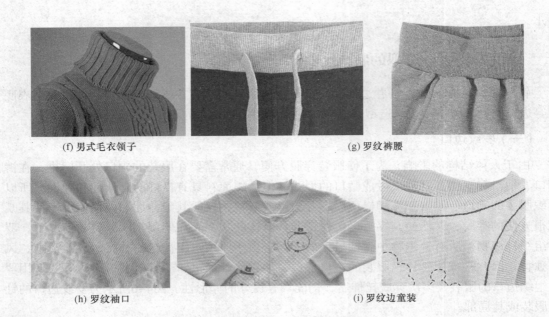

(f) 男式毛衣领子   (g) 罗纹裤腰

(h) 罗纹袖口   (i) 罗纹边童装

图4-6　罗纹边口的针织服装或其局部

（二）滚边边口

　　滚边是将与大身相同或不同的面料裁剪成狭长的条形，以一定的缝型包覆在服装的边口处，并采用适当的线迹缝制而形成的一种边口造型方法。在滚边缝制中，改变滚边布的颜色和织纹，变换滚边的宽度，就可以形成不同的风格和外观。采用原身布滚边的服装具有清新、淡雅的效果；采用异料滚边时，将领口边、袖口边和门襟边等采用不同面料滚边，具有边口造型时尚、突出的效果，滚边效果如图4-7所示。

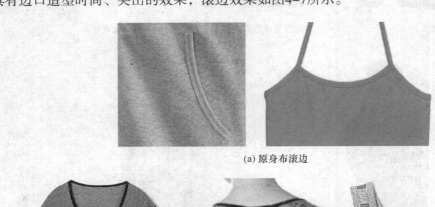

(a) 原身布滚边

(b) 异料滚边

图4-7　滚边效果

（三）加边边口

针织服装设计中，为了增加服装的装饰效果，往往在服装的边口部位采用不同颜色或不同材质的面料对边口进行处理，如用蕾丝花边或用面料做成的花边处理服装的边口，可以具有良好的装饰效果。被广泛用于女式内衣、睡衣及家居服装中，加边边口的效果如图4-8所示。

图4-8

图4-8 加边边口的效果

（四）自然卷边边口

有些针织物，例如纬平针织物，在自然状态下其布边具有包卷的特性，利用这一特性进行针织服装的边口设计，可以形成独具特色的造型风格，自然卷边边口的效果如图4-9所示。

图4-9 自然卷边边口的效果

（五）缝迹的利用

由于针织面料具有脱散性，所以要求针织服装的缝制必须采用能有效防止面料脱散的线迹，如绷缝线迹等，这类线迹一般都具有一定的宽度，能将针织服装衣片的缝口覆盖住。因此可以将线迹外做，起到良好的装饰作用。例如在针织服装的拼接部位、绱领、绱袖、裤子的侧缝等部位的缝制时，采用带装饰线的绷缝线迹缝制，可以形成一种独特的边口造型特点和装饰风格，如图4-10所示。

图4-10　缝迹的利用效果

四、针织服装样板设计的特点

针织服装种类繁多，不同类型的服装需要采用不同的样板设计方法，以达到快速、方便、省力和灵活的目的。一般传统的针织服装，可以采用规格演算法进行样板设计，其特点主要表现在如下两个方面。

（一）不适合采用净样板

传统针织服装一般不适合采用先设计好净样板，然后再统一加缝耗的方法，而应该在设计样板各个部位的尺寸时，就要把影响样板尺寸的各种因素考虑进去。这是因为针织面料具有弹性和脱散性等原因，使得针织服装的不同部位需要采用不同类型的线迹进行缝制，即采用不同的缝纫设备进行缝制。这些不同的缝纫设备所形成的缝耗是不一样的，因此样板的不同部位加放的缝耗量就不一样。

其次，针织面料存在着工艺回缩，回缩量的大小随着面料的原料、组织结构、加工方法以及面料纵横方向的不同而不同，样板的不同部位应该加放的回缩量也不同。

再者，针织面料具有下垂性和拉伸扩张性，轻薄、柔软、伸缩性大的面料制成的服装，在穿着时，由于下垂的原因会使服装的长度变长而宽度变窄，即伸缩性对样板纵横向尺寸的影响情况是不一样的。为了弥补这一原因造成的成品尺寸的变化，在进行样板设计时，样板宽度方向的尺寸就应适当地加大，而长度方向的尺寸则应相应地缩小。另外样板中斜丝部位的尺寸也应当考虑拉伸扩张的因素，拉伸扩张的大小根据斜丝部位尺寸的大小以及面料的拉伸性能的不同而不同。

综上所述，影响样板尺寸的因素较多，而每一因素对样板各个部位尺寸的影响情况是不同的，因此在进行样板设计时，应该首先设计好缝制工艺，然后确定缝耗、缝制回缩率及其他影响因素的数值，最后在进行样板尺寸计算时把这些因素都考虑进去，计算出样板的尺寸，得到毛样板。

（二）采用负样板

传统针织服装样板设计的另一个特点是可以采用负样板来简化样板，并减少样板的数量。通常情况下，服装的样板是用作裁剪衣片的，它代表的是衣片的形状和规格。负样板正好相反，它代表的不是衣片的形状，而是代表形成衣片需要裁掉的部分，即裁耗。例如，针织服装的领子一般都采用负样板。使用负样板一方面可以简化大身样板，另一方面可以减少样板的数量，节省制作样板的材料及制作样板的时间。例如，圆领文化衫的大身样板，按一般的方法进行设计时，需要设计成前身和后身两块衣身样板，如图4-11（a）所示。而采用负样板后，只需要设计一块大身样板及一块领窝负样板，负样板如图4-11（b）所示。从以上图中可以看出，通过采用负样板，使样板的外形极大地简化了，同时也使得样板的数量减少。

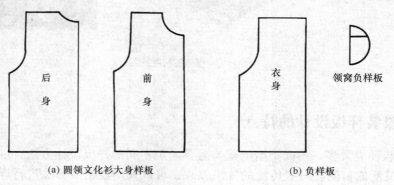

（a）圆领文化衫大身样板　　　　　（b）负样板

图4-11　文化衫的样板与负样板

五、针织服装缝制的特点

1.**针织服装在缝制中所需要的设备种类多**　在针织服装缝制中，为了满足其脱散性、弹性、延伸性和边口造型对线迹的要求，一件服装往往要用多种缝纫设备才能缝制完成。例如在图4-12所示的不同部位用不同的线迹缝制。儿童连裤装的缝制中，滚领、挽袖口边和挽下摆底边需要采用双针三线绷缝机缝制；合肩缝、合袖缝及合大身侧缝需要采用四线包缝线迹缝制；钉口袋和做肩开口需要采用平缝机缝制；在肩开口处和底裆处还需要用打结机打结；钉扣和锁扣眼还需要钉扣机和锁眼机。由此可见，这样一件很普通的婴儿服，就需要六种缝纫机来完成。

2.**针织服装生产的主要设备与梭织服装不同**　针织服装缝制的主要设备是各种包缝机和绷缝制，而平缝机是梭织服装缝制的主要设备。另外，针织服装缝制所用缝针的针型、针号、线迹密度和缝纫线的选择方面也与梭织服装有很大的不同。针织服装缝制一般选用圆头针，如图4-13所示，主要是为了防止缝针刺断面料中的纱线，使面料脱散。针织服装缝制所用缝针针杆比较细，图4-14所示是一种专门用于针织服装的缝针与普通缝针比较，可以看出，用于针织服装的缝针要比普通针细很多，这样也是为了避免缝制中针洞的产生。针织服装缝制时应该选用弹性好的缝纫线，以便与针织面料的弹性相适应，防止由于面料的拉伸而将缝线拉断。针织服装缝制时的线迹密度相对较小，因为线迹密度越大，缝针刺断面料中纱线的可能性越大。

图4-12　不同部位用不同的线迹缝制

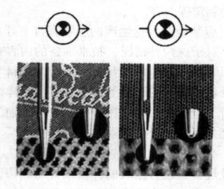

图4-13　针织服装用的圆头缝针

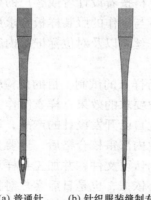

(a) 普通针　　(b) 针织服装缝制专用针

图4-14　针织服装缝针与普通缝针对比

第二节　针织服装生产工程的组成

针织服装生产工序包括从针织面料开始，一直到针织服装出厂所经过的所有工序。尽管针织服装厂性质，规模大小不尽相同，但其生产工序基本相同，主要包括生产准备工序、裁剪工序、缝制工序、熨烫整理和包装工序。

一、生产准备

生产准备是针织服装在正式投产前所作的技术准备，原材料准备和生产条件的准备等工作，这些工作完成的好坏会直接影响到针织服装生产的进度，所生产服装的质量及生产能否顺利进行，是针织服装生产的保证。

（一）技术准备

技术准备是在批量生产前由企业技术人员所做的准备工作，它是确保产品批量生产能够顺利进行以及最终产品能够符合客户要求的重要手段。技术准备工作主要包括服装的款式设计或客户的来样或来图的分析、服装样板的设计与制作、服装样衣的制作和生产工艺单的制定等内容。

服装企业批量生产的服装有自主开发设计的产品和客户来样或来图加工的产品两种情况，对于这两种情况，技术准备的内容有所不同。对于自主设计开发的产品，企业需要进行服装的款式、色彩与配色设计、原料与辅料的设计、缝制工艺的设计、后整理加式方法以及包装方式的设计等。对于客户来样或来图加工的产品，技术部位要对来样进行详细的分析，包括款式、所用原材料、缝制加工方法的分析等，了解客户对产品的缝制加工、后整理方面以及产品包装方式等要求。

无论是自主开发产品还是来样加工，在确定了服装款式后，就要根据所确定的服装款式及规格，进行服装的样板设计与制作，这是服装生产中一项非常关键的技术工作。样板设计正确与否直接影响到服装的款式结构以及服装的生产工艺及加工方法等，必须给予足够的重视。服装的样板设计要求严格按着设计者或客户的要求进行，要忠实并充分体现设计者和客户的要求和意图。所设计与制作的服装样板要求尺寸准确，规格齐全，在样板上应标明服装的款号、部位、规格、丝缕以及对位标记等内容，以便于服装的缝制及样板的管理。

服装样板设计好后，就要进行样衣的试制。目的是检验服装的结构设计及样板设计是否合理，是否达到了设计者或客户要求的效果。样衣制作完成后，企业要专门组织相关人员对样衣进行审核鉴定。对于企业自己开发设计的产品，审核合格后就可以正式投入批量生产。对于外来加工的产品，企业内部审核合格后，还要交客户进行最终确认，样衣经客户确认并签字后，办理相关的书面认可文件，并加盖封样章后与样衣一起存档，即所谓的封样。封样是进行产品检验的重要依据，也是日后客户对批量生产的产品提出异议或质疑的时候，用以分清责任的依据。封样后，企业就可以按照样衣进行批量生产。如果企业对样衣的审核不符合要求，应对存在的问题仔细分析，然后针对存在的问题，对服装款式或服装样板进行反复修改，直至符合要求为止。如果服装样板的设计是由于客观原因，无法达到设计者或客户要求的，可在征得设计者或客户同意后，对无法达到要求的部分进行修改，经客户认可后，进行封样，方可准备批量生产。

在样衣试制成功，得到双方的最终确认后，企业的技术部门需要编制服装生产工艺单，以备服装正式批量生产之用。服装生产工艺单是服装加工中的指导性文件，它对服装的各个部位的规格，服装缝制工艺，缝制方法、局部的缝制要求，整烫方法，包装方式等都提出了详细的要求，对服装辅料搭配、缝迹密度等细节问题也加以明确，企业的各个部门及服装生产的各道工序都要严格按生产工艺单的要求完成相应的工作。不同的企业，服装生产工艺单的具体格式及所包含的内容有所不同，目前还没有统一的标准，但所包含的主要内容基本相同，主要有单号、客户名称、合约号、服装款式名称、主料及辅料、服装的规格、细部规格尺寸、服装的颜色及数量分配、服装的缝制方法与工艺要求、后整理方法、包装方式与包装说明等内容。

（二）服装材料的准备

服装材料包括服装生产所需要的主料以及各种辅料。服装生产前应根据服装设计或客户要求，对服装所需要的服装主料和辅料进行合理的选择及配用，并对需求量进行预算。对服装面料的选择包括面料的种类、质地、颜色和图案等。服装面料的准备应考虑到服装生产可能产生的各种损耗。因此，准备的数量应在基础用料的基础上，加上各种损耗，以防止出现再次配备的面料与原面料产生颜色或性能方面的差异。准备好的服装面料，在服装投产前，需要对面料的质量和性能进行检验。检验内容主要包括数量，幅宽，面料的密度、表面疵点、缩水率、色牢度等，以避免在裁剪后造成无法挽回的质量问题。对于投入生产的每一匹布进行逐一验布，对面料中影响产品质量的各种疵点，例如色花、漏针、破洞、油污等须做好标记及质量记录，并及时进行修补。对于纬斜等问题，应及时进行纠正。对于无法修补的疵点，可以做出标记，以便在裁剪中消除，以降低损耗、减少损失。

服装生产前辅料的准备工作包括对所需辅料的选购，对所购辅料的种类、数量、规格、与主料的色差检验以及性能的检验等内容。针织服装生产中所用的主要辅料有各种边口材料、各种衬料、缝纫线、扣紧材料和松紧带等。对于这些不同的辅料，除了进行上述一般性能的检验外，还应根据辅料的具体应用情况重点检验某些性能。例如，对于衬料应注重检查其缩率与主料的缩率是否相适应，缝纫线的弹性与缩率等能否与主料相适应等。边口材料、扣紧材料及缝纫线等与主料之间的色差是否在允许的范围内，发现问题应及时处理。

（三）服装生产设备的准备

服装生产设备的准备包括缝制设备的准备以及各种机物料的准备。针织服装生产设备的准备在满足产品质量要求的前提下，应首先考虑企业现有的设备。对于有特殊要求的产品，或订单量大的产品，可根据需要增添新设备。以确保所生产的服装能满足质量要求，保证批量生产的顺利进行。服装生产的机物料主要有缝纫机的零配件、易损耗件、生产用的特料以及各种油料、电料等，这些材料的准备是保证生产顺利进行的基础。

二、裁剪工程

裁剪工程包括排料、裁床方案的制定、铺料、断料、划样、开裁、验片、打标记与捆扎等工序。在裁剪工程中，首先是根据确定的服装样板绘制出排料图。在正确排料的基础上，最终将针织面料裁剪成服装衣片。

排料就是将设计好的服装样板，全部合理地排列在一定长度的面料上，排料的基本原则是"完整、合理和节约"，其目的是通过服装样板科学合理地排列，达到在保证服装规格尺寸的前提下，减少裁耗、节约面料、降低成本的目的。排料是一项技术性要求很强的工作，排料的合理与否与面料的消耗量、服装的质量及成本密切相关，是针织服装裁剪中的一个重要工序。

针织面料有经编和纬编两大类，经编面料基本上是平幅的，而缝制针织服装的大部分纬编针织面料是用圆机生产的，是圆筒形的。针织圆机的筒径规格比较多，因此针织面料的幅宽规格也比较多。同一服装样板，在不同幅宽的面料上的排料方法分两种情况。一种是在已经购买的或已经生产出的面料上进行排料，这时面料的幅宽是一定。排料的目的是确定段长及每件服装所需的净坯布的面积等，为计算产品成本提供依据。另一种是针对既生产针织面料又生产针织服装的综合企业，他们可以先根据服装样板进行排料。此时排料的目的除了确定段长和每件服装所需的净坯布的面积外，还要通过排料确定针织面料的幅宽，再由所需的面料的幅宽确定针织车间针织机的筒径与匹布规格。

在针织服装生产中，每批生产任务的数量、规格都不会是相同的，首先需要确定裁剪方案。裁剪方案研究的主要内容是确定每批生产任务需要分几床裁剪，每床铺料的长度和层数，每一床裁剪的件数及规格等内容。分床数由每批生产任务的大小，企业裁剪设备的生产能力等因素决定。铺料长度由裁剪床的长度、服装的套料情况等因素决定。铺料的层数由裁剪设备的性能，面料的性能，裁剪工的技术水平等因素决定。第一床裁剪的件数由套料情况、铺料长度、服装的规格等因素决定。合理地制定裁剪方案可以保证服装裁剪有序地进行。

铺料是按照排料所确定的长度及裁剪方案所确定的铺料长度和层数，将针织面料铺放在裁剪台上，以供裁剪之用。根据面料的图案、条格情况，面料品种等的不同，应该采用不同的铺料方法。常用的铺料方法有正面铺料法、往返折叠铺料和对合铺料。

划样就是在铺好的缝料的最上层，按照排料图摆放服装样板，并沿样板的边缘垂直样板划线，划样时要注意样板应按着针织物线圈的纵行方向放正样板，并用手压紧，避免划样时样板产生滑移。划线的粗细要适中，过粗会造成裁片规格的差异。

裁剪就是在铺好的缝料上，按着划好的样板形状裁剪出服装衣片。裁剪工序直接决定裁片的质量，进而影响到服装缝制能否顺利进行及缝制质量。因此应对服装的裁剪工序严格控制。首先，在裁剪前要对所铺的面料及划样情况进行认真的检查核对，这是一项非常重要的工作，是决定裁剪质量的关键性环节。该项工作做得好，能使前段工序存在的质量问题及时被发现解决，从而可以减少浪费，降低成本，提高产品质量。因为一但开裁再发现问题就很难挽回。其次，在裁剪过程中要严格按着裁剪工艺及裁剪操作要求进行，这是保证裁片质量的基础。

验片是在裁片裁剪好后，用样板复核每片裁片；并检查每叠裁片的上、下层的规格尺寸是否一致；裁片的边缘是否发毛破损，裁剪是否圆顺；对于有对格对条要求的产品，要检查是否能按要求对格对条。发现不合格的产品要及时修正，能修补的最好修补，不能修补的要及时补片。

打号和打标记是为了便于生产管理及缝制工序的顺利进行，而在裁剪好的衣片上打不同的编号和标记，分别称为打号和打标记。打号是把裁好的衣片按某一规律编号，并将编号打在裁片的某个部位上。针织服装裁片上经常打的标记有两种，一种是对位标记，一种是缝钉标记。对位标记是指把需要缝合在一起的裁片的相应部位打上标记，以便在缝制工序能将各裁片准确地对位缝合。缝钉标记是指在裁片上打上服装的某个零部件缝钉位置的标记。以保证服装的口袋等零部件能准确缝合在衣片对应处。裁片经打号、打标记后，要按品种规格进行分组、捆扎，一般可以每十件、二十件、三十件一捆捆扎。捆扎要牢固，并吊好标签。

三、缝制工程

缝制工程的主要任务就是把裁剪好的服装裁片及其他辅料，通过一定的缝制设备和方法缝合成服装。它是针织服装生产中最为重要的工程之一，对针织服装的最终质量有着重要的影响。由于针织服装面料品种繁多，针织服装款式多变，缝制设备的结构及性能各异、品种不断增多，人们对服装缝制质量要求不断提高，使得针织服装的缝制加工艺日趋复杂。如何科学合理地组织针织服装的缝制工程就变得越来越重要。

针织服装缝制工程研究的主要内容包括缝制工艺流程的设计；线迹和缝型的选择；缝迹密度的确定；缝针号型的选择；缝线及其他辅料的品种及规格的选择；缝制设备的选用；生产线设计；车间设备及场地配置等。服装缝制工程的设计和安排是否科学合理将直接影响针织服装的生产效率及产品的质量。

四、烫整工程

针织服装的烫整工程主要包括对产品的熨烫加工、对成品和半成品的检验以及对成品的折叠和包装。

针织服装熨烫的目的是消除针织服装表面的褶皱，使服装外观平整、尺寸稳定。针织服装在熨烫时一般要在服装内套上衬板，以控制针织服装的形状和规格尺寸。为了防止熨烫后针织服装由于回缩而使尺寸变小，一般衬板的尺寸要略大于服装的尺寸。在熨烫时应注意控制温度，防止面料烫黄、烫焦。

成品和半成品的检验是指通过感官判定或仪器测量等方法，对成品或半成品的品质进行测定，并与产品的技术标准进行比较，判定被检测的对象是否合格，并以此决定被检测的对象能否进入下道工序或出厂。成品和半成品的检验是产品质量保证的一个重要环节。为了及时发现产品在生产过程中所存在的质量问题并及时解决，除了要对最终产品进行检验之外，一般在针织服装生产过程中的关键工序还设置若干个半成品检测点。半成品检测点设置的工序及检测点的多少与服装的款式，针织服装厂的管理情况，工人的操作水平等因素有关，没有一个固定的模式。并且可以根据某个产品的生产情况调节检测点的工序。例如，对于经常出现问题的工序就可以增设检测点。成品检验是产品出厂前的检验，是把好产品质量关的最后一道关口。所以要对产品进行全面的质量检验，并且要根据检测结果对产品进行评等。产品检验完成后，对于合格的产品，要根据设计的折叠和包装形式或客户要求的折叠和包装形式对产品进行折叠和包装，最后入库存，完成整个服装的生产。

第三节　针织面料特性对针织服装设计与生产的影响

针织物的基本结构单元是线圈，它是一条三度弯曲的空间曲线。针织物是由线圈在横向相互连接、纵向相互穿套而形成的一种织物。针织面料具有许多梭织物所不具有的特性，会对针织服装的设计和生产产生很大的影响。

一、针织面料的弹性与延伸性对设计与生产的影响

针织面料的弹性是指其在受到外力作用时产生变形，当引起变形的外力去除后，恢复原来形状的能力。针织面料由线圈结构决定都具有良好的弹性。构成线圈的纱线由于弯曲变形而产生很大的内应力，变形的纱线力图恢复原来的形状，达到最小能量状态，因此产生较大的弹性。针织面料的弹性与面料的组织结构、密度，纱线的表面性能及纱线的弹性等有关，针织面料的密度增加，纱线的弯曲变形变大，恢复原来形状的能力增强，故其弹性增加。另外，纱线表面越光滑，纱线恢过程中的能量消耗越小，恢复原来形状的能力增强，弹力增加。

针织面料的延伸性则是指其受到外力作用时的伸长能力。针织面料在受到外力作用时，三度弯曲的线圈的纱线会变直，使面料在受力方向伸长；另一面，线圈的圈柱部段和圈弧部段在受到外力作用时可以发生相互转移。当针织面料在纵向受到外力作用时，圈弧向圈柱转移，使面料的纵向伸长，横向缩短；当针织面料受到横向外力作用时，线圈的圈柱向圈弧转移，使面料的横向伸长，纵向缩短。因此，针织面料在纵向和横向都具有良好的延伸性。面料的延伸性主要与面料的组织结构，密度及等因素有关。

（一）弹性与延伸性对针织服装设计的影响

面料的特性是服装造型设计的基础，不同特性的面料具有不同的造型能力和适体的美感，良好的弹性和延伸性是针织面料主要特性之一，很多针织面料的组织结构决定了其本身就具有良好的弹性和延伸性，特别是近年来，随着各种弹性纤维在针织生产中应用，使弹性纤维的性能与针织物的结构得以完美的结合，从而赋予了针织面料更加卓越的弹性和延伸性。使用这类面料制作的服装在设计上具有如下的特点：

第一，适合设计成各种合体型和紧身型，包括各种合体的休闲便装、各种专业运动装和各种矫形内衣，如泳装、体操服装、芭蕾舞服装，文胸、束腰等。这既能充分体现人体的曲线美，又能使人体活动、运动伸缩自如，适合人体各种运动的需要，又兼具有舒适和透气的优点。使针织面料的特性得以充分发挥。在轮廓线上即使采用简单的直线或斜线，通过面料的弹性也可以达到合体的目的，使服装很好地体现人体的曲线美。

第二，适合设计成无门襟套头衫或半开门襟的套头装。针织套头装如图4-15所示，其中图（a）为无门襟套头休闲装，图（b）为半开门襟套头T恤。这是一般的梭织服装所无法

实现的款式。由于针织面料具有良好的延伸性，在穿着的过程中，面料可以根据需要而延伸，使衣服很方便地被穿上；穿上后，又由于面料的弹性，使服装恢复原来的形状，保持平整、合体的状态。

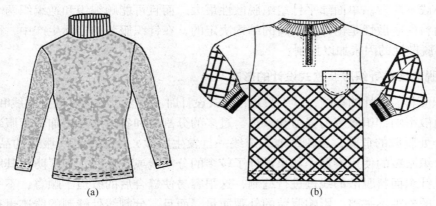

图4-15　针织套头装

第三，针织服装在进行样板尺寸设计时，其围度方向的放松量比梭织服装要小，具体减少的值受针织面料的弹性及服装款式的影响，采用一般的针织面料，设计合体服装或宽松服装时，放松量可适当大一些，面料的弹性越大，放松量就要相应的减少，当用弹性大的面料设计紧身的服装时，如体操服，游泳装等，放松量应该为负值，也就是说，这时不但不加放松量，反而要使服装的样板尺寸小于服装的成品规格，以使最后的服装能够达到紧身、合体的目的。

（二）弹性与延伸性对针织服装生产的影响

针织面料良好的弹性和延伸性给针织服装的加工生产带来许多不便，使针织服装的生产工艺与设备与机织服装不完全相同。针织面料在裁剪铺料时手法要轻，不能用力拉拽面料，以免使面料产生拉伸变形，影响服装的规格尺寸。针织服装的缝制，应选用与面料的弹性和延伸性能相适应的线迹和缝线，如链式线迹，包缝线迹及绷缝线迹等，除缝制口袋、门襟及钉商标等不易拉伸的部位外，一般不易采用锁式线迹缝制。在合肩处以及裤裆叉合缝等处，要采用适当的方法进行加固，防止拉伸变形，影响服装的造型和外观。比如为了防止针织服装的肩部产生拉伸变形，使肩部下垂，在合肩处缝合时应衬入本料直纹条或纱带，在袖口、领口、下摆、裤口与罗纹等到的接缝处应采用双针绷缝加固。在缝制设备方面，应选用送布条件好的缝纫机，如差动送布缝纫机等，以防止面料在缝制中产生拉伸变形，造成缝口变形、起皱、跳线等现象，影响服装的外观质量。对于弹性特别大的针织面料，应选用专门用于弹性面料送布的缝纫机，否则缝制将不能顺利进行。在铺料以及整烫作业中，用力要均匀、自然，切勿用力猛拽，以免影响服装成品规格。

二、针织面料的脱散性对设计与生产的影响

脱散性是指当针织面料中的纱线断裂或针织边缘的线圈失去相互穿套联系后，线圈与线圈产生分离的现象。由于针织面料都是由线圈按一定的规格和顺序穿套而成，因此所有

的针织面料都能按逆编织方向脱散。针织面料的脱散性与面料的组织结构、未充满系数、纱线的抗弯刚度以及纱线的摩擦系数等因素有关。一般针织面料的组织结构越复杂，形成一个横列的纱线根数越多，其脱散性越小，甚至不脱散。提花织物、双面组织、经编织物脱散性较小或不脱散。单面纬平针组织脱散性最大，而且可能顺编织和逆编织两个方向脱散。针织面料的脱散性是由针织面料的结构决定的，在针织服装的实际生产中，可根据影响针织面料脱散性的因素加以控制。

（一）脱散性对针织服装款式设计的影响

受针织面料脱散性的影响，针织服装在款式设计时不适合设计过多的分割线和省道线，以免由于脱散影响针织服装的强力和外观。过多的分割线和省道线会增加针织服装缝制的难度及缝合处脱散的危险，分割线或省道线一旦发生脱散，就会使针织服装的品质破坏，严重影响针织服装的使用寿命。如果设计了较多的分割线或省道线，为了防止其脱散，要采用能防止针织面料脱散的线迹进行缝制，这很容易使缝合后的省道不顺直，不平伏，造成最后成品的外观不平整，影响服装的外观质量。而且，分割线处缝制的线迹也很容易使缝合处硬挺，弹性变小或失去弹性，影响针织服装穿的舒适性，或在穿着过程中由于反复拉伸而拉断线迹，影响针织服装的牢度。由此可见，针织服装不应设计过多的分割线和省道线，特别是在容易拉伸的部位更不易使用分割线。

（二）脱散性对针织服装生产的影响

在针织服装的整个生产过程中，都要注意防止面料的边缘的脱散。裁剪好的衣片在生产中的传输时要注意避免裁片的边缘受到拉伸，缝制过程中手工操作的动作要轻。为了克服针织面料的脱散性，应选用能防止面料脱散的线迹缝制，如采用包缝线迹或绷缝线迹等能将缝料的边缘包覆起来的线迹，以防缝料边缘线迹的脱散；针织服装的边口可以采用包边、折边、滚边、绱罗纹边等方法处理，能起到一定的防脱的作用。在针织服装缝制中，为了防止缝针刺断针织面料的线圈产生针洞而引起脱散，应选用与面料厚度相适应的针号。针尖的形状应选用各种不同规格的圆头针，或选用针织服装缝制专用针缝制。针织面料在后整理过程中，要经过柔软处理，柔软、光滑的纱线，在缝针穿刺缝料时针很容易将缝料中的纱线推向两边，使缝针从纱之间刺入，从而减少缝针刺断纱线的危险。也就减少了脱散性。

三、针织面料的卷边性对设计与生产的影响

针织面料的卷边性是指某些组织的针织面料在自由状态下其布边会发生包卷的现象。卷边性是由于线圈中弯曲线段所具有的内应力及受力不平衡引起的，在面料的边缘处，线圈受力不平衡，没有受到其他线圈控制的一侧，线圈的弹性变形消失，线圈力图伸直，恢复其原来的状态，从而产生卷边现象。在针织面料的线圈横列方向和线圈纵行方向，由于线圈所受到的不平衡力的方向不同，所以卷边方向也不同。沿着线圈的纵行方向卷向针织物的反面，沿着线圈的横列方向卷向针织物的正面。卷边性主要与针织面料的组织结构、针织面料的密度、纱线的弹性等因素有关。一般单面针织物的卷边性较严重，双面针织物没有或有轻度的卷边性。针织面料的卷边性会对针织服装的裁剪及缝制加工带来一定不利

的影响，在生产中应努力降低面料的卷边性。

（一）卷边性等对款式造型的影响

有些针织面料具有卷边性，再加上针织面料良好的弹性和脱散性等，使得针织服装的领口、袖口、裤口和下摆等的边口造型和设计形成了独特的风格特点。

针织服装的第一个特点是罗纹边口的设计，如图4-16所示。罗纹组织是双面针织物的基本组织，它最大的特点是具有良好的弹性和延伸性，同时它外观平整，基本不卷边，因此非常适合用于服装的边口处，特别是用容易卷边的面料制作的服装的边口和各种套头服装的边口。针织面料的卷边性，使服装的边口不平整，不伏贴，而对于一些用横向延伸性好而回弹性差的面料制作的服装，在穿着后，由于拉伸后不能恢复原状，服装的边口很容易产生变形。罗纹组织良好的弹性不但可以满足套头装穿脱的要求，而且可以使边口保持良好的形状，使卷边的边口平伏，同时其清晰的纹理也可服装形成独特的风格。

针织服装造型的第二个特点是各种滚边的边口设计。如领口、袖口或下摆底边等用与衣身相同或不同的缝料，以不同的宽度包裹在服装边口的边缘称为滚边，形成一种独特的造型风格，如图4-17所示。滚边的边口能克服卷边面料边口不平伏的问题，同时通过不同色彩和图纹的滚边布的使用，使服装款式赋予变化，风格独特。

图4-16　罗纹边口

图4-17　滚边边口

针织服装造型的第三个点是自然卷边边口的设计。利用针织面料的卷边性，使其边口自然卷起，形成赋有立体感的圆柱形，如图4-18所示。

图4-18　自然卷边边口

（二）卷边性对针织服装生产的影响

针织面料的卷边性对针织服装的生产加工的影响主要表现在裁剪和缝制的操作方面。在裁剪铺料时，面料的边缘使面料不易铺放平整，影响划样及裁剪操作效率。在缝制时，卷起的边缘会影响缝纫工的操作速度，降低其工作效率。为了提高针织服装的生产效率，使服装的生产加工更加方便，目前，国内通常采用轧光或热定型的方法来消除或降低其卷边性，国外一般采用一种喷雾粘合剂喷洒于开裁后的布边上，以消除其卷边现象。

四、针织面料的纬斜性对生产的影响

（一）纬斜性的概念

针织面料的纬斜是指线圈的横列方向与线圈的纵行方向不垂直的现象。纬斜主要与线纱的捻度及纬编针织机的路数有关，纱线的捻度不稳定，成圈后力图解捻，引起线圈的歪斜，使面料产生纬斜；当针织机的编织路数较多时，由于织针在每一路编织的横列是螺旋上升的，因此，当路数较多时，也使纬斜现象加剧。

（二）纬斜性对针织服装生产的影响

纬斜会对针织服装的生产及使用产生很大的影响，采用纬斜比较严重的坯布制作服装时，按正常的方式铺料裁剪后缝制的服装，衣身的两个侧身缝和左右肩缝会发生扭曲，衣片两侧的长度不一，形成斜吊角的现象，严重影响针织服装的外观和使用。因此，在针织生产中应设法消除或减小纬斜现象。纬斜现象可以在针织服装生产中从原料的选购、面料的织造、染整加工及服装缝制的许多环节采取措施，进行控制。

在原料方面，应尽量选购捻度稳定的纱线，纱线的捻度不宜过多；在织造过程中，针织机进纱的路数不宜过多，坯布编织时可抽掉两枚针留出剖幅缝或适当增加织物密度等；在漂染后整理工序中采用拉幅整理、远红外探头进行剖幅定型处理或采用树脂整理，使布面稳定；对于色织织物，为了消除纬斜，一般采用沿某纵行留出剖幅缝剖幅的方法，以便裁剪时能对格对条；在裁剪铺料时，可以向纬斜反方向拉面料，一定程度减少纬斜。在裁剪划样时，要注意衣片纹路与样板要求的纹路一致，另外，通过采用前后片布纹方向相反的裁剪方法，以及采用无侧缝工艺也可减轻服装的扭曲现象。

五、针织面料的抗剪性对生产的影响

针织面料的抗剪性具有两个方面的含义，一是指裁剪化纤面料时，如果铺料较厚，开裁时电刀速度过快，电刀与面料间由于摩擦发热而使化纤面料产生熔融、粘结的现象；二是指用电刀裁剪化纤长丝针织面料、真丝针织面料、天鹅绒针织面料等表面光滑的面料时，面料的层与层之间易发生滑移现象，使上、下层的裁片尺寸产生差异的现象。抗剪性一方面使化纤针织面料的衣片粘接到一起，不利于后续加工制做；另一方面，抗剪性会使服装的规格尺寸产生差异。因此在针织服装生产中应采取相应的措施减小针织面料的抗剪性。

针织面料的抗剪性会使化纤面料发生熔融，影响服装的缝制加工；或使服装的规格尺寸发生变化。在针织服装的生产过程中，为了减少抗剪性的影响，应从针织面料抗剪性产生的原因入手：对于光滑面料，铺料不宜过厚，应采用夹具将面料的边缘固定或上下层铺上垫纸，以增加面料之间的摩擦力，防止上下层面料的滑移。对于裁剪化纤等熔点较低的针织面料时，电裁刀的速度不易太快，或采用波形刀口的刀片，以减少热量的产生；对高档真丝针织面料可用手工裁剪。在开刀时，要看清进出刀路，尽量避免重复进刀，以免造成上下层间面料的滑移。

六、针织面料的工艺回缩性对生产的影响

针织面料工艺回缩是指在针织服装在缝制加工过程中，其长度方向与宽度方向的尺寸会发生一定程度的变化的现象。针织面料的工艺回缩会影响针织服装的规格尺寸。针织面料的工艺回缩性用"工艺回缩率"来表示，它等于裁剪后衣片尺寸的变化量与衣片原长或原来宽度尺寸之比。工艺回缩率即可以为正值，也可以为负值。正值表示裁剪后衣片的尺寸变小了；负值表示裁剪之后衣片的尺寸胀大了。

工艺回缩率是针织面料的重要特性，为确保成品规格尺寸的准确，针织服装样板设计时必须充分考虑针织面料工艺回缩率的大小。不同种类针织面料的工艺回缩率的大小有所不同，它主要与坯布组织结构、原料种类、纱线线密度、染整加工和后整理的方式等条件有关。在针织生产中，应通过实验测得每种面料的工艺回缩率的大小，为针织服装的样板设计提供科学准确的依据，以确保针织服装规格尺寸的准确。

七、针织面料的勾丝和起毛起球性对生产的影响

针织面料的勾丝性是指针织产品在使用过程中碰到尖硬的物体时，其中的纤维或纱线就会被勾出，形成丝环的现象。针织面料的起毛起球性是指针织服装在穿着、洗涤过程中，由于受到摩擦，使纱线表面的纤维端露出面料表面的现象称为起毛；如果露出面料的纤维端在以后的穿着过程中不能及时脱落，纤维端就会相互纠缠在一起，形成许多球状小粒，则称之为起球。

影响针织面料勾丝性及起毛、起球性的主要因素是针织物的组织结构、密度、纱线的性能、染色及后整理加工方式及针织服装的服用条件等。天然纤维针织面料一般不会起球或起球现象较轻，而化纤针织面料的起毛起球现象比较严重。这是因为天然纤维的强力一般较低，在起毛后能比较快地脱落，如果毛球脱落的速率大于新形成毛球的速率，将不起球，否则将会有轻度的起球。而化学纤维由于强力较高，起毛后不易脱落，因此形成毛球。采用比较紧密的组织、适当提高针织面料的密度可以提高其抗起毛起球及勾丝性。

针织服装的勾丝及起毛、起球将严重影响针织服装的外观和使用寿命，在针织服装生产中应设法减小。针织面料由于结构比较松散，其勾丝、起毛、起球现象比梭织面料更易发生，因此，在裁剪与缝制中，裁剪台与缝纫台应光滑、无毛刺，操作工应保持指甲光洁。若缝制真丝、长丝等光滑的织物则更应注意。

第五章　针织服装结构与规格设计

第一节　服装结构设计与制图的基本概念

一、基本术语

服装品种多样，结构复杂，概念术语繁多。根据2008年颁布实施的"服装术语"国家标准GB/T 15557—2008，就一些常用的术语介绍如下。

（一）服装部位和部件术语

（1）肩缝：连接前后肩的部位。

（2）门襟：锁眼的衣片。

（3）里襟：钉扣的衣片。

（4）门襟止口：门襟的外边沿。

（5）搭门：门襟与里襟重叠的部位。

（6）驳头：门襟里襟上部翻折部位。（驳口：驳头翻折部位。）

（7）串口：领面与驳头面缝合的部位。

（8）袖窿：上衣大身装袖的部位。

（9）袖山：袖片上呈凸出状，与衣身的袖窿处相缝合的部位。

（10）腰节：衣服腰部最细处。

（11）摆缝：袖窿下面连接前后衣身的缝。

（12）前过肩：连接前身与肩缝合的部件。

（13）刀背缝：弯形的开刀缝。

（14）总肩：从左肩端到右肩端的部位。

（15）后过肩：连接后身与肩缝合的部位。

（16）袖叉：袖口部位的开叉。

（17）袖叉条：缝在袖叉上的条料。

（18）圆袖：在臂根围与衣身接合的袖型。

（19）连袖：衣袖相连，有中缝的袖型。

（20）连肩袖：也称插肩袖，袖与肩相连的袖型。

（21）插袋：在衣身裁片剪接处，留出袋口的隐蔽性口袋。

（22）贴袋：直接在衣服表面车缉或者手缝袋布做成的口袋。

（23）开袋：袋口由切开衣身而得，袋布置于衣服内侧的口袋。

（24）双嵌线袋：袋口装有两根嵌线的口袋。

（25）单嵌线袋：袋口装有一根嵌线的口袋。

（26）挂面：装在上衣门襟、里襟的部件，也称贴边。

（27）耳朵皮：在前身里与挂面处拼接做里袋的一块面料。

（28）滚边：包在衣服或者部件边沿的条状部件。

（29）压条：压明线的宽滚条。

（30）塔克：衣服上有规则的装饰褶。

（31）牵条：在止口等部位起固定作用的衬条。

（32）横裆：上裆下部最宽的部位。

（33）上裆：腰头上口至横裆间的部位，也称"直裆"。

（34）中裆：一般为裤脚口至臀围线的二分之一处的部位。

（35）烫迹线：裤装前后身的中心直线。

（36）侧缝：裤子前后身缝合的外侧缝。

（37）下裆缝：裤装前后身缝合后从裆部至脚口的里侧缝。

（38）小裆缝：裤装前身小裆缝合的缝。

（39）前裆缝：裤装前身裆缝合的缝。

（40）后裆缝：裤装后身裆缝合的缝。

（41）过腰：门襟一侧腰头延伸探出部分。

（42）贴脚条：缝在裤装后身脚口折边下沿的条料。

（二）服装设计术语

（1）结构：服装各部件和各层材料的几何形状以及相互组合的关系。

（2）基础线：结构制图过程中使用的纵向和横向的基础线条。

（3）轮廓线：构成成型服装或服装部件的外部造型的线条。

（4）结构线：服装图样上，表示服装部件裁剪、缝纫结构变化的线条。

（5）效果图：为表达服装最终穿着效果的一种绘图，一般要着重体现款式、造型风格和色彩等，主要作为设计思想的艺术表现和展示宣传。

（6）款式图：为表达款式造型及各部位加工要求而绘制的造型平面图，一般是不涂颜色的单墨稿画，要求各部位成比例，造型表达准确，工艺特征具体。

（7）结构图：又称为裁剪图。用曲、直、斜、弧线等图线将服装造型分解并展开成平面裁剪方法的图。

（8）示意图：为表达某部件的结构组成，加工时的缝合形态，缝迹类型以及成型的外部和内部形态而制成的一种解释图，在设计、加工部门之间起沟通和衔接作用。

（9）分解图：表示服装某部位的各部件内外结构关系的示意图，通常作为缝纫加工时使用的部件示意图。

（三）服装裁剪制图术语

1.上装裁剪制图　上装裁剪制图术语如图5-1所示，说明如下。

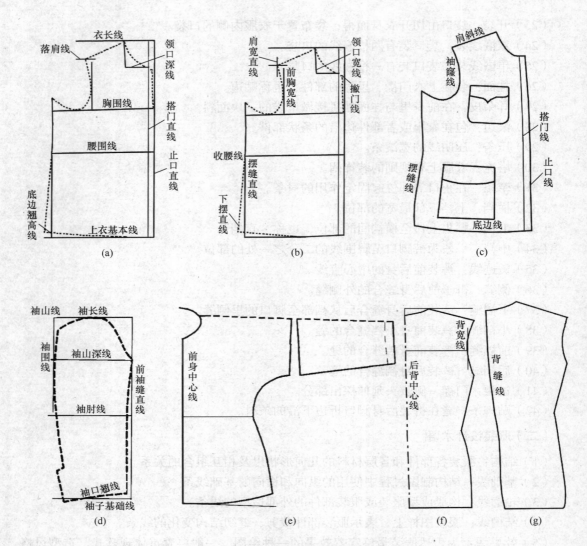

图5-1 上装裁剪制图术语

（1）上衣基本线：上衣裁剪制图的水平基础线。

（2）衣长线：与上衣基本线平行，确定衣长的位置线。

（3）落肩线：与衣长线平行，从衣长线至肩关节的距离。

（4）胸围线：与上衣基本线平行，表示胸围和袖窿深的位置线。

（5）腰节线：与胸围线平行，表示腰节的位置线，又称为腰围线。

（6）底边翘高线：上衣摆缝处，底边向上高出的尺寸线。

（7）领口深线：与衣长线平行，表示领口的深度线。

（8）止口直线：与上衣基本线垂直，表示前门襟边沿的直线。

（9）搭门直线：门襟与里襟两片重叠的直线。

（10）撇门线：在领至胸部处，按胸部的形状撇净尺寸的位置线。

（11）领口宽线：与止口直线平行，确定领口宽度的基础线。

（12）肩宽直线：与止口直线平行，确定肩宽的基础线。

（13）前胸宽线：与止口直线平行，确定胸部宽的基础线。

（14）摆缝直线：垂直于胸围线，确定前衣片胸围长的基础线。

（15）收腰线：中腰围尺寸线。

（16）下摆直线：下摆宽的尺寸线。

（17）止口线：撇门后门襟外口轮廓线。

（18）搭门线：门襟部位两衣片的重叠线。

（19）肩斜线：肩的坡度线。

（20）袖窿线：袖窿的轮廓线。

（21）摆缝线：前后衣片缝合线。

（22）底边线：底边轮廓线。

（23）前身中心线：前身衣片两侧对称并相连折的中心基础线。

（24）后背中心线：后衣片两片对称并相连接的中心线。

（25）背宽线：与后背中心线平行，表示背部宽的尺寸线。

（26）背缝线：背缝轮廓线。

（27）袖子基本线：袖子裁剪制图的基础线。

（28）袖长线：与袖子基本线平行，表示袖长的位置线。

（29）袖山深线：与袖长线平行，表示袖深的尺寸线。

（30）袖山线：与袖山深线平行，表示后袖山高度线。

（31）袖肘线：与袖山深线平行，表示臂肘的位置线。

（32）袖口翘线：袖口的起翘线。

（33）前袖缝直线：与袖子基本线垂直，表示前袖缝的位置线。

（34）袖围线：与前袖缝直线平行，表示袖围的尺寸线。

（35）袖围中线：与袖缝直线平行，表示袖围中心的线。

2. 下装裁剪制图 下装裁剪制图的术语如图5-2所示，说明如下：

（1）裤子基本线：裤子裁剪制图时使用的横向的水平基础线条。

（2）裤长线：与裤子基本线平行，确定裤长的水平位置线。

（3）横裆线：与裤长线平行，表示上裆的横向基础线。

（4）臀围线：与裤长线平行，表示臀部的横向基础线。

（5）中裆线：与裤长线平行，表示膝部的基础线。

（6）侧缝直线：与裤长线垂直，表示围度尺寸的纵向基础线。

（7）前裆直线：与侧缝直线平行，表示前臀围宽度的纵向基础线。

（8）前裆内撇线：与前裆直线平行，表示前裆缝内撇尺寸的纵向基础线。

（9）小裆宽线：与前裆直线平行，表示小裆宽度的基础线。

（10）烫迹线：与裤子基本线垂直，表示前后裤片烫迹的基础线。

（11）前腰围线：在裤长线上确定腰围尺寸的基础线。

（12）中裆围线：在中裆线上确定膝围尺寸的基础线。

（13）脚口围线：在裤子基本线上确定裤口尺寸的基础线。

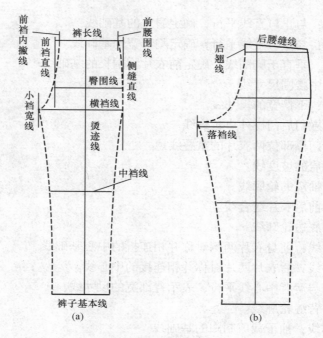

图5-2 下装裁剪制图术语

（14）下裆线：裤子内侧的轮廓线。

（15）落裆线：与横裆线平行，表示后裤片裆深下落尺寸的基础线。

（16）后翘线：表示后裤腰起翘高度的基础线。

（17）后腰缝线：后裤片腰缝的轮廓线。

（18）后裆宽线：位于落裆线上由腰围至臀围尺寸决定的表示后裆宽度的结构线。

（四）其他概念和术语

除了国家标准中规定的基本术语之外，还有一些概念和术语在服装设计与生产中常常也会用到，现介绍如下：

1.**净样制图**　是指根据服装的成品规格尺寸进行制图，所制得的图样中不考虑缝耗、面料的缩率、贴边等影响样板尺寸的因素，按净样制好的图样制作样板或裁剪衣片时，再加上缝耗和贴边的宽度。在净样制图中一般不考虑缩率及面料的拉伸扩张等因素，因此有些针织服装不适合采用净样制图。

2.**毛样制图**　是指在制图中所依据的样板尺寸中已经包含了影响样板尺寸的缝耗、挽边宽，贴边宽等因素，所制得的图样的边缘线就是样板图，裁剪衣片或制作样板时直接沿图样的边缘裁剪就可以，不需要再考虑缝耗和贴边等因素。

3.**劈势**　净缝线与基础线偏斜的距离。

4.**翘势**　底边、袖口及裤腰的翘起与基础线的距离。

5.**缝合与缉线**　缝合是将两片或两片以上的裁片缝在一起，主要以暗线为主，一般正面看不到线迹。缉线，也称缉明线，是以明线为主，在面料的正面缝上整齐的线迹。

6.**画顺**　画顺是指在制图中将直线与弧线的连接部段或弧线与弧线的连接部段画得圆

顺流畅。

7.**罗纹边**　服装的领口，袖口或下摆等边口部分采用罗纹面料缝制而成，一般罗纹边口都采用双层罗纹缝制。

二、服装制图与裁剪工具

1.**工作台**　用于放置制图用样板纸。一般制板工作台的规格：长度为123～150cm，宽度为75～90cm，高度为80～85cm，台面要平整。

2.**纸**　制作样板时通常使用的是牛皮纸，需要长期使用的样板可采用样板纸，它是由多层牛皮纸经热压黏合而成，长期使用不易变形。

3.**笔**　服装制板时一般使用铅笔，在绘制基础线时可以使用比较硬的H或HB铅笔，绘制轮廓线时可以使用比较软的HB或B型铅笔。对于比例制图应该选用专用的绘图墨水笔。

4.**橡皮**　用于修改制图中画错的线条，一般采用绘图橡皮。

5.**划粉**　是专门用于在面料进行结构制图时画线的粉块，有多种颜色，可供不同颜色面料选用，其特点是易于清除，不污染面料。

6.**直尺**　用于制板中绘制直线，或者测量直线的长度。直尺通常有20cm、50cm、60cm和100cm等多种规格。

7.**弯尺**　两侧成弧线形的尺子，主要用于绘制服装的侧缝、袖子等比较长的弧线，使所绘制的服装结构图线条光滑。

8.**自由曲线尺**　是可任意改变弧度的尺，在服装制图中用于绘制曲线部段。自由曲线尺有多种形式，形状也不尽相同，复杂的曲线尺可以有多种不同曲率的曲线，能更精确地满足服装制图过程中袖窿、袖山等部位复杂曲线的要求。

9.**多功能放码尺**　多功能放码尺是现代企业用于制板及放码的主要工具，集量角器及其他功能于一体。其长度通常为45cm和55cm两种，上有厘米与英寸刻度的对应，使用起来非常方便。

10.**比例尺**　比例尺是能够按比例缩小、有刻度的尺，方便按比例制图时使用，常见的有三棱比例尺和直比例尺。

11.**三角尺**　三角尺的一个角为90度，另外两个角通常有60度和30度，及两个都是45度两种类型。直角三角尺主要用于绘制相互垂直的线。

12.**软尺**　也称皮尺或卷尺，主要用于量体及袖窿、袖山等弧线的长度的测量。软尺的规格通常为长150cm，宽1cm。软尺的一面单位是厘米，另一面是市寸或英寸。

13.**裁剪剪刀**　裁剪剪刀是剪裁纸样或衣片时的工具。其特点是刀身比较长，刀柄比较短，操作时比较省力。裁剪剪刀的规格通常有22.9cm（9英寸）、25.4cm（10英寸）、27.9cm（11英寸）和30.5cm（12英寸）等多种。

14.**锥子**　锥子是裁剪时钻洞作标记的工具。

15.**描线轮**　描线轮是复制服装结构图的工具。

几种常用的服装制图与裁剪的工具如图5-3所示。

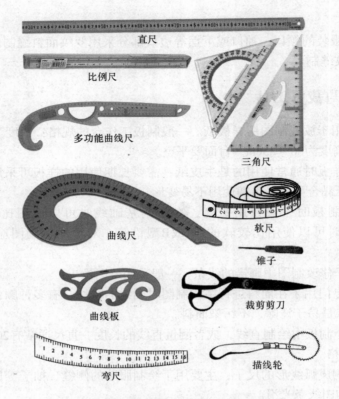

图5-3 几种常用的服装制图与裁剪工具

三、服装制图的常用符号及名称

在服装结构制图中，为了便于表达、识别与沟通，在我国纺织行业标准FZ/T 80009—2004中对服装制图的要求、服装制图符号及名称做了明确的规定，现介绍如下。

（一）裁剪图线形式及用途

在纺织行业标准FZ/T 80009—2004中，对绘制服装裁剪图时所用的一些图线的形式及用途作出了明确的规定，如表5-1所示。

表5-1 裁剪图线形式及用途

序号	图线形式	图线名称	图线宽度	图线用途
1	——————	粗实线	0.9mm左右	（1）服装和零部件轮廓线 （2）部位轮廓线
2	——————	细实线	0.3mm左右	（1）图样结构的基本线 （2）尺寸线和尺寸界线 （3）引出线
3	▬ ▬ ▬ ▬ ▬	粗虚线	0.9mm左右	背面轮廓影示线

续表

序号	图线形式	图线名称	图线宽度	图线用途
4	— — — — — — —	细虚线	0.3mm左右	缝纫明线
5	— · — · — · — ·	点划线	0.3mm左右	对折线
6	— ·· — ·· — ·· —	双点划线	0.3mm左右	折转线

（二）服装制图尺寸的标注规则与方法

为了便于操作与交流，使服装制图更加规范，在纺织行业标准FZ/T 80009—2004中，在对服装制图中尺寸标注的规则及标注方法作了明确的规定。

服装制图中的尺寸一律以厘米（cm）为单位，图中所标注的尺寸是服装各部位及零部件的实际大小，服装制图部位或部件的每一尺寸一般只标注一次。尺寸线用细实线绘制，并且制图的结构线不能代替标注尺寸线，也不能与其他图线重合或画在其延长线上，如图5-4所示。标注尺寸时，尺寸的界线用细实线绘制，可以利用轮廓线，引出线作为尺寸的界线，除了弧线、三角形和尖形尺寸外，尺寸界线一般就与尺寸线垂直。对于需要标注直距离的尺寸，尺寸数字一般应标在尺寸线左面中间的位置，如果距离太小，应将轮廓线的一端延长另一端用对折线引出，上、下箭头在延长线上标注尺寸的数字，如图5-5所示。需要标注横向尺寸时，尺寸数字一般应标在尺寸线的上方中间，如果横距尺寸位置太小，需要用细实线引出，使之成为一个三角形，并在角的一端绘制一条横线，尺寸数字就标在该横线上，如图5-6所示。需要标明斜距离的尺寸时，需用细实线引出使之成为一个三角形，并在角的一端绘制一条横线，尺寸数字就标在该横线上，如图5-7所示。尺寸数字不可被任何图线所通过，如果无法避免时，必须将该图线断开，并用弧线表示，尺寸数字标在弧线断开中间，如图5-8所示。

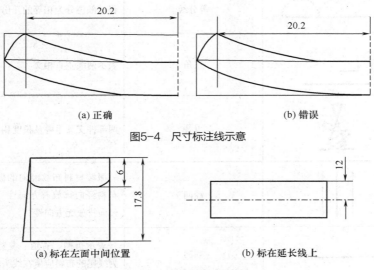

(a) 正确　　　　　　　　　　　　(b) 错误

图5-4　尺寸标注线示意

(a) 标在左面中间位置　　　　　　　(b) 标在延长线上

图5-5　直距离尺寸的标注

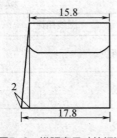

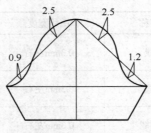

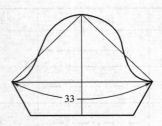

图5-6　横距离尺寸的标注　　　　　图5-7　斜距离尺寸标注　　　　　图5-8　图线断开尺寸的标注

（三）服装制图符号及名称

在国家标准GB/T 15557—2008服装术语中，对服装制图中的一些术语名称做了详细的说明，在纺织行业标准FZ/T 80009—2004中，对与其对应的符号做了明确的规定，服装制图常用的符号和名称如表5-2所示。其中序号1～25为纺织行业标准FZ/T 80009—2004中规定的符号和名称，序号26～30为标准中没有规定，但平常使用比较多的一些符号和名称。

表5-2　服装制图常用的符号及名称

序号	符号	名称	说明
1	◎ ○ △ □	等量号	尺寸大小相同的标记符号
2	25	单阴裥	裥底在下面的折裥
3	52	扑裥	裥底在上面的折裥
4	⌒⌒⌒	等分线	将某部位分为相等的几份
5	L	直角	表示两线垂直相交
6	✕	重叠	两部件交叉重叠及长度相等
7	↑ ↓ ↕	经向	服装材料布纹经向的标记，单箭头表示布料经向排放有方向性，双箭头表示布料经向排放无方向性
8	→	顺向	表示折裥、省道、复势等折倒方向，意为线尾的布料应压在线头的布料上

续表

序号	符号	名称	说明
9		缉双止口	表示布边缉缝双道止口线
10		开省	省道的部分需剪去
11		折倒的省道	斜向表示省道的折倒方向
12		分开的省道	表示省道的实际缉缝形状
13		拼合	表示相关布料拼合一致
14		缩缝	用于布料缝合时收缩
15		归拢	表示需熨烫归拢的部位
16		拔开	表示需要慰抻开的部位
17	$-n$	拉伸	n为拉伸量，表示该部位长度需要拉长
18	$+n$	收缩	n为收缩量，表示该部位长度需要缩短
19		扣眼	两短线间距离表示扣眼大小
20		钉扣	表示钉扣的位置
21		合位	表示缝合时应对准的部位

序号	符号	名称	说明
22	前　　后	对位记号	表示相关衣片的两侧作对位记号
23	或	部件安装的部位	表示部件安装的位置
24		串带安装的位置	装串带的位置
25		钻眼位置	表示裁剪时需钻眼的位置
26		裥位线	裁片需要折叠进去的部分。斜向方向表示折叠方向
27		罗纹号	衣服下摆、袖口等部位装罗纹的标记
28		碎褶号	用于衣片需要收褶的部位
29		明线号	辑明线的标记
30		纽位	衣服钉纽扣位置的标记
31		毛样板号	裁片有缝头的标记
32		净样板号	裁片无缝头的标记
33		省略号	省略长度的标记
34		否定号	用于作废线条的标记

四、服装制图主要部位代号

在服装制图中，通常用服装部位英文名称的第一个字母作为该部位的代号，服装主要部位的代号如表5-3所示。

表5-3 服装制图主要部位代号

序号	部位中文名称	部位英语名称	部位代号
1	长度	Length	L
2	头围	Head Size	HS
3	领围	Neck Girth	N
4	胸围	Bust Girth	B
5	腰围	Waist Girth	W
6	臀围	Hip Girth	H
7	横肩宽	Shoulder	S
8	领围线	Neck Line	NL
9	前中心线	Front Center Line	FCL
10	后中心线	Back Center Line	BCL
11	上胸围线	Chest Line	CL
12	胸围线	Bust Line	BL
13	下胸围线	Under Bust Line	UBL
14	腰围线	Waist Line	WL
15	中臀围线	Middle Hip Line	MHL
16	臀围线	Hip Line	HL
17	肘线	Elbow Line	EL
18	膝盖线	Knee Line	KL
19	胸点	Bust Point	BP
20	颈肩点	Side Neck Point	SNP
21	颈前点	Front Neck Point	FNP
22	颈后点	Back Neck Point	BNP
23	肩端点	Shoulder Point	SP
24	袖窿	Arm Hole	AH
25	袖长	sleeve length	SL
26	袖口	Cuff Width	CW
27	袖山	Arm Top	AT
28	袖肥	Biceps Circumference	BC
29	裙摆	Skirt Hem	SH
30	脚口	Slacks Bottom	SB

序号	部位中文名称	部位英语名称	部位代号
31	底领高	Band Height	BH
32	翻领宽	Top Collar Width	TCW
33	前衣长	Front Length	FL
34	后衣长	Back Length	BL
35	前胸宽	Front Bust Width	FBW
36	后背宽	Back Bust Width	BBW
37	上裆（股上）长	Crotch Depth	CD
38	股下长	Inside Length	IL
39	前腰节长	Front Waist Length	FWL
40	后腰节长	Back Waist Length	BWL
41	肘长	Elbow Length	EL
42	前裆	Front Rise	FR
43	后裆	Back Rise	BR

第二节　人体的测量

规格尺寸是服装结构设计和样板制作的基础和依据，是结合服装的款式特点，再通过人体测量得到的。服装规模化的工业生产和个性化设计，都离不开服装的规格尺寸。在规格化的工业生产中，服装的规格尺寸是采用人体普查的方式，在对大量人体进行测量的基础上，通过科学的统计分析，制定出服装的号型标准，以此标准为依据制定服装的规格尺寸。个性化的服装制作通常都是量体裁衣，通过对个体进行测量的方法，确定服装的规格尺寸。人体测量是服装设计中一项非常重要的基础工作，建立一套科学准确的测量方法是非常必要的。

一、人体测量的基准点与基准线

人体表面是一个凹凸不平的复杂曲面，为了使不同的人，不同时间测量的结果具有一致性和可比性，就必须在复杂的人体表面上，找到一些特定的点和线，以此为基准进行测量，才能建立统一的测量方法，这些点和线就分别称为基准点和基准线。基准点一般都选择在人体骨骼的端点、突起点或肌肉的沟槽等部位。因为这些部位具有明显、固定等特点，从而使测量操作方便，测量数据准确。人体测量的基准点和基准线如图5-9所示。

（一）基准点

（1）头顶点：头顶点是人体中心线与过人体最高点的水平线的交点。是测量人体总高度的基准点。

（2）前颈点：也称颈窝点，位于领根围曲线与人体前中心线的交点，是前领口定位的参考点。

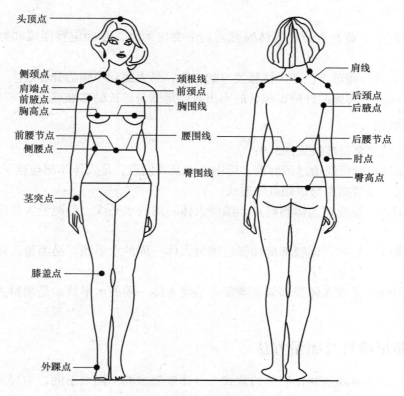

头顶点

侧颈点
肩端点
前腋点
胸高点

颈根线
前颈点
胸围线

前腰节点
侧腰点

腰围线

臀围线

茎突点

膝盖点

外踝点

肩线

后颈点
后腋点

后腰节点
肘点
臀高点

图5-9　人体测量的基准点和基准线

（3）后颈点：也称颈椎点，位于人体颈后第七颈椎棘突尖端的点，是基础领线定位的参考点。

（4）侧颈点：位于人体侧面颈根部宽度的中心略偏后的位置处，是确定颈根线的参考点。

（5）肩端点：也称肩点，或肩峰点，位于肩胛骨肩峰上缘最向外突出的点。是测量人体总肩宽和臂长的基准点。

（6）胸高点：也称胸点，位于人体胸部最高处，是测量胸围的参考点，也是女装胸省处理时很重要的参考点。

（7）前腋点：位于手臂根部曲线的内侧，是人体胸部与前手臂根的交界点，左右前腋点是测量前胸宽的基准点。

（8）后腋点：与前腋点相对，位于手臂根部曲线的外侧，是人体背部与后手臂根的交界点。左右后腋点是测量背宽的基准点。

（9）肘点：肘点是尺骨上端向外最突出的点，也是上肢自然弯曲时最突出的点。是确定袖肘线和袖弯线凹势的参考点。也是处理袖肘省的重要的参考点。

（10）茎突点：茎突点位于桡骨下端茎突最尖端的点，是测量臂长的基准点。

（11）前腰节点：前腰节点位于人体前腰部正中央处，是确定前腰节的参考点。

（12）后腰节点：后腰节点位于人体后腰部正中央处，是确定后腰节的参考点。

（13）侧腰点：侧腰点位于人体腰侧部正中央处，是前后腰的分界点，也是测量裤长的参考点。

（14）臀高点：臀高点位于人体臀部向后最突出的点，是确定臀围线和处理臀省的参考点。

（15）膝盖点：膝盖点位于人体膝关节的中央，是大腿和小腿的分界点。

（16）外踝点：脚腕的外侧，踝骨的突出点，是测量裤长的基准点。

（二）基准线

人体测量的主要基准线见图5-9：

（1）颈根线：颈根线通过颈部前、后中心点及颈侧点，是人体颈部与躯干的连接线。

（2）肩线：是肩端点与颈侧点的连线。

（3）胸围线：是通过人体胸高点，围绕人体一周的水平线。是测量人体胸围大小的基准线。

（4）腰围线：是在人体腰部最细部位围绕人体一周的水平线。是测量人体腰围大小的基准线。

（5）臀围线：是在人体臀部最丰满部位围绕人体一周的水平线，是测量人体臀围大小的基准线。

二、主要测量项目及测量方法

人体测量的项目随所制作服装的款式及合体度要求的不同而不同，主要测量项目及测量方法如图5-10所示。

（1）身高：人体立姿时，从头顶点垂直向下量至（足跟）地面的距离。

（2）颈椎点高：人体立姿时，颈椎点至（足跟）地面的距离。

（3）背长：从颈椎点垂直向下量至后腰节点的距离。

（4）前腰节高：从颈侧点通过前胸丰满处量至腰围线的距离。

（5）后腰节高：由颈侧点通过后背量至腰围线的距离。

（6）腰围高：立姿，从腰围线中央垂直量到地面的距离，是裤长设计的依据。

（7）上体长：又称坐姿颈椎点高，人体坐姿时，颈椎点至所坐凳面的距离。

（8）手臂长：从肩端点通过肘点至茎突点的距离。

（9）臀高：从侧腰点垂直向下量至臀围线的距离。

（10）颈根围：过前、后颈点及侧颈点水平围量一周。

（11）胸围：人体正常保持呼吸状态时，在胸围线处水平围量一周。松紧度以软尺能够转动为宜。

（12）腰围：在腰围线处水平围量一周。松紧度同上。

（13）臀围：在臀线处水平围量一周。松紧度同上。

（14）腹围：在腰围与臀围的二分之一处水平围量一周。松紧度同上。

（15）总肩宽：在后背从左肩端点经颈椎点量至右肩端点之间的距离。

（16）背宽：从背后的左后腋点水平量至右后腋点之间的距离。

（17）前胸宽：从前面的左前腋点水平量至右前腋点之间的距离。

（18）腋下围：沿人体腋下水平围量一周。

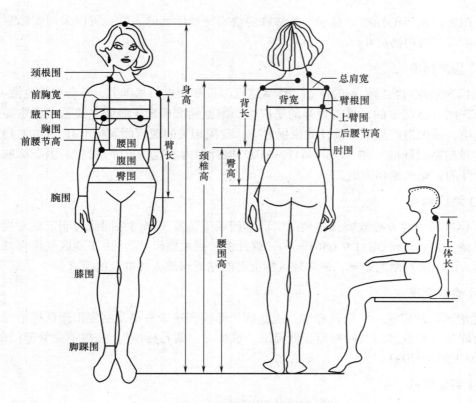

图5-10 主要测量项目及测量方法

（19）臂根围：从肩端点穿过腋下围量一周。

（20）上臂围：在上臂最粗的地方水平围量一周。

（21）肘围：手臂弯曲，经过肘点围量一周。

（22）腕围：经过碗点围量一周。

（23）膝围：经过膝点水平围量一周。

（24）脚踝围：经过脚踝水平围量一周。

第三节 针织服装的规格设计

针织服装的规格设计是一项重要内容，各部位规格尺寸设计的合理与否，对服装的结构及合体度等会产生重要的影响。针织服装的规格尺寸是进行样板设计依据，也是产品验收的标准之一。

一、服装规格的来源

服装规格的来源主要有国家标准、地区标准、企业标准、客供标准和实际测量五个方面。在进行服装设计时，一般首先选用国家标准；如果国家标准中没有规定的，可以选用地区标准；地区标准中没有的，如一些新品种，新款式等，可以采用企业标准。对于来单加工，采用客户提供的标准。对于一些特殊身份或特种体型的人群，可以采用实际测量的方法获得所需要的规格尺寸。

（一）国家标准

国家标准是在对我国人民的体态、体型进行测量和调查的基础上，结合衣着生活习惯，采用统计归纳方法确定的，具有很强的适应性。国家标准确定了服装主要款式及主要部位的尺寸规格，是内销产品规格设计的依据之一，我国相关的现行国家标准有"GB/T 1335—1997服装号型系列标准"和"GB/T 6411—1997棉针织内衣规格尺寸系列"。国家标准是服装规格设计的主要来源和依据。

（二）地区标准

地区标准是由地方行政委托本地区工商部门或质量监测部门共同研讨制定的常规品种的细部规格，如北京市DB11W 6301—90"棉针织衫裤规格尺寸"。由于地区气候自然环境的区别，人们生活习惯的差异，通常地区标准更能贴近当地人民群众的需求。

（三）企业标准

某些地区未制定统一的地区标准，或是新产品投产还未来得及制定出地区标准时，可由企业会同当地商业部门共同制定企业标准，或称为"暂行标准"，并报请主管部门备案，例如Q/OAGE001—2003。

（四）客供标准

客供标准多用于出口产品中，由进口国客商提供款式图及成品规格，生产厂家只需按此规格组织生产，并进行包装，客商也按此规格进行产品验收。

（五）实测规格

实测规格即是"量体裁衣"，通过测量人体的体型来取得服装各部位的规格尺寸，使制成的服装更加符合穿衣者的体型、个性，同时服装也更能表现某种风格与功能。

实测规格一般用于两种情况，一是特殊体型的人，有的人体型过高、过胖或过矮、过瘦，一般的规格尺寸不能满足他们的要求，因此必须进行量体裁衣；二是有特殊要求的服装，或者在某些特殊场合穿着，以达到某种目的与要求的服装，如出席宴会、舞会穿着的晚礼服，影视、舞台穿着的演出服，竞技场上穿着的专业运动装等。

二、国家标准中的服装号型系列

我国现行的服装号型国家标准是GB/T 1335—1997，由GB/T 1335.1—1997《服装号型　男子》、GB/T 1335.2—1997《服装号型　女子》和GB/T 1335.3—1997《服装号型　儿童》三部分组成，是GB 5296.4《消费品使用说明　纺织品和服装使用说明》强制性国家标准中的一个重要内容。

（一）服装号型的概念

身高、胸围和腰围是人体的最有代表性的基本部位，用这些部位的尺寸来推算其他部位的尺寸，误差最小。因此，在国家标准GB/T 1335—1997中，将人体的身高称为"号"，人体的胸围或腰围称为"型"。这样在服装号型制中,"号"指人体的身高,以厘米为单位表示,是设计和选购服装长短的依据。"型"指人体的胸围或腰围,以厘米为单位,是设计和选购服装肥瘦的依据。在该标准中,根据人体净体胸围减去净体腰围差数的大小不同,将人体的体型分为Y、A、B、C四大类。由于男性与女性体型的差异,因此在体型分类中,男子与女子的胸腰差的大小是不同的。体型分类的代号及男子与女子胸围与腰围的差数范围见表5-4。

表5-4　体型分类表　　　　　　　　　　　　　　　　单位:cm

体型分类代号		Y	A	B	C
胸围与腰围之差数	女子	19～24	14～18	9～13	4～8
	男子	17～22	12～16	7～11	2～6

(二)服装号型的表示

在服装号型标准中,服装上、下装要分别标明号型,套装运用时号与体型分类代号必须一致。号型的表示方法是号与型之间用斜线分开,后接体型分类代号。例如:上装170/88A中,170代表号,88代表型,A代表体型分类代号;下装170/74A中,170代表号,74代表型,A代表体型分类代号。

(三)号型系列的构成

在服装号型制中,将人体的号与型按照档差的大小进行有规律的递增或递减排列,就构成了服装号型系列,在服装号型系列GB/T 1335—1997标准中是以各体型的中间体为中心,向两边依次递增或递减构成。男女各体型的中间体如表5-5所示。成年男子和女子身高是以5cm分档,胸围以4cm分档,腰围以4cm、2cm分档。将身高与胸围或腰围的4cm档差搭配就组成5·4号型系列,将身高分别与腰围的2cm档差搭配就组成5·2号型系列。身高在52～80cm的婴儿,身高是以7cm分档,胸围以4cm分档,腰围以3cm分档,将身高分别与不同的胸围或腰围档差搭配,就分别组成了7·4和7·3号型系列;身高在80～130cm的儿童,身高是以10cm分档,胸围以4cm分档,腰围以3cm分档,将身高分别与胸围或腰围搭配,就分别组成10·4和10·3号型系列;身高在135～155cm女童和135～160cm男童,身高是以5cm分档,胸围以4cm分档,腰围以3cm分档,将身高分别与胸围或腰围搭配,就分别组成5·4和5·3号型系列。

表5-5　男女各类体型的中间体

体型分类代号			Y	A	B	C
中间体号型	男子	上装	170/88	170/88	170/92	170/96
		下装	170/70	170/74	170/84	170/92
	女子	上装	160/84	160/84	160/88	160/88
		下装	160/64	160/68	160/78	160/82

1.GB/T 1335.1—1997服装号型　男子标准

（1）号型系列内容：GB/T 1335.1—1997服装号型系列男子标准包括5·4和5·2各系列的Y、A、B、C各种体型。表5-6所示为男子5·4和5·2 A体型号型系列。其他系列可参见"国家标准服装号型GB/T 1335.1—1997"。

表5-6　男子5·4和5·2 A号型系列　　　　单位：cm

腰围 ＼ 身高 ＼ 胸围	155			160			165			170			175			180			185		
72				56	58	60	56	58	60												
76	60	62	64	60	62	64	60	62	64	60	62	64									
80	64	66	68	64	66	68	64	66	68	64	66	68	64	66	68						
84	68	70	72	68	70	72	68	70	72	68	70	72	68	70	72	68	70	72			
88	72	74	76	72	74	76	72	74	76	72	74	76	72	74	76	72	74	76	72	74	76
92				76	78	80	76	78	80	76	78	80	76	78	80	76	78	80	76	78	80
96							80	82	84	80	82	84	80	82	84	80	82	84	80	82	84
100										84	86	88	84	86	88	84	86	88	84	86	88

（2）男子服装号型系列各系列分档数值：服装号型系列各系列分档数值包括Y、A、B、C四种体型。表5-7所示为男子A体型服装号型系列各系列分档数值，其他体型可看"国家标准服装号型GB/T 1335.1—1997中附录A"。

表5-7　男子A体型服装号型系列各系列分档数值表　　　　单位：cm

体型 ＼ 部位	A							
	中间体		5·4系列		5·2系列		身高①、胸围②、腰围③ 每增减1cm	
	计算数	采用数	计算数	采用数	计算数	采用数	计算数	采用数
身高	170	170	5	5	5	5	1	1
颈椎点高	145.1	145.0	4.50	4.00	4.00		0.90	0.80
坐姿颈椎点高	66.3	66.5	1.86	2.00			0.37	0.40
全臂长	55.30	55.5	1.71	1.50			0.34	0.30
腰围高	102.3	102.5	3.11	3.00	3.11	3.00	0.62	0.60
胸围	88	88	4	4			1	1
颈围	37.0	36.8	0.98	1.00			0.25	0.25
总肩宽	43.7	43.6	1.11	1.20			0.29	0.30
腰围	74.1	74.0	4	4	2	2	1	1

续表

体型	A							
部位	中间体		5·4系列		5·2系列		身高①、胸围②、腰围③每增减1cm	
	计算数	采用数	计算数	采用数	计算数	采用数	计算数	采用数
臀围	90.1	90.0	2.91	3.20	1.46	1.60	0.73	0.80

①身高所对应的高度部位是颈椎点高、坐姿颈椎点高、全臂长、腰围高。
②胸围所对应的围度部位是颈围、总肩宽。
③腰围所对应的围度部位是臀围。

（3）男子服装号型各系列控制部位数值：男子服装号型各系列控制部位数值是指人体主要部位的净体数值，是服装规格设计的主要依据。男子服装号型各系列控制部位数值包括Y、A、B、C四种体型。表5-8所示为男子5·4和5·2 A号型系列控制部位数值，其他体型可参见"国家标准服装号型GB/T 1335.1—1997中附录B"。

表5-8　男子5·4和5·2 A号型系列控制部位数值表　　　　单位：cm

部位	数值
身高	155　160　165　170　175　180　185
颈椎点高	133.0　137.0　141.0　145.0　149.0　153.0　157.0
坐姿颈椎点高	60.5　62.5　64.5　66.5　68.5　70.5　72.5
全臂长	51.0　52.5　54.0　55.5　57.0　58.5　60.0
腰围高	93.5　96.5　99.5　102.5　105.5　108.5　111.5
胸围	72　76　80　84　88　92　96　100
颈围	32.8　33.8　34.8　35.8　36.8　37.8　38.8　39.8
总肩宽	38.8　40.0　41.2　42.4　43.6　44.8　46.0　47.2
腰围	56　58　60　60　62　64　64　66　68　68　70　72　72　74　76　76　78　80　80　82　84　84　86　88
臀围	75.6　77.2　78.8　78.8　80.4　82.0　82.0　83.6　85.2　85.2　86.8　88.4　88.4　90.0　91.6　91.6　93.2　94.8　94.8　96.4　98.0　98.0　99.6　101.2

2.GB/T 1335.2—1997服装号型　*女子标准*

（1）号型系列内容：GB/T 1335.2—1997服装号型系列女子标准包括5·4和5·2各系列的Y、A、B、C各种体型。表5-9所示为女子5·4和5·2 A体型号型系列。其他系列可参见"国家标准服装号型GB/T 1335.2—1997"。

表5-9　女子5·4和5·2 A号型系列　　　　单位：cm

腰围＼身高＼胸围	145			150			155			160			165			170			175		
72				54	56	58	54	56	58	54	56	58									
76	58	60	62	58	60	62	58	60	62	58	60	62	58	60	62						
80	62	64	66	62	64	66	62	64	66	62	64	66	62	64	66	62	64	66			
84	66	68	70	66	68	70	66	68	70	66	68	70	66	68	70	66	68	70	66	68	70
88	70	72	74	70	72	74	70	72	74	70	72	74	70	72	74	70	72	74	70	72	74
92				74	76	78	74	76	78	74	76	78	74	76	78	74	76	78	74	76	78
96							78	80	82	78	80	82	78	80	82	78	80	82	78	80	82

（2）女子服装号型系列各系列分档数值：女子服装号型系列各系列分档数值包括Y、A、B、C四种体型。表5-10所示为女子A体型服装号型系列各系列分档数值，其他体型可参看"国家标准服装号型GB/T 1335.2—1997中附录A。

表5-10　女子A体型服装号型系列各系列分档数值表　　　　单位：cm

体型	A							
部位	中间体		5·4系列		5·2系列		身高①、胸围②、腰围③每增减1cm	
	计算数	采用数	计算数	采用数	计算数	采用数	计算数	采用数
身高	160	160	5	5	5	5	1	1
颈椎点高	136.0	136.0	4.53	4.00			0.91	0.80
坐姿颈椎点高	62.6	62.5	1.65	2.00			0.33	0.40
全臂长	50.4	50.5	1.70	1.50			0.34	0.30
腰围高	98.1	98.0	3.37	3.00	3.37	3.00	0.68	0.60
胸围	84	84	4	4			1	1
颈围	33.7	33.6	0.78	0.80			0.20	0.20
总肩宽	39.9	39.4	0.64	1.00			0.16	0.25
腰围	68.2	68	4	4	2	2	1	1

体型	A							
部位	中间体		5·4系列		5·2系列		身高①、胸围②、腰围③每增减1cm	
	计算数	采用数	计算数	采用数	计算数	采用数	计算数	采用数
臀围	90.9	90.0	3.18	3.60	1.59	1.80	0.80	0.90

①身高所对应的高度部位是颈椎点高、坐姿颈椎点高、全臂长、腰围高。

②胸围所对应的围度部位是颈围、总肩宽。

③腰围所对应的围度部位是臀围。

（3）女子服装号型各系列控制部位数值：女子服装号型各系列控制部位数值是指人体主要部位的净体数值，是服装规格设计的主要依据。女子服装号型各系列控制部位数值包括Y、A、B、C四种体型。女子5·4和5·2A号型各系列控制部位数值如表5-11所示，其他体型可参看"国家标准服装号型GB/T 1335.2—1997中附录B"。

表5-11　女子5·4和5·2 A号型系列控制部位数值表　　　单位：cm

部位	数值																	
身高	145			150			155			160			165			170		175
颈椎点高	124.0			128.0			132.0			136.0			140.0			144.0		148.0
坐姿颈椎点高	56.5			58.5			60.5			62.5			64.5			66.5		68.5
全臂长	46.0			47.5			49.0			50.5			52.0			53.5		55.0
腰围高	89.0			92.0			95.0			98.0			101.0			104.0		107.0
胸围	72			76			80			84			88			92		96
颈围	31.2			32.0			32.8			33.6			34.4			35.4		36.0
总肩宽	36.4			37.4			38.4			39.4			40.4			41.4		42.4
腰围	54	56	58	58	60	62	62	64	66	66	68	70	70	72	74	74	76	78	78	80	82
臀围	77.4	79.2	81.0	81.0	82.8	84.6	84.6	86.4	88.2	88.2	90.0	91.8	91.8	93.6	95.4	95.4	97.2	99.0	99.0	100.8	102.6

3.GB/T 1335.3—1997服装号型　儿童标准

（1）号型系列内容：GB/T 1335.3—1997服装号型系列儿童标准包括7·4和7·3系列，10·4、10·3系列和5·4和5·3系列。现以身高80～130cm儿童为例介绍其号型系列。身高80～130cm儿童上装10·4号型系列和下装10·3号型系列分别如表5-12和5-13所示，其他身高儿童的号型系列可参看"国家标准服装号型GB/T 1335.3—1997"。

表5-12　身高80~130cm儿童上装10·4号型系列　　　单位：cm

号	型				
80	48				
90	48	52	56		
100	48	52	56		
110		52	56		
120		52	56	60	
130			56	60	64

表5-13　身高80~130cm儿童下装10·3号型系列　　　单位：cm

号	型				
80	47				
90	47	50			
100	47	50	53		
110		50	53		
120		50	53	56	
130			53	56	59

（2）儿童服装号型系列各系列分档数值：身高80~130cm儿童服装号型各系列分档数值见表5-14所示。其他身高儿童服装号型各系列分档数值可参看"国家标准服装号型GB/T 1335.3—1997中附录A"。

表5-14　身高80~130cm儿童服装号型各系列分档数值　　　单位：cm

部位	计算数	采用数	身高[1]、胸围[2]、腰围[3]每增减1cm	
			计算数	采用数
身高	10	10	1	1
坐姿颈椎点高	3.30	4	0.33	0.40
全臂长	3.40	3	0.34	0.30
腰围高	7.40	7	0.74	0.70
胸围	4	4	1	1
颈围	0.90	0.80	0.20	0.20
总肩宽	2.30	1.80	0.58	0.45
腰围	2.56	3	0.64	0.75
臀围	5.96	5	1.99	1.67

①身高所对应的高度部位是颈椎点高、坐姿颈椎点高、全臂长、腰围高。
②胸围所对应的围度部位是颈围、总肩宽。
③腰围所对应的围度部位是臀围。

（3）儿童服装号型各系列控制部位数值：身高为80～130cm儿童服装号型及上装、下装各系列控制部位数值分别如表5–15～表5–17所示。其他身高儿童服装号型各系列控制部位数值可参看"国家标准服装号型GB/T 1335.3—1997中附录B"。

表5–15　身高80～130cm儿童服装号型各系列控制部位数值　　　单位：cm

部位	数值　　　　号	80	90	100	110	120	130
长度	身高	80	90	100	110	120	130
	坐姿颈椎点高	30	34	38	42	46	50
	全臂长	25	28	31	34	37	40
	腰围高	44	51	58	65	72	79

表5–16　身高80～130cm儿童上装各系列控制部位数值　　　单位：cm

部位	数值　　　上装型	48	52	56	60	64
围度	胸围	48	52	56	60	64
	颈围	24.20	25.0	25.80	26.60	27.40
	总肩宽	24.40	26.20	28.0	29.80	31.60

表5–17　身高80～130cm儿童下装各系列控制部位数值　　　单位：cm

部位	数值　　　下装型	47	50	53	56	59
围度	腰围	47	50	53	56	59
	臀围	49	54	59	64	69

三、国家标准——针织内衣规格尺寸系列

（一）号型的定义与表示

国家标准"GB/T 6411—2008针织内衣规格尺寸系列"是适用于针织面料制作的内衣产品。在"GB/T 6411—2008针织内衣规格尺寸系列"标准中，依据针织面料横向的拉伸伸长情况，将针织内衣规格尺寸系列分为A、B、C三类，A类是指在14.7N定负荷力的作用下，面料横向的伸长率小于等于80%的产品，如不含氨纶的文化衫、背心、棉毛秋衣秋裤等；B类是指在14.7N定负荷力的作用下，面料横向的伸长率大于80%，且小于等于120%的产品，

如含有氨纶的文化衫、背心、棉毛秋衣秋裤等；C类是指在14.7N定负荷力的作用下，面料横向的伸长率大于120%，且小于等于180%的产品，如罗纹背心、秋衣、秋裤等。伸长率的测试方法按FZ/T 70006—2004中的8.2.2执行。本标准对童装产品不分类，同时规定"号"是以厘米为单位表示人体的总高度，是设计内衣长短的依据；"型"是以厘米为单位，表示人体的胸围或臀围，是设计内衣肥瘦的依据。

　　"针织内衣规格尺寸系列"中号型标志的表示方法是在以厘米为单位的总体高和成品胸或腰围之间用斜线分开。例如：身高为170，胸围为90的内衣号型标志表示为170/90。

（二）"针织内衣规格尺寸系列"的设置

　　"针织内衣规格尺寸系列"号型系列的设置中，成人男子是以总体高170cm、围度95cm为中心向两边依次递增或递减组成；女子是以总体高160cm、围度90cm为中心向两边依次递增或递减组成。号和型都是以5cm分档组成系列，如表5–18和表5–19所示。儿童总体高在160cm及以下，号以50cm为起点，型以45cm这起点依次递增组成系列。如表5–20所示。

表5–18　成人男子5·5系列号型　　　　　　单位：cm

号	型							
155	75	80						
160		80	85					
165			85	90	95			
170			85	90	95			
175				90	95	100		
180					95	100	105	
185						100	105	110

表5–19　成人女子5·5系列号型　　　　　　单位：cm

号	型							
145	70	75						
150		75	80					
155			80	85	90			
160			80	85	90			
165				85	90	95		
170					90	95	100	
175						95	100	105

表5-20　儿童5·5系列号型　　　　　　　　单位：cm

号	型	号	型	号	型
50	45	100	55	140	70
60	45	110	60	145	70
70	50	120	60	150	75
80	50	130	65	155	75
90	55	135	65	160	80

（三）针织内衣主要部位规格

　　"GB/T 6411—2008针织内衣规格尺寸系列"是对我国人民的体型进行测量调查的基础上，结合国人生活的习惯，采用科学的统计归纳的方法制定的。目前国内销售的一些传统产品均应按此标准执行。该标准中成人A、B、C类服装及儿童服装的衣长、胸围、袖长、裤长、臀围、直裆六个主要部位见表5-21～表5-33所示。

表5-21　A类 成人男子上衣类主要部位规格尺寸　　　　　　单位：cm

号	部位		型							
			75	80	85	90	95	100	105	110
155	衣长		64	64						
	胸围		80	85						
	袖长	长袖	52.5	52.5						
		短袖	15	15						
160	衣长			66	66					
	胸围			85	90					
	袖长	长袖		54	54					
		短袖		16	16					
165	衣长				68	68	68			
	胸围				90	95	100			
	袖长	长袖			55.5	55.5	55.5			
		短袖			16	16	16			
170	衣长				70	70	70			
	胸围				90	95	100			
	袖长	长袖			57	57	57			
		短袖			17	17	17			
175	衣长					72	72	72		
	胸围					95	100	105		

续表

号	部位		型							
			75	80	85	90	95	100	105	110
175	袖长	长袖				58.5	58.5	58.5		
		短袖				17	17	17		
180	衣长						74	74	74	
	胸围						100	105	110	
	袖长	长袖					60	60	60	
		短袖					18	18	18	
185	衣长							76	76	76
	胸围							105	110	115
	袖长	长袖						61.5	61.5	61.5
		短袖						18	18	18

表5-22　A类 成人女子上衣类主要部位规格尺寸　　　　单位：cm

号	部位		型							
			75	80	85	90	95	100	105	110
145	衣长		54	54						
	胸围		75	80						
	袖长	长袖	47.5	47.5						
		短袖	12	12						
150	衣长			56	56					
	胸围			80	85					
	袖长	长袖		49	49					
		短袖		13	13					
155	衣长				58	58	58			
	胸围				85	90	95			
	袖长	长袖			50.5	50.5	50.5			
		短袖			13	13	13			
160	衣长				60	60	60			
	胸围				85	90	95			
	袖长	长袖			52	52	52			
		短袖			14	14	14			
165	衣长					62	62	62		
	胸围					90	95	100		
	袖长	长袖				53.5	53.5	53.5		
		短袖				14	14	14		

号	部位		型							
			75	80	85	90	95	100	105	110
170	衣长						64	64	64	
	胸围						95	100	105	
	袖长	长袖					55	55	55	
		短袖					15	15	15	
175	衣长							66	66	66
	胸围							100	105	110
	袖长	长袖						56.5	56.5	56.5
		短袖						15	15	15

表5-23　A类 成人男子裤类主要部位规格尺寸　　　　单位：cm

号	部位	型							
		75	80	85	90	95	100	105	110
155	裤长	90	90						
	臀围	80	85						
	直裆	31	31						
160	裤长		93	93	93				
	臀围		85	90	95				
	直裆		32	32	32				
165	裤长			96	96	96			
	臀围			90	95	100			
	直裆			33	33	33			
170	裤长			99	99	99			
	臀围			90	95	100			
	直裆			34	34	34			
175	裤长				102	102	102		
	臀围				95	100	105		
	直裆				35	35	35		
180	裤长					105	105	105	
	臀围					100	105	110	
	直裆					36	36	36	
185	裤长						108	108	108
	臀围						105	110	115
	直裆						37	37	37

表5-24　A类 成人女子裤类主要部位规格尺寸　　　单位：cm

号	部位	型							
		70	75	80	85	90	95	100	105
145	裤长	85	85						
	臀围	75	80						
	直裆	29	29						
150	裤长		88	88					
	臀围		80	85					
	直裆		30	30					
155	裤长		91	91	91	91			
	臀围		80	85	90				
	直裆		31	31	31	31			
160	裤长			94	94	94			
	臀围			85	90	95			
	直裆			32	32	32			
165	裤长				97	97	97		
	臀围				90	95	100		
	直裆				33	33	33		
170	裤长					100	100	100	
	臀围					95	100	105	
	直裆					34	34	34	
175	裤长						103	103	103
	臀围						100	105	110
	直裆						35	35	35

表5-25　儿童针织内衣主要部位规格尺寸　　　单位：cm

号	部位名称	型							
		45	50	55	60	65	70	75	80
50	衣长	24							
	胸围	50							
	袖长 长袖	19							
	袖长 短袖	6							
	裤长	33							
	臀围	50							
	直裆	19							

号	型 部位名称		45	50	55	60	65	70	75	80
60	衣长		26							
	胸围		50							
	袖长	长袖	21							
		短袖	6							
	裤长		36							
	臀围		50							
	直裆		20							
70	衣长			28						
	胸围			55						
	袖长	长袖		23						
		短袖		6						
	裤长			39						
	臀围			55						
	直裆			21						
80	衣长			30						
	胸围			55						
	袖长	长袖		25						
		短袖		7						
	裤长			42						
	臀围			55						
	直裆			22						
90	衣长				34					
	胸围				60					
	袖长	长袖			28					
		短袖			7					
	裤长				49					
	臀围				60					
	直裆				23					
100	衣长				38					
	胸围				60					
	袖长	长袖			31					
		短袖			8					
	裤长				56					
	臀围				60					
	直裆				24					

续表

号	部位名称	型		45	50	55	60	65	70	75	80
110	衣长						42				
	胸围						65				
	袖长	长袖					34				
		短袖					8				
	裤长						63				
	臀围						65				
	直裆						25				
120	衣长						46				
	胸围						65				
	袖长	长袖					37				
		短袖					9				
	裤长						70				
	臀围						65				
	直裆						26				
130	衣长							50			
	胸围							70			
	袖长	长袖						40			
		短袖						9			
	裤长							77			
	臀围							70			
	直裆							27			
135	衣长							52			
	胸围							70			
	袖长	长袖						41.5			
		短袖						10			
	裤长							80			
	臀围							70			
	直裆							28			
140	衣长								54		
	胸围								75		
	袖长	长袖							43		
		短袖							10		
	裤长								83		
	臀围								75		
	直裆								29		

续表

号	部位名称	型	45	50	55	60	65	70	75	80
145	衣长							56		
	胸围							75		
	袖长	长袖						44.5		
		短袖						11		
	裤长							86		
	臀围							75		
	直裆							30		
150	衣长								58	
	胸围								80	
	袖长	长袖							46	
		短袖							11	
	裤长								89	
	臀围								80	
	直裆								31	
155	衣长								60	
	胸围								80	
	袖长	长袖							47.5	
		短袖							12	
	裤长								92	
	臀围								80	
	直裆								32	
160	衣长									62
	胸围									85
	袖长	长袖								49
		短袖								12
	裤长									95
	臀围									85
	直裆									33

表5-26　B类 成人男子上衣类主要部位规格尺寸　　　　单位：cm

号	部位	型							
		75	80	85	90	95	100	105	110
155	衣长	61	61						
	胸围	70	75						

号	部位		型							
			75	80	85	90	95	100	105	110
155	袖长	长袖	50	50						
		短袖	15	15						
160	衣长				63	63				
	胸围			75	80					
	袖长	长袖		51.5	51.5					
		短袖		16	16					
165	衣长				65	65	65			
	胸围				80	85	90			
	袖长	长袖			53	53	53			
		短袖			16	16	16			
170	衣长				67	67	67			
	胸围				80	85	90			
	袖长	长袖			54.5	54.5	54.5			
		短袖			17	17	17			
175	衣长					69	69	69		
	胸围					85	90	95		
	袖长	长袖				56	56	56		
		短袖				17	17	17		
180	衣长						71	71	71	
	胸围						90	95	100	
	袖长	长袖					57.5	57.5	57.5	
		短袖					18	18	18	
185	衣长							73	73	73
	胸围							95	100	110
	袖长	长袖						59	59	59
		短袖						18	18	18

表5-27　B类 成人女子上衣类主要部位规格尺寸　　　　单位：cm

号	部位		型							
			70	75	80	85	90	95	100	105
145	衣长		51	51						
	胸围		65	70						
	袖长	长袖	45.5	45.5						
		短袖	12	12						

续表

号	部位		型							
			70	75	80	85	90	95	100	105
150	衣长			53	53					
	胸围			70	75					
	袖长	长袖		47	47					
		短袖		13	13					
155	衣长				55	55	55			
	胸围				75	80	85			
	袖长	长袖			48.5	48.5	48.5			
		短袖			13	13	13			
160	衣长				57	57	57			
	胸围				75	80	85			
	袖长	长袖			50	50	50			
		短袖			14	14	14			
165	衣长					59	59	59		
	胸围					80	85	90		
	袖长	长袖				51.5	51.5	51.5		
		短袖				14	14	14		
170	衣长						61	61	61	
	胸围						85	90	95	
	袖长	长袖					53	53	53	
		短袖					15	15	15	
175	衣长							63	63	63
	胸围							90	95	100
	袖长	长袖						54.5	54.5	54.5
		短袖						15	15	15

表5-28　B类 成人男子裤类主要部位规格尺寸　　　　　单位：cm

号	部位	型							
		75	80	85	90	95	100	105	110
155	裤长	87	87						
	臀围	70	75						
	直裆	29	29						
160	裤长		90	90	90				
	臀围		75	80	85				
	直裆		30	30	30				

号	部位	型							
		75	80	85	90	95	100	105	110
165	裤长			93	93	93			
	臀围			80	85	90			
	直裆			31	31	31			
170	裤长			96	96	96			
	臀围			80	85	90			
	直裆			32	32	32			
175	裤长				99	99	99		
	臀围				85	90	95		
	直裆				33	33	33		
180	裤长					102	102	102	
	臀围					90	95	100	
	直裆					34	34	34	
185	裤长						105	105	105
	臀围						100	105	110
	直裆						35	35	35

表5-29　B类 成人女子裤类主要部位规格尺寸　　　单位：cm

号	部位	型							
		70	75	80	85	90	95	100	105
145	裤长	82	82						
	臀围	65	70						
	直裆	27	27						
150	裤长		85	85					
	臀围		70	75					
	直裆		28	28					
155	裤长		88	88	88	88			
	臀围		70	75	80				
	直裆		29	29	29				
160	裤长			91	91	91			
	臀围			75	80	85			
	直裆			30	30	30			
165	裤长				94	94	94		
	臀围				80	85	90		
	直裆				31	31	31		

续表

号	部位		型							
		70	75	80	85	90	95	100	105	
170	裤长					97	97	97		
	臀围					85	90	95		
	直裆					32	32	32		
175	裤长						100	100	100	
	臀围						90	95	100	
	直裆						33	33	33	

表5–30　C类 成人男子上衣类主要部位规格尺寸　　　单位：cm

号	部位			型						
			75	80	85	90	95	100	105	110
155	衣长		63	63						
	胸围		65	70						
	袖长	长袖	52.5	52.5						
		短袖	15	15						
160	衣长			65	65					
	胸围			70	75					
	袖长	长袖		54	54					
		短袖		16	16					
165	衣长				67	67	67			
	胸围				75	80	85			
	袖长	长袖			55.5	55.5	55.5			
		短袖			16	16	16			
170	衣长				69	69	69			
	胸围				75	80	85			
	袖长	长袖			57	57	57			
		短袖			17	17	17			
175	衣长					71	71	71		
	胸围					80	85	90		
	袖长	长袖				58.5	58.5	58.5		
		短袖				17	17	17		
180	衣长						73	73	73	
	胸围						85	90	95	
	袖长	长袖					60	60	60	
		短袖					18	18	18	

号	部位		型							
			75	80	85	90	95	100	105	110
185	衣长							75	75	75
	胸围							90	95	100
	袖长	长袖						61.5	61.5	61.5
		短袖						18	18	18

表5-31　C类 成人女子上衣类主要部位规格尺寸　　　　单位：cm

号	部位		型							
			70	75	80	85	90	95	100	105
145	衣长		53	53						
	胸围		60	65						
	袖长	长袖	47. 5	47.5						
		短袖	12	12						
150	衣长			55	55					
	胸围			65	70					
	袖长	长袖		49	49					
		短袖		13	13					
155	衣长				57	57	57			
	胸围				70	75	80			
	袖长	长袖			50.5	50.5	50.5			
		短袖			13	13	13			
160	衣长				59	59	59			
	胸围				70	75	80			
	袖长	长袖			52	52	52			
		短袖			14	14	14			
165	衣长					61	61	61		
	胸围					75	80	85		
	袖长	长袖				53.5	53.5	53.5		
		短袖				14	14	14		
170	衣长						63	63	63	
	胸围						80	85	90	
	袖长	长袖					55	55	55	
		短袖					15	15	15	

续表

号	部位		型							
			75	80	85	90	95	100	105	110
175	衣长							65	65	65
	胸围							85	90	95
	袖长	长袖						56.5	56.5	56.5
		短袖						15	15	15

表5-32　C类 成人男子裤类主要部位规格尺寸　　　　单位：cm

号	部位	型							
		70	75	80	85	90	95	100	105
155	裤长	89	89						
	臀围	65	70						
	直裆	30	30						
160	裤长		92	92	92				
	臀围		70	75	80				
	直裆		31	31	31				
165	裤长			95	95	95			
	臀围			75	80	85			
	直裆			32	32	32			
170	裤长			98	98	98			
	臀围			75	80	85			
	直裆			33	33	33			
175	裤长				101	101	101		
	臀围				80	85	90		
	直裆				34	34	34		
180	裤长					104	104	104	
	臀围					85	90	95	
	直裆					35	35	35	
185	裤长						107	107	107
	臀围						90	95	100
	直裆						36	36	36

表5-33　C类 成人女子裤类主要部位规格尺寸　　　　　　单位：cm

号	部位	型							
		70	75	80	85	90	95	100	105
145	裤长	84	84						
	臀围	60	65						
	直档	28	28						
150	裤长		87	87					
	臀围		65	70					
	直档		29	29					
155	裤长			90	90	90			
	臀围			70	75	80			
	直档			30	30	30			
160	裤长			93	93	93			
	臀围			70	75	80			
	直档			31	31	31			
165	裤长				96	96	96		
	臀围				75	80	85		
	直档				32	32	32		
170	裤长					99	99	99	
	臀围					80	85	90	
	直档					33	33	33	
175	裤长						102	102	102
	臀围						85	90	95
	直档						34	34	34

　　为了使设计人员在设计新产品时，能快速准确地确定服装的规格尺寸，下面介绍一些我国针行业常用的针织服装规格尺寸，如表5-34～表5-42所示，供设计规格尺寸时参考。

表5-34 针织行业常用各种衫类规格

单位: cm

类别	代号	示明规格(厘米)	示明规格(英寸)	衣长(下摆折边)	衣长(下摆罗纹)	胸宽	挂肩(长袖)	挂肩(短袖)	长袖(袖长×袖口)	短袖·连肩折边袖(短规格)	短袖·连肩折边袖(长规格)	短袖·斜肩折边袖	短袖·斜肩加边袖(短规格)	短袖·斜肩加边袖(长规格)	袖罗纹(长袖)	袖罗纹(短袖)	袖边宽(加边)	袖边宽(滚边)	袖边宽(折边)	下摆宽(罗纹)	下摆宽(折边)	胸袋规格·袋深(中间×两边)	胸袋规格·袋宽	胸袋规格·袋口边	胸门襟(长)	胸门襟(宽)
儿童式	2	50	20	34	30	25.4	14	13	28×7.5	8×8		8×8	8×7		6	2.5	2.5	2	2	6	2	9×7.5	7	2	11	3
	4	55	22	38	34	27.9	15	14	31×9	9×9		9×9	9×8		6	2.5	2.5	2	2	6	2	10×8.5	8	2	11	3
	6	60	24	42	38	30.5	16	15	34×9.5	10×10		10×10	10×9		6	2.5	2.5	2	2	6	2	10×8.5	8	2	11	3
	8	65	26	46	41	33	17	16	38×10.5	12×11		12×11	12×10		7	2.5	2.5	2	2	8	2	11×9.5	9	2	11	3.5
	10	70	28	51	46	35.6	18	17	42×11	13×11		13×11	13×11		7	2.5	2.5	2	2	8	2	11×9.5	9	2	11	3.5
	12	75	30	55	50	38.1	20	18	45×11	14×12		14×12	14×12		7	2.5	2.5	2	2	8	2	11×9.5	9	2	11	3.5
男式	S	80	32	65	59	40.6	22	21	56×11.5	16×16	18×16	16×16	17×14	23×14	9	3	2.5	2	2.5	10	2.5	13×11.5	11	2.5	13	4
	M	85	34	67	61	43.2	23.5	23	58×12.5	16×17	19×17	17×17	18×15	24×15	9	3	2.5	2	2.5	10	2.5	13×11.5	11	2.5	13	4
	L	90	36	69	63	45.7	24	23	60×12.5	16×17	19×17	17×17	18×15	24×15	9	3	2.5	2	2.5	10	2.5	13×11.5	11	2.5	13	4
	XL	95	38	70	64	48.3	24	24	61×13.5	18×18	20×18	18×18	19×16	25×16	9	3	2.5	2	2.5	10	2.5	13×11.5	11	2.5	13	4
	XXL	100	40	71	65	50.8	25	24	61×13.5	18×18	20×18	18×18	19×16	25×16	9	3	2.5	2	2.5	10	2.5	13×11.5	11	2.5	13	4
女式	8	65	26	46	41	33	17	16	35×10	14×14		12×10	12×10		7	2.5	2.5	2	2	10	2	11×9.5	9	2	11	3.5
	10	70	28	51	46	35.6	19	17	40×10.5	15×15		13×11	13×11		7	2.5	2.5	2	2	10	2	11×9.5	9	2	11	3.5
	12	75	30	55	50	38.1	19	18	44×10.5	15×15		14×12	14×12		7	2.5	2.5	2	2	10	2	13×11.5	11	2.5	13	3.5
	S	80	32	58	52	40.6	22	21	54×11	16×16		16×16	18×15		9	3	2.5	2	2.5	10	2.5	13×11.5	11	2.5	13	4
	M	85	34	59	53	43.2	22	21	56×12	16×17		17×17	19×16		9	3	2.5	2	2.5	10	2.5	13×11.5	11	2.5	13	4
	L	90	36	61	55	45.7	23	22	58×12	16×17		17×17	19×16		9	3	2.5	2	2.5	10	2.5	1311.5	11	2.5	13	4
	XL	95	38	63	57	48.3	23	22	59×13	18×18		18×18	20×17		9	3	2.5	2	2.5	10	2.5	13×11.5	11	2.5	13	4
	XXL	100	40	63	57	50.8	24	23	59×13	18×18		18×18	20×17		9	3	2.5	2	2.5	10	2.5	13×11.5	11	2.5	13	4

表5-35 针织行业常用各种领型规格

单位:cm

类别	示明规格			滚领			罗纹圆领				鸡心领			肩开口式罗纹圆领			翻领			
	代号	厘米	英寸	A前领深	B后领深	C领宽	A前领深	B后领深	C领宽	D罗纹宽	A前领深	B后领深	C领宽	A前领深	B后领深	C领宽	A前领深	B领围	C领宽	D领头高
儿童式	2	50	20	12	2.5	10	9	2.5	9	2				6	1.5	10	16	27	11	6.5
	4	55	22	12.5	2.5	10.5	9.5	2.5	9	2				6	1.5	10	16	28	11.5	6.5
	6	60	24	12.5	2.5	10.5	9.5	2.5	10	2				6	1.5	11	17	29	12.5	7
	8	65	26	13	2.5	11	10	2.5	10	2.5				7	1.5	11	17	31	12.5	7
	10	70	28	13	2.5	11	10	2.5	11	2.5				7	1.5	12	18	32	13.5	7.5
	12	75	30		2.5		10	2.5	11	2.5				7	1.5	12	18	34	13.5	7.5
男式	S	80	32	10.5	3	10	10	3.5	12	3	19	2.5	14.5				19	36	14	8
	M	85	34	10.5	3.5	10	10.5	3.5	12.5	3	20	2.5	15.5				20	38	14.5	8.5
	L	90	36	11	3.5	10.5	10.5	3.5	12.5	3	20	2.5	15.5				20	38	14.5	9
	XL	95	38	11	3.5	10.5	11	3.5	13	3	21	2.5	16.5				21	40	15	9
	XXL	100	40	11	3.5	11	11	3.5	13	3	21	2.5	16.5				21	40	15	10
女式	12	75	30				10	3	11	2.5							18	34	13.5	7
	S	80	32				10	3.5	11	3							18.5	35	14	7.5
	M	85	34				10.5	3.5	11.5	3							19.5	37	14.5	7.5
	L	90	36				10.5	3.5	11.5	3							20.5	37	15	8
	XL	95	38				11	3.5	12	3							20.5	39	15	8.5
	XXL	100	40				11	3.5	12	3							21	39	15.5	9

领式图

表5-36　男式背心规格　　　　　　　　　　单位：cm

示明规格			衣长	胸宽	前胸宽	前胸部位	挂肩	肩带宽	前领深	后领深	领宽	底边	加边肩带宽
代号	厘米	英寸											
2	50	20	34	25	16	9	14	3	12	5	8	2	
4	55	22	38	27.5	17	10	15	3	12	5	8	2	
6	60	24	42	30	17	11	16	3	13	5	8	2	
8	65	26	47	32.5	18	11	19	3	13	6	8.5	2	4.5
10	70	28	51	35	19	12	20	3	14	6	9	2	4.5
12	75	30	56	37.5	20	13	23	3	15	6	9.5	2	4.5
S	80	32	62	40	22	16	25	3.5	16	7	10	2.5	4.5
M	85	34	65	42.5	24	17	26	3.5	17	8	10.5	2.5	4.5
L	90	36	67	45	26	18	27	4	18	8	10.5	2.5	4.5
XL	95	38	69	47.5	27	19	28	4	19	9	11	2.5	4.5
XXL	100	40	71	50	28	20	29	4	19	9	11	2.5	4.5

表5-37　男式弹力背心规格　　　　　　　　单位：cm

统称	示明规格			衣长	胸宽	挂肩	肩带宽	前领深	后领深	底边	滚边宽
	代号	厘米	英寸								
小号	2	50	20	38	17	14	3	11	3.5	2	1.2
	4	55	22	42	18	15	3	11	3.5	2	1.2
	6	60	24	46	19	16	3	11.5	3.5	2	1.2
	8	65	26	51	20.5	21	3.5	14	4	2	1.2
中号	10	70	28	56	22	22	3.5	14.5	5	2	1.2
	12	75	30	60	23.5	23	3.5	15	5	2	1.2
	S	80	32	68	25	24	3.5	16	6	2.5	1.4
大号	M	85	34	70	26.5	25	3.5	16	6	2.5	1.4
	L	90	36	72	28	26	3.5	16.5	6.5	2.5	1.4
	XL	95	38	73	29.5	27	3.5	16.5	6.5	2.5	1.4
特大号	XXL	100	40	74	31	28	3.5	17	7	2.5	1.4

表5-38　女式背心规格　　　　　　　　　　　　　单位：cm

示明规格				衣长	胸宽	挂肩	前领深	后领深	领宽	肩带宽	摆罗纹宽	下摆折边	三圈折边	中腰部位
统称	代号	厘米	英寸											
乳罩背心	S	80	32	48	40	22	13	9.5	10	3	10	2	1	
	M	85	34	50	42.5	23	14	10.5	11	3	10	2	1	
	L	90	36	52	45	24	15	11.5	12	3	10	2	1	
	XL	95	38	54	47.5	25	15	11.5	13	3	10	2	1	
	XXL	100	40	54	50	26	16	12.5	14	3	10	2	1	
普通女背心	S	80	32	56	39	24	13	9.5	9	3		2.5	1	32
	M	85	34	58	41.5	25	14	10.5	9	3		2.5	1	33
	L	90	36	60	44	26	15	11.5	10	3		2.5	1	34
	XL	95	38	62	46.5	27	15	11.5	10	3		2.5		35
	XXL	100	40	62	49	28	16	12.5	11	3		2.5		36
弹力曲牙背心	S	80	32	58.5	26.5	19	11	13		3		2.5	1.8	
	M	85	34	61	28.5	20.5	12	14		3		2.5	1.8	
	L	90	36	63.5	30.5	21.5	12	14		3		2.5	1.8	
	XL	95	38	66	32.5	23	13	15		3		2.5	1.8	
	XXL	100	40	66	34.5	24	13	15		3		2.5	1.8	

表5-39　棉毛裤类规格（罗口裤、小开口裤、灯笼裤等）　　　　　　单位：cm

示明规格				裤长	腰宽	直裆	横裆	中腿	裤口	裤口罗纹长	腰边宽	腰差	裤门襟宽	裤门襟长	封门	紧腰围	紧裤脚口	灯笼裤口
类别	代号	厘米	英寸															
童式	4	55	22	60	27.5	26	22.5	18	10	10	2.5	3	2.5	14	2	19	7	2
	6	60	24	66	30	28	24	19	11	10	2.5	3	2.5	14	2	20	7	2
	8	65	26	72	32.5	30	24	19	12	12	2.5	3	2.5	14	2	21	8	2
	10	70	28	80	35	32	25.5	20.5	13	12	2.5	3	2.5	14	2	22	8	2
	12	75	30	88	37.5	33	27.5	22	13.5	12	2.5	3	2.5	14	2	23	8	2
男式	S	80	32	100	40	34	28.5	22.5	14.5	14	3	4	3	17	2	27	9	2
	M	85	34	103	42.5	36	30.5	24	15	14	3	4	3	17	2	29	9	2
	L	90	36	106	45	37	32	25.5	15.5	14	3	4	3	17	2	31	10	2
	XL	95	38	108	47.5	38	34.5	26.5	16	14	3	4	3	17	2	31.5	10	2
	XXL	100	40	110	50	38	36.5	28.5	16.5	14	3	4	3	17	2	34	11	2

续表

类别	代号	厘米	英寸	裤长	腰宽	直裆	横裆	中腿	裤口	裤口罗纹长	腰边宽	腰差	裤门襟宽	裤门襟长	封门	紧腰围	紧裤脚口	灯笼裤口
	S	80	32	97	40	34	28.5	22.5	14.5	14	3	4				26	8.5	
	M	85	34	100	42.5	36	30.5	24	15	14	3	4				27.5	8.5	
女式	L	90	36	103	45	37	32	25.5	15.5	14	3	4				29	9.5	
	XL	95	38	105	47.5	38	34.5	26	16	14	3	4				30.5	10	
	XXL	100	40	107	50	38	36.5	26.5	16.5	14	3	4				32	10	

表5-40　弹力三角裤类规格　　　　单位：cm

统称	代号	厘米	英寸	男式								女式							
				裤长	腰口	直裆	横裆	下裆	裤口	裤口边	小开口长	裤长	腰口	直裆	横裆	下裆	裤口	裤口边	腰差
小号	2	50	20	15	17.5	21	21	7	10	2	9	14	16	23	22	7	10	2	2
	4	55	22	16	49	22.5	22.5	7	11	2	9	15	17	25	25	7	10	2	2
	6	60	24	17	20.5	24	24	8	11	2	9	16	18	27	27	8	11	2	2
	8	65	26	19	21.5	26.5	27	9	12	2	10	18	19.5	29	29	8	11	2	2.5
中号	10	70	28	20	23	28	28.5	9	13	2	10.5	19	21	31	31.5	9	12	2	2.5
	12	75	30	20.5	24.5	29.5	30	9	14	2	11	20	23	33.5	33.5	9	13	2.5	2.5
	S	80	32	21.5	26	31.5	31.5	10	15	2.5	12	20.5	26	34.5	34.5	10	14	2.5	2.5
大号	M	85	34	22	27.5	33	34.5	12	16	2.5	13	21.5	27.5	36	36	10	15	2.5	2.5
	L	90	36	23.5	29	35.5	37	14	18	2.5	14	22.5	29	37.5	37.5	11	16	2.5	2.5
	XL	95	38	26	30.5	39.5	40	14	20	2.5	15	23.5	30.5	39	39	12	18	2.5	2.5
特大号	XXL	100	40	27	32	40.5	41	14	21	2.5	15	25	33	40	40	13	20	2.5	2.5

表5-41　女三角裤（棉毛、汗布）类规格　　　　单位：cm

代号	厘米	英寸	直裆	横裆	腰口	裤口	裤边罗纹	下裆	腰边
2	50	20	22	24	18	14	2	8	1.5
4	55	22	23.5	26	49.5	15	2	8	1.5
6	60	24	25	28	21	16	2	8	1.5
8	65	26	27	31	22	16	2	9	1.5

续表

代号	厘米	英寸	直裆	横裆	腰口	裤口	裤边罗纹	下裆	腰边
10	70	28	29	33.5	23	17	2	9	1.5
12	75	30	31	36	24.5	18	2.25	9	2
S	80	32	33	38.5	26	19	2.5	10.5	2
M	85	34	34.5	41	27.5	20	2.5	10.5	2
L	90	36	36	43.5	29	21	2.5	10.5	2
XL	95	38	37.5	46	30.5	22	2.5	10.5	2
XXL	100	40	39	48.5	32	23	2.5	10.5	2

表5-42　男平角裤类规格　　　　　单位：cm

示明规格			裤长		紧腰半	腰差	直裆	横裆	裤口	裤口边	
代号	厘米	英寸	内	外						罗纹加边	滚边折边
2	50	20	23	21	18	2	21	17	15	2.5	2
4	55	22	25	23	19.5	2	22.5	18	16	2.5	2
6	60	24	27	25	21	2	24	19	17	2.5	2
8	65	26	31	28	22	2	28	23	18	2.5	2
10	70	28	33	30	23	2	30	25	19	2.5	2
12	75	30	35	32	24.5	3	32	27	20	3	2.5
S	80	32	41	38	26	3	34	29	22	3	2.5
M	85	34	43	40	27.5	3	36	31	23	3	2.5
L	90	36	45	42	29	3	37	33	24	3	2.5
XL	95	38	47	44	31	3	38	35	25	3	2.5
XXL	100	40	48	45	32	3	39	37	26	3	2.5

四、示明规格

（一）示明规格的概念

　　规格是针织服装样板设计的依据和基础，一件衣服通常都是由多个零部件组合缝制而成，款式越复杂，所用零部件就越多，因此所需的规格尺寸就越多。对于复杂的服装，有时可能需要几十个部位的规格尺寸，这些尺寸称为服装的细部规格。虽然这些细部规格尺寸在样板设计与制作中是必不可少的，但对于广大消费者来说，往往并不了解，也没有必要了解这些细部规格尺寸。因此，在服装销售时，为了方便广大消费者的选购，通常选用一两个主要部位的尺寸来代表服装的适穿对象，这一两个主要部位的规格就称为服装的"示明规格"。"示明规格"通常要求在服装商标或包装上的醒目位置表示出来。

（二）示明规格的表示方法

服装的种类繁多，不同种类的服装所要求的重点部位也不一样，因此，示明规格的表示方法往往随服装品种的不同以及销售对象的不同而不同。针对不同的服装品种，我国常用的示明规格的表示方法有号型制、胸围制、领围制和代号制四种。

1.**号型制**　号型制是我国标准的示明规格表示方法。不同种类的服装，号型制的表示方法略有差异，对于棉针织内衣、针织泳装、针织T恤衫等服装，其号型的表示是按国家标准GB/T 6411—2008中规定的方法执行。即在号在前，型在后，号与型之间用斜线分开。例如，号为170，型为95的针织衫，其号型可表示为170/95，代表该服装适用于身高170cm左右，胸围95cm的人穿着；身高为175cm，臀围95cm的针织裤类，其号型可表示为175/95，代表该裤装适合身高175cm左右，臀围95cm左右的人穿着；对于针织休闲装、针织学生装、桑蚕丝针织服装等，其号型的表示是按国家标准GB/T 1335.1～3—2008或GB/T 6411—2008规定的方法执行。即号在前，型在其后，最后跟体型代号，号与型之间用斜分隔开。例如，号为170，型为88的标准偏瘦针织休闲装的号型表示为170/88A，代表该服装适用于身高170cm左右，胸围88cm左右，胸围与腰围差数在12～16cm之内的正常偏瘦的人穿用；针织文胸的号型表示与上述服装差异较大。在文胸中，根据人体上下胸围之差，用不同字母表示罩杯代码，代表文胸不同的型。罩杯代码如表5-43所示，胸围厘米数表示号，型在前，号在后，例如上下胸围之差为10cm，下胸围为75cm的文胸，其号型可表示为A75。

表5-43　罩杯代码　　　　　　　　　　　　　　　　　　　单位：cm

罩杯代码	AA	A	B	C	D	E	F	G
上下胸围之差	7.5	10.0	12.5	15.0	17.5	20.0	22.5	25.0

2.**胸围制**　我国在实行号型制之前，很多上衣针织服装，如针织内衣、运动衣、羊毛衫、T恤衫等都是以服装成品的胸围尺寸作为服装的规格。通常分为儿童、中童和成人三个胸围系列，儿童有50cm、55cm、60cm三个规格，中童有65cm、70cm、75cm三个规格，80cm以上为成人服装规格，全部以每5cm为一个档差递增。例如90cm上衣表示适合于胸围90cm左右的人穿着。对于出口服装，一般多用英寸表示，从20英寸起每2英寸为一个档差递增。

3.**领围制**　目前国际上男衬衫都采用领围尺寸作为示明规格。因为男衬衫多与西服领带、领结相配合穿着，领子处于最明显、最重要的部位，领子的合体性和外观质量就成为评价男衬衫质量优劣的关键因素。因此男衬衫都以领围作为示明规格。

我国领围制一般以每1.5cm为一个档差，从34～43cm为止，共有7档规格，即34cm、35.5cm、37cm、38.5cm、40cm、41.5cm、43cm。出口产品一般以英寸为单位，以 $\frac{1}{2}$ 英寸为一个档差，从 $13\frac{1}{2}$ ～ $16\frac{1}{2}$ 英寸。

4.**代号制**　用英文字母或数字表示服装规格的方法称为"代号制"。通常用S代表小号、M代表中号、L代表大号、XL代表特大号、XXL代表特特大号等。或用2、4、6……12

等数字代表适穿的儿童年龄。

在代号制中，代号本身没有确切的真实尺寸含义，只是表示同一批服装的相对大小。例如S代表小号，其服装胸围的实际尺寸可以是75cm、80cm、85cm、90cm不等，S的尺寸确定后，X、L、XL、XXL等代号的尺寸依次都比其前一个代号大一档，即大5cm或2英寸，代号制多用于出口服装，一般客户订货时会注明S号的实际规格，其他号可依此类推。

五、针织服装测量部位及规定

针织内衣类产品基本上是采用规格演算法进行样板设计，设计时一定要与测量部位相结合，测量部位不但会直接影响到服装规格尺寸的测量正确与否，而且也是产品检验或验收时的检测部位。因此在国家标准中，对针织服装主要的测量部位都做出了明确的规定。

（一）测量部位示意图

在国家标准GB/T 6411—2008棉针织内衣规格尺寸系列中，对上衣类的衣长、胸围和袖长，裤类的裤长、直裆和横裆共六个主要部位的测量部位作了规定，棉针织内衣国家标准测量部位示意图如图5-11所示。另外，我国纺织行业标准FZ/T 73011—2004、FZ/T 73012—2008、FZ/T 73011—2004、FZ/T 73019.2—2004、FZ/T 81003—2003、FZ/T 81001—2007、FZ/T 710014—2012、FZ/T 73007—2002中，对针织休闲服装、针织文胸、针织腹带、针织塑身内衣、针织学生服、针织睡衣、针织T恤衫、针织运动服等服装的测量部位也作了相应的规定，如图5-12所示。

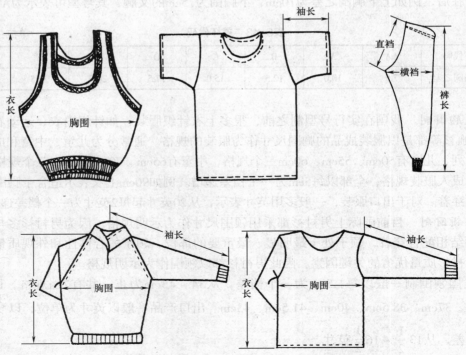

图5-11 棉针织内衣国家标准测量部位示意图

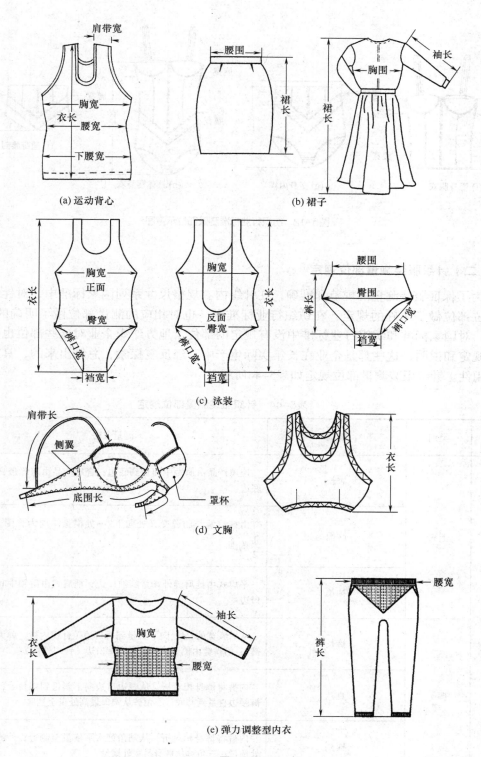

(a) 运动背心

(b) 裙子

(c) 泳装

(d) 文胸

(e) 弹力调整型内衣

图5-12

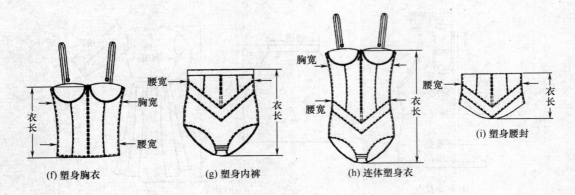

图5-12　纺织行业标准测量部位示意图

（二）针织服装测量部位规定

为了保证服装测量的规范和准确，在针织内衣规格尺寸系列国家标准中，对针织内衣的主位部位做了明确的规定，在纺织行业标准中，也对相应的测量部位做了明确的规定。另外，对国家标准和纺织行业标准中没有规定的部位，地方纺织企业对这些部位也做了相应的规定和说明，这些都是企业在长年实际生产中，经反复探索，总结出来的，具有很强的实用性。针织服装测量部位规定如表5-44所示。

表5-44　针织服装测量部位规定

标准级别	类别	部位	测量方法
国家标准	上衣	衣长	连肩产品由肩宽中间量到底边；合肩产品由肩缝最高处量至底边
		胸围	由挂肩缝与肋缝交叉处向下2cm处横量一周为胸围。胸宽=$\frac{1}{2}$胸围
		袖长	平肩式由挂肩缝外端量到袖口边；插肩式由后领中间量至袖口边
	裤子	裤长	从后腰宽的1/4处向下直量到裤口边（针织内裤、弹力型塑身裤）；沿裤缝由侧腰边垂直量到裤口边（针织外裤）
		直裆	内裤将裤身相对折，从腰边口边向下斜量到裆角处；外裤由裤腰边直量到裆底；三角裤从腰口最高处量至裆底
		横裆	内裤将裤身相对折，从裆角处水平横量至侧边；外裤从裆底处横量；三角裤从裤身最宽处横量

标准级别	类别	部位	测量方法
行业标准	上衣	吊带衫衣长	吊带衫从带子最高处量到底边
		带有中腰产品的胸围	由底边向上8～12cm处横量一周为胸围
		挂肩	平袖式由上挂肩缝量到袖底
		中腰宽	按中腰部位，在凹进最深处横量
		下腰宽	由底边向上10～12cm处横量
		肩带宽	背心类款式平肩产品在肩平线上横量；斜肩产品沿肩斜线测量
		总肩宽	由左肩缝与袖隆交点直量到右肩缝与袖隆缝交点
		领长	领子对折，由里口横量；立领量上口，其他量下口
	裤子	腰宽	腰边横量
	裙子	裙长	连衣裙由肩缝最高处垂直量至底边；短裙沿裙缝由侧腰边垂直量到裙底边
		袖长	平袖式由挂肩缝与袖隆缝的交点量到袖口边；插肩式由后领中间量到袖口边
		胸宽	由袖隆缝与肋缝交点向下2cm处横量
		腰宽	连衣裙在腰部最窄处平铺横量；短裙由腰边横量
	泳装	全长	由前肩缝最高处量到裆底
		胸围	由胸部最宽部位横量一周为胸围
		臀围	由臀部最宽部位横量，臀宽$=\frac{1}{2}$臀围，量一周为臀围
		腰围	由腰口横量为腰宽，即腰半围；一周为腰围
		裤长	由腰口边量到裆底
		裤口	沿裤口边对折测量
		裆宽	由下裆最窄部位横量
	腹带	腰围	成衣腰部最窄处平量一周
		臀围	成衣臀围最宽处平量一周
		直裆	成衣腰上口量至裆底
	文胸	衣长	自然平摊后，自肩带宽中间量至底边（只用于肩带与罩杯为整体的文胸）
		底围长	自然平摊后，沿文胸下口边测量（可调式量最小尺寸）
		肩带长	量肩带的总长（可调式量最长）

标准级别	类别	部位	测量方法
行业标准	塑身内衣	衣长	自然平摊后，由塑身内衣前面上口端量至裆底或最底端
		胸宽	自然平摊后，沿杯罩下沿（或胸下线）平量（可调式量最下尺寸）
		腰宽	以塑身内衣腰部最窄处平量
企业标准	上衣	中腰部位	从肩宽中间向下直量至腰部凹进水平线位
		胸宽部位	连肩的由肩宽中间处向下量；合肩的由肩缝最高处（领窝颈侧点）向下直量
		胸宽	结合胸宽部位横量（只用于背心类产品），拷缝的量至拷缝处，折边的量至边口处
		前领深	从肩平线向下直量至前领窝最深处，滚领或折边的产品前领深量至边口处，拷缝的则量至拷缝处
		后领深	从肩平线向下直量至后领窝最深处，滚领或折边的产品后领深量至边口处，拷缝的则量至拷缝处
		领罗纹高	凡罗纹高领款式，从罗纹边量至拷缝处
		领高	翻领款式在领子正中处从领边直量至缚领缝迹处
		袖口罗纹（或下摆罗纹）长	从罗纹拷缝处量至袖口边
		袖口大	罗纹袖口从离罗纹拷缝3cm处横量；紧袖口在紧处横量；折边袖口在边口处量；滚边袖口在滚边缝处量
		袖肥	插肩款式无挂肩，要用袖肥表示袖子的宽松度，测量方法是由袖底角向袖中线垂直量
		袖底	由挂肩缝与肋缝交叉处量到袖口边
		门襟长	半开襟款式从领口处直量至门襟底部拷缝处
		门襟宽	从襟边量至拷缝处（横量）
		封门	领门襟封门高度直量
		折边宽	凡有折边领、袖口的款式，从边口量至线迹中间处
		滚边宽	凡有滚边领、袖口的款式，从边口量至滚边折进处
		折边宽	凡袖口或下摆采用折边的款式，从边口量至袖口或下摆缝迹处
	裤子	腰边宽	从腰口边量至腰边缝迹处
		前后腰差	从裤后腰中间边直量至前腰中间边口
		中腿宽	由裤裆线往下10cm（中童、儿童裤为8cm）处横量
		裤口大	罗纹口从距拷缝5cm处横量；平脚裤从边口处平量；三角裤从滚边边口处斜量
		紧裤口大	（灯笼裤之类紧裤脚口款式）从紧口处横量
		裤口罗纹长	从罗纹拷缝处量至边口
		滚边宽	（裤口滚边的款式）从滚边口量至滚边折进处

续表

标准级别	类别	部位	测量方法
企业标准	裤子	裤口边宽	凡有裤口边的款式(折边口或松紧带口)，从边口量至缝迹处
		腿长	（童开裆裤款式）从开裆裆角处向下直量至裤口边或裤袜底中间处
		门襟长	（小开口裤款式）从开口顶端缝处量至门襟底(包括上下封门在内)
		门襟宽	（小开口裤款式）从门襟边口量至拷缝处
		封门	（小开口裤款式）从封门高度处直量
		袋口长	从袋口处直量
		腰围	（内裤）将内裤放平，沿裤腰边度量一周
		平量周腿口大	（内裤）沿内裤裤脚边度量一周
		前中长	（内裤）沿内裤前中线由腰围线度量至前浪骨线
	内裤	直裆	由腰口边量至底裆
		横裆	在两侧缝最宽处横量
		腰口大	沿腰口放松平量
		裤口	沿裤脚口斜量
		底裆	由实际底裆向上3cm处横量
		腰边宽	从腰口边量至腰边缝迹处
		前后腰差	从裤后腰中间边口直量至前腰中间边口

（三）测量注意事项

针织服装品种繁多，款式多变，在进行测量时，不同服装类别，其需要测量的部位不同，而同一名称的侧量部位，其测量方法也会随着服装款式的不同而有所差异。

1.**不同款式的衣长测量方法** 服装款式不同，衣长的测量方法有所不同。对于平肩服装，衣长的测量方法是由肩宽中间量到底边，而斜肩产品是由肩缝最高处量至底边，吊带衫则是从带子最高处量到底边，如图5-13所示。

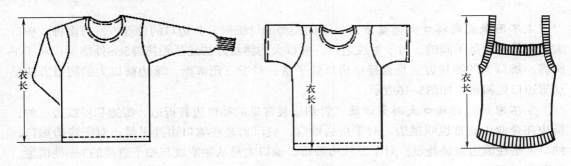

图5-13 不同款式的衣长测量方法

2.**不同款式的袖长测量** 平肩和斜肩类服装，袖长的测量方法是由挂肩缝外端量至袖口边；插肩袖类服装，袖长的测量方法是由后领窝中间量至袖口边，如图5-14所示。

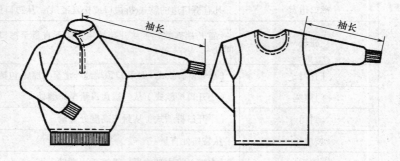

图5-14 不同款式的袖长测量方法

3.**不同款式的裤长测量方法** 不同类型裤子的裤长测量方法也不同。对于棉毛裤、弹力型和塑身裤类等有前后腰差的裤子，裤长的测量方法是从后腰宽的1/4处向下直量到裤口边；对于运动裤、休闲裤等外裤类，裤长的测量方法是沿裤缝由侧腰边垂直量到裤口边；针织游泳裤类，裤长的测量方法是由腰口边量到裆底，如图5-15所示。

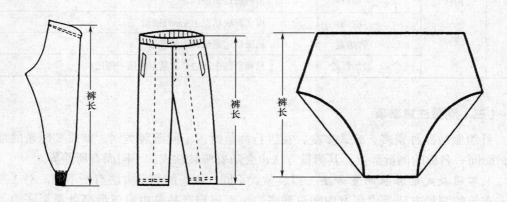

图5-15 不同款式的裤长测量方法

4.**不同款式的裤口大测量方法** 不同类型的针织裤，其边口的处理方法有多种，裤口大的测量方法是不同的。对于罗纹边口，裤口大的测量方法是从距拷缝5cm处横量；对于平脚裤，裤口大的测量方法是直接在边口处平量；对于三角裤类，滚边裤口大的测量方法是从滚边口处斜量，如图5-16所示。

5.**不同款式的袖口大测量方法** 针织服装常见的袖口边有折边，滚边和罗纹边三种，折边在企业中通常也叫挽边。对于折边袖口，袖口大是在袖口边处平量；对于滚边袖口，袖口大是在滚边缝迹处量；对于罗纹边袖口，袖口大是从距罗纹与袖子缝接的3cm处横量。如图5-17所示。

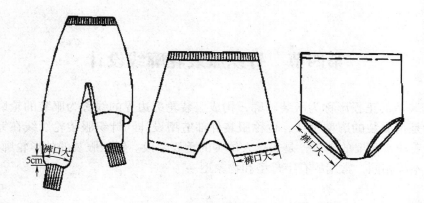

图5-16 不同款式的裤口大测量方法

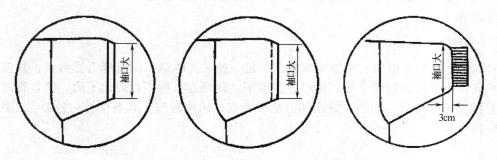

图5-17 不同款式的袖口大测量方法

6.不同款式的领宽和领深测量方法 罗纹领的领宽是在拷缝处平量，领深则是从肩平线向下量至前领窝拷缝最深处；折边或滚边领的领宽是从左右侧颈点的边口处横量；滚领或折边的领深是量至前领窝边口最深处，如图5-18所示。

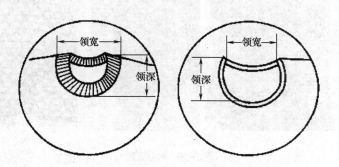

图5-18 不同款式的领宽和领深测量方法

第四节　针织服装轮廓线设计

　　人体着装后的正投影称为服装轮廓，构成服装轮廓边界的线称为服装的轮廓线。服装轮廓线设计是指服装的廓型设计，也称服装外部造型设计。针织服装轮廓线在针织服装结构设计中起着非常重要的作用，是表达人体美的重要手段。针织服装的外形轮廓线有多种，表示方法也不尽相同，常用的有字母型和物象型。

一、字母型

　　字母型就是英文以字母的形态特征来表示服装的造型特点，常见的有H、A、O、T、X等几种类型。

（一）H型

　　H型也称矩型、箱型、筒型或布袋型，是一种平直廓型。以肩部为受力点，其造型特点是平肩，不收腰，筒形下摆，通过放宽腰围，强调左右肩幅，弱化了肩，腰，臀之间的宽度差异，具有修长，简约，宽松和舒适的特点，风格轻松，具有中性化色彩。H型服装如图5-19所示。

图5-19　H型服装

（二）A型

　　A型服装是通过收缩肩部，扩大下摆而形成的上小下大的造型，具有活泼、可爱、潇洒、造型生动、流动感强、富于活力的性格特点。A型服装如图5-20所示。

图5-20　A型服装

（三）T型

T型服装的造型特点是夸张肩部，内收下摆，形成上宽下窄的造型效果。具有大方，洒脱和男性化刚强的风格特点。以T型作为基本型，常见的变形是V型和Y型。V型通过夸大肩部和袖山，缩小下摆，从肩部开始向裙子下摆收拢成圆锥状，获得洒脱、干炼、威严等造型感，具有较强的中性化色彩；Y型强调肩部造型的夸张，向臀部方向收拢，下身紧贴，形成上大下小的服装廓型。T型服装如图5-21所示。

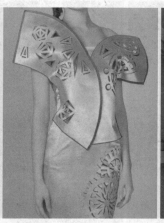

图5-21　T型服装

（四）O型

O型也称气球形、圆筒型，外型线呈椭圆形，其造型特点是肩部、腰部及下摆处没有明显的棱角，尤其是腰部线条松弛，不收腰，肩部适体，下摆收紧，整个外形看上去饱满，圆润，具有休闲，舒适，随意的风格特点，充满幽默感又具有时尚气息。如图5-22所示。

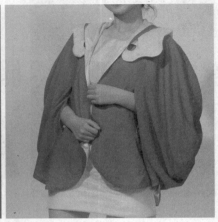

图5-22　O型服装

（五）X型

X型又被称为沙漏型，是根据人的体型塑造较宽的肩部和下摆，收紧腰部和自然的臀型，具有柔和、优美、流畅的典型女性风格，整体造型优雅又不失活泼感，与女性身体的优美曲线相吻合，可充分展现和强调女性的魅力。如图5-23所示。

图5-23　X型服装

二、物象型

物象型是指具有某种物体外形特征的廓型，也称仿生设计，但这绝不仅仅局限于对形状的模仿。物体的形状可谓万般变化，形形色色，被借鉴到服装廓型设计中，会得到优美简洁的服装廓型，比如钟型、郁金香型，花瓶型，美人鱼型、豆荚型、孔雀裙、蝙蝠衫、荷叶边、灯笼袖、喇叭裤等，如图5-24所示。

图5-24 物象型服装

第五节 针织服装结构线设计

针织服装的结构线是指体现在服装的各个拼接部位，构成服装整体形态的线。针织服装结构线的设计属于服装内部造型设计。内造型设计要符合外造型的风格特征，内外造型设计要相呼应。针织服装的结构线有多种形式，主要包括分割线、省道线和褶裥线。这些结构线虽然在外观上呈现不同的表现形式，但都具有一定的塑型性和造型功能。

一、分割线

分割线也称剪辑线或开刀线。

分割线的种类很多，按作用不同可以分为功能性分割线和装饰性分割线；按线性特征不同，可分为直线分割和曲线分割。

（一）直线分割

直线分割线形态简洁，具有硬直、单纯、男性的形象。直线分割线按形态方向不同，又分为纵向分割线、横向分割线、斜线分割线、弧线分割、螺旋线分割等，不同的直线分割线具有不同的特征。

1.纵向分割线 纵向分割线是指从肩部、袖窿或领圈部位垂直向下进行分割所形成的分割线。纵向分割线将服装面积分割为较窄的几部分，使服装整体具有修长、挺拔之感。公主线及西装背后的分割线是最常用的纵向分割形，常有连省成缝的作用。几种常见的纵向分割线如图5-25所示。

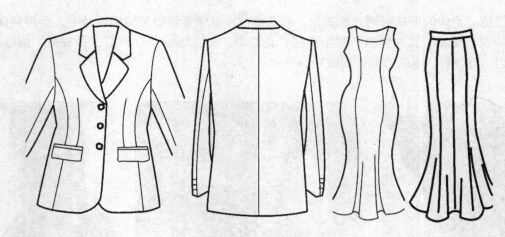

图5-25　纵向分割线

2.横向分割线　横向分割线是指在肩缝线、胸围线、臀围线之间作出的各种水平形态的分割线。少数的横向分割线会引导人的目光沿水平方向移动，因此具有增加宽度的作用；但随着水平分割线数量的增多，反而会使目光沿着纵向移动产生高感。同时随着分割线数量的增多还会产生节奏感和韵律效果。几种常见的横向分割线如图5-26所示。

图5-26　横向分割线

3.斜向分割线　斜向分割线将服装的衣片分割成斜线的形式。接近垂直的斜向分割线具有强调高感的作用，而且由于视错，其比垂直线的高度感更加强烈。接近水平线的斜向分割线，则高度减低，宽度增加。45°角的斜向分割线，既不显长又不显宽。不对称的服装大多采用斜线分割。如图5-27所示。

（二）曲线分割

　　曲线与直线是相对而言的，面料是平面的，而人体是三维的，要把平面的面料围绕人体包装出最佳着装效果的立体服装，曲线的作用是不可忽略的。曲线分割具有柔软、优雅的特点。曲线分割如图5-28所示，在女装中应用较多。

图5-27　斜线分割

图5-28　曲线分割

二、省

（一）省的概念

省是在服装样板制作过程中，根据人体曲面的要求，对余量处理的一种形式。因为人体表面是一个凹凸不平的曲面，如果把平面的布包裹在人体上，就会在人体凹进的部位产生余量，为了使制作出来的服装合体，就需要把这部分余量去除，这个去除的部分就是省，如图5-29所示。通过收省，可以使服装形成三维的立体效果，更加符合并美化人体体型。

（二）省的分类

1.按省道形态分类 根据省道的形态不同，可分为钉子省、橄榄省、枣核省、弯形省、锥形省和开花省。钉子省呈钉子形，上部较平，下部成尖形，通常用于肩部或胸部等省量较大、形态比较复杂的曲面部位。锥形省呈三角形，与钉子省类似，上部较平，下部成尖形，常用于制作出圆锥形的曲面，如腰省和袖肘省等。弯省一般用于领窝等弯曲部位，省的形态随弯曲部位的形态从上到下均匀变小，上部较平，下部一般为尖形。橄榄省呈中间宽、两头尖的形态，类似橄榄的外形，常用于上装或连身装的腰部。开花省的省道一端呈尖形，另一端为非固定的，或两端都是非固定的平头开花省，是一种兼备装饰和功能的省道。各种省的形态如图5-30所示。

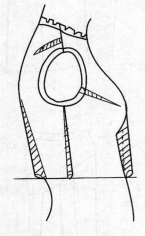

图5-29　省的形成

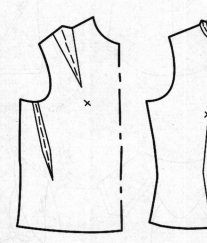

图5-30　省道的形态

2.按省所处的部位分类 根据省道在服装上所处的位置不同，可分为肩省、领省、袖窿省、侧缝省、腰省、袖肘省和臀位省等。

省底位于肩缝部位的称为肩省，有前肩省和后肩省两种，前肩省是位于前衣身的肩省，是用于作出胸部的隆起形态及收去前中线处需要撇去的部分余量；后肩省是位于后衣身的肩省，是用于做出肩胛骨的形态。肩省一般采用钉子省。

省底位于领口部位的省称为领省，领省常可代替肩省作出胸部和背部隆起的形态，或者用于衣领与衣身相连的衣领设计中，具有隐蔽性好的特点，领省常随领窝弧线做成弯形省。

省底位于袖窿部位的称为袖窿省，可分为前袖窿省和后袖窿省两种。前袖窿省位于前衣身，用于作出胸部形态；后袖窿省位于后衣身，用于作出背部形态，袖窿省通常做成锥形省。

省底位于侧缝部分的省称为侧缝省，主要使用于前衣身上，用于作出胸部隆起的形态，侧缝省通常采用锥形省。

省道位于腋下侧缝部位的称为腋下省，也称基础省，实质上也是属于侧缝省。是用于作出胸部的形态。

省底位于腰部的省称为腰省，腰省可以使服装卡腰、合体，很好地展示人体的曲线美，可以做成锥形省或橄榄形省。

前衣身常有省道的位置如图5-31所示。

3.按省道是否缝死分类 根据省道是否缝死可分为死省、活省和半活省三类。从省的顶部到底部完全缝死的称为死省，服装中的大部分省都是死省。如果将省的一部分缝死，而留一部分不缝死的称为半活省，一般用在服装的肩部和腰部。烫死而不缝死的省称为活省，一般裤子前片的省多为活省。

（三）省道的设计

省道的设计是服装结构设计的重要内容，主要包括省道部位的设计、省道形态的设计、省道数量的设计、省端点的设计及省道量的设计等几方面。

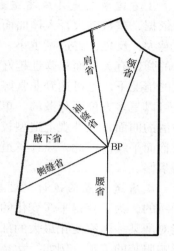

图5-31 前衣身常有省道的位置

1.省道部位的设计 省道部位的设计是依据服装的款式风格、人体的体型特点及服装面料的材质进行设计的。一般肩省适用于胸部较大体型的合体服装；腋下省和侧缝省适合于胸部比较平坦的、比较宽松的服装；袖窿省常与腰省结合在一起形成公主线，显示女性柔美、优雅的线条美。进行省道设计时，在不影响服装尺寸和适体性的情况下，衣片上的省道可以相互转移，如侧缝省（基础省）可转移为袖窿省、肩省、领省、腰省等。另外省道的设计常常可以与分割线的设计结合起来，将省道隐藏在分割线中，即连省成缝。

2.省道形态的设计 要依据衣身与人体的贴近程度及省道所处的部位不同，采用不同的形态。如肩省可以设计成钉子省，领省可以设计成弯省，腰省可以设计成锥形省或橄榄形省等。同时，省道的两边也不必都机械地设计成两道直线，而应该根据人的体型情况及省的部位不同，设计成略带弧形，有宽窄变化的省道，如图5-32所示，图（a）省道的两边呈直线形的省，图（b）是修改后的略带弧形的省。

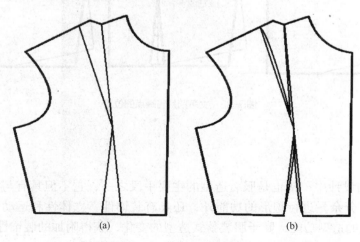

(a)　　　　　　　　(b)

图5-32 调节前后省道两边形态的对比

3.省道量的大小及省道数量的设计　是以人体各截面围度量的差数及服装的合体度为依据，差数越大，人体曲面形成的角度越大，面料覆盖于人体时的余量就越多，省道量就越大，反之，省道量越小。一般服装越合体，省道量就越大。另外省道量的大小还与面料的弹性有关。面料弹性越好，省道量越小，甚至可以不要省道，如弹性针织面料在无省道的情况下，也可达到非常好的贴体效果。关于省道的数量，其形式可以是单个集中的，也可以是多方位而分散的。单个集中的省道由于省道缝去量大，容易形成尖点，不能形成顺滑的曲面，在外观上造型较差；相反，多方位的省道由于省道量分散，使服装造型较为匀称而平缓。因此，设计省道量的大小及省道数量时，需要根据服装造型和面料的特性灵活掌握。

4.省道端点的设计　要与人体隆起部位相吻合，一般来说，人体表面曲率的变化是平缓的，为了获得平缓变化的曲面，就不能将省端点设计到人体曲率变化最大部位，而只能对准某一曲率变化最大的部位，不能完全缝制于曲率变化最大点上，否则将形成尖点，影响服装的美观。例如，女装前衣身曲率变化最大的部位是胸高BP点，但在进行省道设计时，不能将省端点设计在BP点上，而应该是指向BP点，并与其保持一定的距离。这样才能获得平缓的曲面，柔和地显示女性胸部的美感。对于省端点在衣片上的具体位置，根据省道在衣片上的位置不同而略有差异，一般腋下省和肩省距BP点5～6cm，袖窿省距BP点约3～4cm，腰省距BP点约2～3cm等，如图5-33所示。

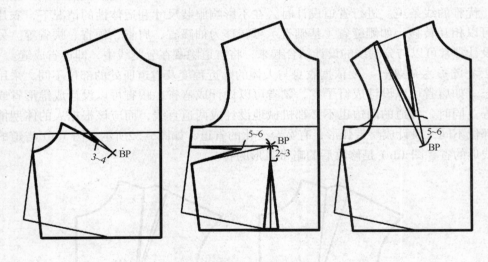

图5-33　女装前片省端点的位置

三、褶

在服装结构设计中，褶也是服装造型的主要手段之一，它不但具有与省道类似的、可以收去衣片一部分余量进行塑形的功能外，还具有装饰性、立体性和运动性等其他形式结构线所不能替代的造型功能，赋予服装款式造型的变化，获得附加的装饰性造型。

根据褶的构成方式不同，可分为三类，即裥、细皱褶和自然褶。

（一）裥

裥是指经过熨烫得到的一种有规律的、并且有明显方向性的褶，裥有多种类型，按褶裥的线条类型分，有直线裥、斜线裥和曲线裥三类。直线裥的两端折叠量相同，外观形成一条条彼此平行的直线。斜线裥两端的折叠量不同，但其变化均匀，外观形成一条条互不平行的直线。曲线裥中，同一褶裥所折叠的量不断变化，在外观上形成一条条连续变化莫测的弧线。按褶裥的形态分，有顺裥，工字裥、阴裥和风琴裥等。顺裥是指始终向一个方向折叠所形成的裥。工字裥也称箱形裥，是指同时向两个方向折叠所形成的裥，阴裥是指当工字裥的两条明折边与邻近裥的明折边相重合时，就形成了阴裥。风琴裥是指面料之间没有折叠，只是通过熨烫定形形成褶裥效应。各种裥的形态如图5-34所示。

顺裥　　　　　　工字裥　　　　　　阴裥　　　　　　混合

图5-34　裥的形态

裥的特点是褶量比较大，形成的线条刚劲、有力、挺拔，有很强的节奏感。裥在静态时收拢，而在人体运动时张开，比省更富于变化和动感，裥的设计主要以装饰为主，有的兼具功能性，比如裙子上的裥利于活动。褶裥作为一种造型语言，大小、位置、疏密、方向、组合以及所形成的点、线、面、体等诸多因素可以使服装更具立体感，同时增加服装的整体美感，从视觉和触觉上让人切身感受到服饰的魅力，是现代服饰时尚的重要设计元素和表现手法之一。

（二）细皱褶

细皱褶是指布的折叠量小，分布比较集中、细密，没有明显倒向的褶，其特点是所成的线条具有丰满、活泼、自由的立体视觉效果。如图5-35所示。

图5-35　细皱褶

（三）自然褶

自然褶是指利用布料的悬垂性及经纬线的斜度自然形成的褶，自然褶的线条柔和，飘逸。如图5-36所示。

图5-36　自然褶

第六节　针织服装的零部件设计

针织服装是由各个零部件组合而成的整体，各个零部件局部造型的变化，会对服装整体的结构产生巨大影响。因此针织服装零部件也非常重要，属于服装细节设计，主要包括领子设计、袖子设计、口袋设计、门襟设计等。

一、领子设计

衣领位于服装的上部，最接近人体头部，可以修饰人的脸形，是视觉注意的焦点。在构成服装整体的各个零部件当中，领子设计占有十分重要的地位，正所谓"提纲挈领"。领子种类很多，按照领子与衣身的关系，主要分为连身领、装领和组合领。

（一）连身领

连身领是指领子与衣身连在一起，包括无领和原身出领。无领是指在衣身上挖出各种形状的领线，然后通过在领线上进行各种不同工艺的处理，形成不同风格的领子。无领可以通过领底线开口的大小、开口的形状及领边口的装饰等变化，形成不同风格特点的领子，针织服装上常用的开口形状有圆领、方领，V字形领、U形领、船形领、一字领及不规则形状的领子等；领线常用的装饰方法有加罗纹边、滚边、缀花边和抽褶，也可利用面料的卷边来丰富无领的变化。各种无领变化如图5-37所示。原身出领是指从衣身上延伸出来的领子，领子与衣身没有连接线，直接将衣片加长至领部，通过收省、捏褶或织物组织结构的变化等，得到与领部结构相符合的领形，原身出领变化如图5-38所示。

图5-37 无领变化

图5-38 原身出领变化

（二）装领

装领与衣身是分开的，是把单独制作的领子通过缝合或其他方法与衣身连接在一起，二者之间有明显的连接线。装领按结构造型不同可分为立领、翻领、驳领等。

图5-39　立领的基本结构

1. **立领**　立领又称登领，是树立在脖子周围的一种领形，它是以中式领为基本领样而变化的，立领的基本结构如图5-39所示。根据领子的高度不同，立领可分为高领、中领和低领；由于领底线的弯曲程度和弯曲方向的不同，立领的直立程度也不同，从而形成直立式、圆台式和领面外倾式的立领。当领底线呈水平状态时，立领的领底线与领口线长度相同，形成直立式立领。直立式立领的领口一般大于相应部位的颈围，领子与颈部不服帖。当立领的领底线向上弯曲时，会使领口线长度小于领底线，形成圆台形立领，这种立领穿着后，领子与颈部比较服帖，合体性好，大多数立领都属于这种立领。当立领的领底线向下弯曲时，会使领口线长度大于领底线，形成外倾式立领，穿着后，领子会非常宽松，随意和自由。各种立领效果如图5-40所示。

图5-40　立领效果

2.**翻领** 翻领是领面向外翻的一种领型，可分为有外加领座和无外加领座两种形式。有外加领座的翻领由领座和领面两部分构成，其基本结构如图5-41所示。领座领底线的曲率及领座高度的变化是决定领子结构的重要因素，领面宽窄、领面形态、领角的形状及领面外廓形的变化，可以形成丰富多样的翻领。一般来说，有外加领座的翻领具有庄重，严肃的风格特点。如男衬衫领和中山装领等，各种有外加领座的翻领如图5-42所示。无外加领座翻领的基本结构如图5-43所示，只由领面构成，领面的领底线的曲率决定领子的结构造型。在

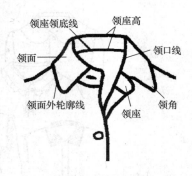

图5-41 有外加领座翻领的基本结构

领面领底线长度一定的情况下，领底线弯曲度越小，即领底线越平直，领底线与领面外轮廓线的长度差越小，领子向外翻折后，会在领子里面形成一个实际的领座。相反，领底线弯曲度越大，领底线与领面外轮廓线的长度差越大，领子越容易翻在肩上，翻折后，在领子里面形成的实际领座越小，当实际领座的高度小于或等于1cm时，称之为平贴领，整个领子平摊于肩背部或前胸。与有外加领座的翻领相比，无外加领座的翻领具有自由，随意的特点，各种无外加领座的翻领如图5-44所示。

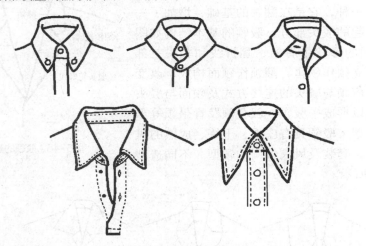

图5-42 有外加领座的翻领

图5-43 无外加领座翻领的基本结构

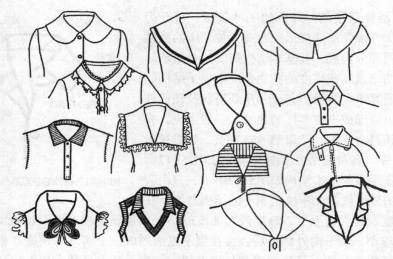

图5-44　无外加领座的翻领

3.**驳领**　驳领是由肩领和驳头两部分组成，肩领和驳头分别向外翻摊在肩部和前胸部。严格地讲，驳领也是翻领的一种，它是在翻领的基础，增加了一个与衣片连在一起的驳头部分，驳领的基本结构如图5-45所示。驳领的形状由肩领、翻折线和驳头三部分决定，肩领由立领作领座，翻领作领面构成，改变翻折线的形状、肩领与驳头的连接方式及领面与驳头轮廓线形状，可以形成平驳领、戗驳领及青果领等丰富多变的驳领造型。驳领具有庄重、干练、成熟的风格，是男女西装，套装及风衣常用的领型。不同造型的驳领如图5-46所示。

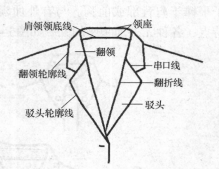

图5-45　驳领的基本结构

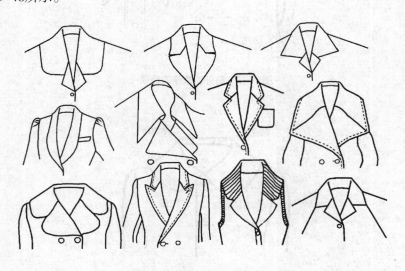

图5-46　不同造型的驳领

二、袖子设计

袖子是服装中遮盖人体上肢的重要部位，不同结构和形态的袖子会对服装的整体造型产生重要的影响。袖子的设计既要满足服装的审美，更要考虑服装的功能性要求，必须满足人体上肢活动的需要。

按袖子的长短不同，可分为无袖、短袖、半袖、七分袖、九分袖和长袖，如图5-47所示。按袖子与衣身连接关系可分为无袖、装袖、连身袖和插肩袖。

图5-47　不同长度的袖子

（一）无袖

无袖也称肩袖或袖窿袖，是指由衣身袖窿的形状直接构成袖型，袖窿的各种变化就是袖子的造型变化。通过袖窿位置，袖窿的大小、袖窿边沿轮廓线的变化及袖窿边所加装饰等的变化可以形成不同风格特点的肩袖造型。如图5-48所示。

图5-48　无袖的变化

（二）装袖

装袖是根据人体肩部及手臂的结构进行设计，将衣身与袖片分别裁剪，然后按照袖窿与袖山的对应点在臂根处缝合而成。装袖按照造型不同可以分为平装袖、圆装袖、喇叭袖、羊腿袖、泡泡袖、灯笼袖、马蹄袖、塔袖等多种。装袖的袖型合体美观，具有较强的立体感。针织服装中的装袖大多数采用平装袖的形式，其袖山长度与袖窿尺寸相吻合，袖子缝合后平服，宽松自然。各种装袖的变化如图5-49所示。

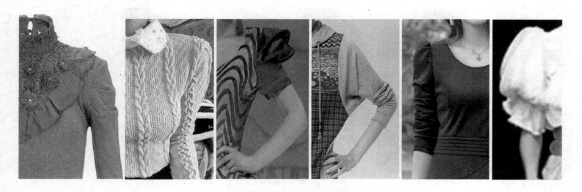

图5-49 装袖的变化

（三）连身袖

连身袖也称中式袖、和服袖等，是起源最早的袖型。连身袖的衣身与袖子连在一起，没有经过单独裁剪的袖片，肩部也没有拼接的袖窿线，袖子从衣身上直接延伸下来，呈现出自然倾斜或圆顺的造型。连身袖属于宽松型结构，手臂活动量大、不受束缚，穿着舒适，是家居服、休闲服、中式服装和睡衣中常用的袖型，具有穿着舒适，宽松自如的风格特点。各种连身袖的变化如图5-50所示。

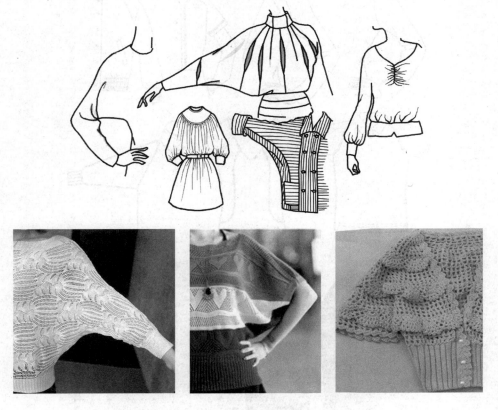

图5-50

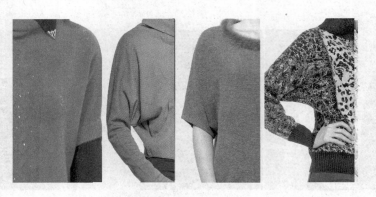

图5-50　连身袖的变化

（四）插肩袖

插肩袖也称为连肩袖，是指将袖子的袖山延伸到领围线或肩线的袖型，它将衣片的一部分转化成袖片，在视觉上增加了手臂的修长感，可广泛用于大衣、风衣、外套、T恤，休闲服和连衣裙等。各种插肩袖的变化如图5-51所示。

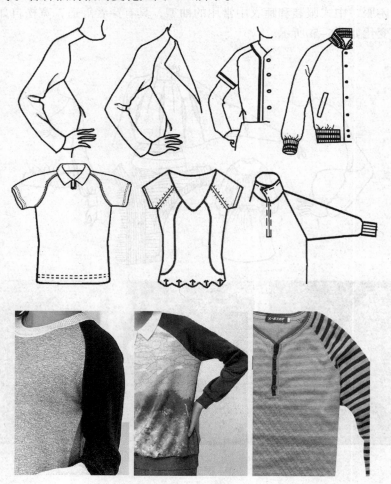

图5-51　插肩袖的变化

三、口袋设计

口袋是服装上的重要配件之一，在现代服装中，口袋既具有实用功能，又是服装造型的重要手段之一。根据结构形式不同，口袋可分为贴袋、挖袋、插袋、假袋和复合袋等多种。

（一）贴袋

贴袋又叫明袋，是贴附于服装之上的一种口袋，具有很强的装饰作用。贴袋大小的变化、外形的改变以及在服装上的位置的变化，都会产生不同的视觉效果，贴袋的设计要与服装的整体风格和造型相协调。各种贴袋如图5-52所示。

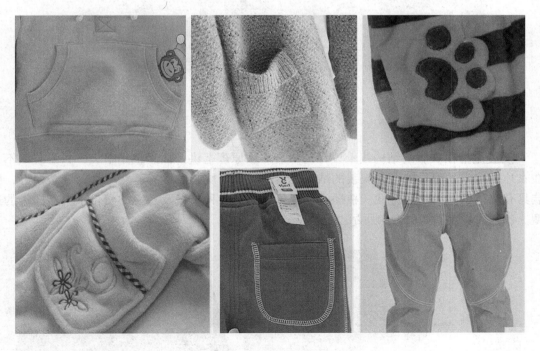

图5-52　各种贴袋

（二）挖袋

挖袋又叫暗袋、嵌线袋，是根据设计的要求，首先在服装的合适位置剪开，形成袋口形，然后再在袋口内衬袋里，并在袋口处拼接，辑缝而成。根据对袋口的处理工艺不同，挖袋可分为开线挖袋、嵌线挖袋和袋盖式挖袋三种。开线挖袋的袋口固定的布料较宽，可以制成单开线或双开线；嵌线挖袋的袋口固定布料较窄，会形成一道嵌线状；在开线袋上缝袋盖，就可以形成袋盖式挖袋。挖袋的变化主要在袋口和袋盖上。例如，有横开、竖开、斜开的袋口，以及直线型或曲线型的袋口；可以有袋盖或无袋盖。对于有袋盖的，袋盖的形式可以根据服装的造型和风格进行变化。各种挖袋效果如图5-53所示。

图5-53　各种挖袋效果

（三）插袋

插袋是指在衣服的结构线上设计的口袋。从原理上讲，插袋也是暗袋，只是袋口不是在衣片上挖出，而是隐藏在服装的结构线上，袋口与服装的接缝浑然一体，隐蔽性好，服装具有整体感和简洁的特性。在插袋上也可以通过各种袋口及袋盖的变化来丰富插袋的造型。各种插袋效果如图5-54所示。

图5-54　各种插袋效果

（四）假袋和复合袋

假袋就是假的口袋，是一种纯装饰性的口袋，不具有口袋的实用功能，假袋效果如图5-55所示。复合袋是几种袋型在一个部位集合出现形成的口袋，如图5-56所示。

图5-55　假袋效果

图5-56　复合袋效果

四、门襟设计

门襟也称搭门，一般呈几何直线或弧线状，门襟除具有方便穿脱的功能性外，还具有装饰作用，由于针织面料良好的弹性和延伸性，服装穿脱都不成问题，因此门襟的设计更多的是起到装饰作用。

根据门襟的结构特征不同，可分为对襟和搭襟；根据门襟的开口长度可分为半襟和通开襟；根据门襟的所在部位不同，分为领门襟，胸门襟，背门襟等；根据门襟位置不同，可分为正开襟、偏开襟、插肩开襟等；根据门襟的闭合形式不同，可以分为拉链闭合、纽扣闭合等不同闭合的门襟。虽然不同的分类方式把门襟分成不同的类别，事实上同一门襟可以在不同的分类里，例如图5-57为门襟，既是对襟，也是通开襟，又是正襟。在门襟的设计过程中，要注意门襟的结构及开口形

图5-57　可处在不同类别中的门襟

式要与领子的构成及服装的款式结合起来考虑，门襟的位置和长短变化要与衣领的结构相适应，在比例上注意与衣身大小构成比例美，装饰手法上也要与服装整体风格相统一，注意扣子、带夹、襟带等细节，起到画龙点睛的作用。门襟的变化主要通过其所处位置和长短的变化来表现。各种门襟效果如图5-58所示。

图5-58　各种门襟效果

五、腰部设计

腰部设计包括腰头和腰节的设计。腰头是与下装直接相连的下装部件,按腰头是否与下装的衣片连接可分为连腰设计和缀腰设计;按腰线高低不同,可分为低腰、中腰和高腰设计,裤子腰部设计如图5-59所示。腰节设计指的是上装或上下相连服装腰部细节的设计,腰节设计是女装变化设计的关键部位。不同腰节设计效果如图5-60所示。

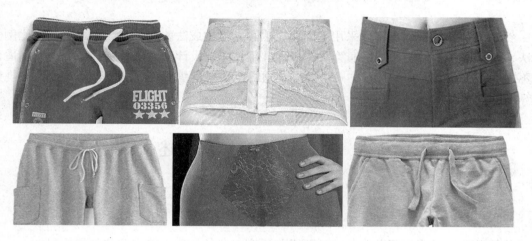

图5-59 裤子腰部设计

图5-60 腰节设计

第六章 传统针织服装的样板设计

针织服装结构设计也可以采用平面构成法和立体构成法两种，平面构成法又有比例分配法、原型法、基样法和规格演算法等多种。每种样板设计的方法各有其特点，分别适合于不同类型服装的样板设计，本章主要介绍适合于传统针织服装样板设计的方法，即规格演算法。

第一节 规格演算法概述

一、规格演算法的概念

规格演算法是指根据服装款式的要求与适穿对象的体型来确定服装的规格尺寸，以规格尺寸、衣片形状及测量部位为主要依据，结合其他影响因素进行样板设计的方法。传统针织服装之所以适合于用规格演算法进行样板设计，主要原因如下：

（1）针织面料柔软，易变形，需要用明确的规格尺寸来确定服装主要部位的尺寸。

（2）传统针织服装的主要品种是各种内衣类产品，该类产品的主要特点是款式造型简单、衣片数量相对较少，衣片形状大多数是由直线与斜线组成，便于用规格尺寸进行控制。

（3）针织服装结构线的形式简单，不像机织面料那么复杂，其尺寸要求的精度相对机织服装低，稍有一点变化可由面料的弹性来弥补，针织服装与机织服装样板分别如图6-1和图6-2所示。

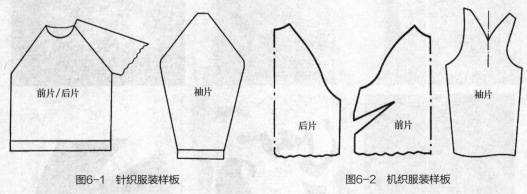

图6-1 针织服装样板　　　　　　图6-2 机织服装样板

二、规格演算法的特点

（1）控制部位尺寸准确，能保证成品的规格。

（2）规格演算法的样板设计方法简单易学，容易掌握，特别适合一般工厂使用。

（3）规格演算法适应性广，能适合于所有针织面料。

三、规格演算法针织服装设计步骤

（一）服装款式设计

1.画服装款式效果图　根据设计意图和设计目的画出服装效果图。它是设计者对设计款式具体形象的表达，是款式设计部门与样板设计部门之间传递设计意图的技术文件。

2.对服装效果图修改　依据针织内衣结构设计的特点，在不影响整体效果的基础上，对款式中不合理的结构进行修改。例如，将款式中很复杂的曲线用简单的曲线或直线代替等，从而使所设计的服装更加科学合理。

3.主、辅料的选择　根据服装效果图分析服装所应具有的风格、特点。然后选择面料、色彩和辅料等材料，使它们从各个方面来体现服装的风格，使所设计的服装更好地体现设计的意图。

4.画款式示意图　根据修改后的服装效果图，再结合人体的体型特点绘出服装款式示意图。

（二）平面样板的分解与规格尺寸的确定

1.分解样板　根据样板设计的原则，仔细分析服装款式示意图，将其分解为若干块平面样板。

2.确定测量部位与测量方法　用规格演算法进行样板设计时，必须要与测量部位相结合。在国家标准GB/T 6411—2008，GB/T 22849—2009、GB/T 22853—2009、GB/T 22854—2009中，对棉针织内衣的上衣与裤子、针织T恤衫、针织运动服、针织学生服主要部位的测量方法与测量部位作了明确的规定。另外，我国纺织行业标准FZ/T 73007—2002、FZ/T 73010—2008、FZ/T 73011—2004、FZ/T 73012—2008、FZ/T 73013—2010、FZ/T 73017—2008、FZ/T 73019.1—2010、FZ/T 73019.2—2004、FZ/T 73020—2012、FZ/T 73021—2004、FZ/T 73022—2012、FZ/T 73043—2012中，还分别对针织运动服、针织工艺衫、针织腹带、针织文胸、针织泳装、针织家居服、针织塑身内衣弹力型、针织塑身内衣调整型、针织休闲装、针织学生装、针织保暖内衣、针织衬衫等服装的测量部位也作了规定。请参见第五章第三节中有关针织服装丈量部位的规定。因此，传统针织服装应按国家标准规定的测量部位和测量方法进行测量，对于国家标准中没有规定的部位，可参考行业标准或类似产品由企业自行确定。

3.确定主要部位的规格尺寸　在规格演算法中，规格尺寸的制定是非常重要的，它是设计样板的主要依据，同时也是产品出厂前检验的标准。规格尺寸的来源主要有国家标准、地区标准、企业标准、客供标准和实际测量。对于一些传统的产品，应首先从国家标准或地区标准中选取规格尺寸；如果国家标准和地区标准中没有的，可以通过实际测量或参考以往类似的款式再结合经验确定。对于来样加工的新款产品，则执行客户提供的标准。

4.绘制系列产品规格尺寸表　工业化生产需要满足全社会各个阶层人士对服装的需

求，服装作为一种商品，每一个品种的规格必须齐全。为了设计和样板制作的方便，应将该产品各个规格系列、不同部位的规格尺寸绘制成表格，表格中的部位代号应与款式示意图中标明的测量部位的代号相一致。

（三）样板的设计步骤

（1）画出各块分解样板的草图，并根据款式示意图上标出的测量部位及成品的规格尺寸，确定各块样板相应部位的规格尺寸。

（2）根据所设计的款式，确定款式要求中对长度和宽度方向的规格尺寸的修正值。

（3）根据选用的缝迹类型及选用的缝纫设备，确定缝纫损耗值。

（4）根据所选用的坯布的原料及组织结构等因素选取工艺回缩率。

（5）根据面料的下垂性、拉伸性等确定对样板某些部位尺寸的修正值。

（6）计算各块分解样板的样板尺寸。根据以上工艺设计所确定的测量部位的规格尺寸、缝迹类型、缝纫损耗、缝制工艺回缩率以及产品的款式要求等计算出每一块分块样的长、宽等样板的尺寸和罗纹边口的针数。

（7）绘制每块分解样板的样板图。根据计算所得的样板尺寸，画出每一块样板图。此样板图为毛板，即样板中包含缝耗，在进行裁剪时不需再考虑缝耗。

（8）画样裁剪，小批量试制。按设计的样板进行画样裁剪，缝制出少量的服装，在缝制过程中要不断地进行抽查，发现问题要及时解决。

（9）修改复制。对试制的样衣，发现有不合理之处，对样板进行修改，然后再重复进行试制。直到符合要求为止。

（10）排料套料。用修改后的合格样板进行排料和套料，并在此过程中对套弯部分进行修改，以达到省料的目的。因为套弯部分一般无规格要求，这样既可以保证成品的规格尺寸，又能节省面料。

（四）缝制工艺的设计

缝制工艺的设计就是根据面料的弹性、厚度、服装的款式要求与缝制的部位等，选择适应的线迹类型和线迹密度；根据面料的厚度确定使用缝针的号型；根据服装的面料和服装的档次确定所用缝线的类型；根据线迹结构的要求、现有设备的情况及产品的质量要求确定所用的设备型号；根据产品的类型设计产品的工艺流程，并排列出生产工艺流程图。

第二节　规格演算法样板尺寸的计算

一、影响样板尺寸的因素

针织内衣的服装样板一般不适合用净板，而是采用毛板。所谓的净板是指样板的尺寸等于成品的规格尺寸；而毛板是指样板的尺寸除了考虑成品的规格尺寸外，还要将凡是影响到最终成品尺寸的一切因素都考虑进去。这是因为影响针织服装尺寸的因素很多，而同一因素对服装的不同部位的影响程度是不一样的。在毛板设计时，必须仔细分析影响毛板的各项因素和各项因素的影响程度，才能设计出准确的样板尺寸。

影响样板尺寸的主要因素有成品规格、缝纫损耗、服装的款式、面料的工艺回缩率及面料的材质和组织结构等。

（一）成品规格

成品规格是样板尺寸设计的主要依据，一些常见款式的传统针织服装主要部位的规格尺寸在国家标准GB/T 6411—2008针棉织内衣规格尺寸系列号型中作了明确的规定。请参见针织服装规格设计。产品设计时，应首先满足国家标准中规格尺寸的要求，但由于目前针织服装已经向外衣化、时装化发展，各种新型款式的服装，如休闲装、紧身型服装等不断出现，在现有国家标准中很难找到相应产品的规格尺寸；另外在国家标准中也只是给出了一些产品主要部位的规格尺寸，而对细部规格没有做出具体的规定。为了给设计人员在进行产品设计时提供方便，也为设计人员进行细部规格设计时提供参考依据，一些常用针织服装的规格尺寸见表5-29～表5-37。对于一些新型款式的服装规格，可以通过客供尺寸、实际测量、借鉴其他类似服装的规格尺寸等方法来获得。

（二）缝纫损耗

缝纫损耗是在缝制过程中所产生的损耗，包括做缝和切条两部分。

1.**做缝**　做缝的产生有两种情况，一种是衣片合缝时，为了防止缝迹脱边，需要留有一定的布边，这个布边的宽度就是做缝的宽度。另外一种是缝迹本身的宽度，如各种包缝线迹及绷缝线迹的本身占有一定的宽度，这个宽度也叫做缝。

2.**切条**　由于有的线迹，如包缝线迹，缝线在缝料边缘相互穿套时要切掉一部分布边；还有的线迹虽然不包边但为了边缘的整齐也需要切掉一部分的布边；这些切掉的部分称为切条。

不同的工序，不同的线迹类型及不同缝纫设备所形成的缝纫损耗的大小是不同的，在计算样板尺寸时要根据具体情况分别取值。不同缝纫机的缝纫损耗的参考值见表6-1。

表6-1　不同缝纫机的缝纫损耗　　　　　　　　　　　　　　单位：cm

部位名称	缝纫损耗	部位名称	缝纫损耗
包缝缝边（单层）	0.75	平缝机折边（如背心三圈）	1.25～1.5
包缝底边	0.5～0.75	平缝机折边（绒布、袋等）	1
包缝合缝（双层）	0.75～1	平缝机领脚折边	0.75～1
包缝合缝（转弯部位）	1.5	松紧带折边（宽1.5cm，折边1cm）	2.5
双针、三针折边缝	0.5	滚边（实滚）	0.25
双针、三针合缝（拼缝）	0.5	厚绒布折边时因厚度造成损耗	0.125～0.25
平缝机折边（汗布、棉毛布、袋、襟等）	0.75～1		

（三）服装款式

服装款式不同，对样板尺寸的影响情况是不一样的。如罗纹下摆和折边下摆对衣长样板尺寸的影响是不同的。罗纹下摆要在衣长成品规格尺寸的基础上减去罗纹的长度，而折边下摆要在衣长成品规格的基础上加折边宽度。在样板尺寸计算之前，应仔细分析服装款式对该块样板有什么样的要求，对样板的长度和宽度有无影响，影响程度如何。把影响值在样板计算时都计算进去。

（四）工艺回缩

1. 工艺回缩产生的原因　针织面料是由线圈相互穿套形成的，线圈的圈柱和圈弧在一定外力作用下可以发生相互转移。针织面料在织造及染整加工过程中，由于受到各种力的作用而产生一定的变形，这种变形包括急弹性变形和缓弹性变形两部分。虽然在后整理过程中经过了扩幅和定型等处理，使急弹性变形和一部分的缓弹性变形得到恢复，织物内仍然存在着缓弹性变形。织物在裁剪前一般都呈卷装状态，织物内部的内应力得不到恢复，织物的缓弹性变形就被保留了下来。当织物铺平被裁剪成衣片后，织物的内应力得到松弛，缓弹性变形开始恢复。因此，在长度和宽度方向都会产生一定的回缩，这就是工艺回缩。

2. 影响工艺回缩的因素

（1）针织面料所使用原料的种类不同、纱线的细度不同、织物的组织结构和密度等不同，织物的回缩率不同。如棉等天然纤维针织物的回缩明显大于涤纶等化学纤维的回缩率。

（2）针织面料在后整理过程中所采用的加工工艺不同，织物的回缩率将不同。例如经过碱缩及丝光处理后的纯棉针织物的回缩率要比没有经过处理的纯棉针织物的回缩率小得多。

（3）织物后整理的方式不同，回缩率不同。例如，经过超喂处理的针织物的纵向回缩率会大大降低。

（4）针织物轧光后存放的方式不同，回缩率不同。卷装方式存放的织物，内应力得不到松弛，缓弹性变形不能恢复。因此裁剪成衣片后将产生较大的回缩。而以平摊形式存放的坯布，在存放过程中缓弹性变形可以不断地得到恢复。因此裁剪成衣片后的回缩就很小。

（5）轧光后停放时间的长短不同，产生的工艺回缩也不同。停放的时间越长，工艺回缩量越小。按规定轧光后必须停放24小时以上。

（6）车间的温湿度不同，所产生的工艺回缩不同。一般车间的温湿度越大，所产生的工艺回缩也越大。

（7）坯布的干燥程度不同，所产生的工艺回缩不同。

（8）缝制工艺流程的长短不同，所产生的工艺回缩不同。

（9）裁片印花花型的覆盖面积大小不同，所产生的工艺回缩不同。

（10）印花与裁剪的先后次序（即是先裁剪再印花，还是先印花后裁剪）不同，所产生的工艺回缩不同。

针织物工艺回缩的大小用工艺回缩率表示。工艺回缩率等于缝制后的自然回缩量除以裁片长度与缝纫损耗之差的百分数，即：

$$工艺回缩率 = \frac{缝制后的工艺回缩量}{裁片长度 - 缝纫损耗} \times 100\%$$

几种常用针织物的工艺回缩率见表6-2，供设计时参考。

表6-2　常用针织物的工艺回缩率

坯布类别	回缩率（%）
精漂汗布	2.2~2.5
双纱布、汗布（包括多三角机织物）	2.5~3
深浅色棉毛布	2.5左右
本色棉毛布	6左右
弹力布（罗纹布）	3左右
纬编提花布（包括吊机织物）	2.5左右
绒布	2.3~2.6
经编布（一般织物）	2.2左右
经编布（网眼织物）	2.5左右
印花布（在原基础上另加）	2~4

（五）针织物的下垂性

针织物的下垂性是指针织物在悬挂的时候，由于自身重量的作用，使针织物的长度增加，而宽度减小的特性。织物下垂性的大小与织物的组织结构、密度、拉伸性和平方米克重有关。一般轻薄、柔软、拉伸性大的织物下垂性大，而比较厚重的织物下垂性较小。由于受下垂性的影响，使得一些针织产品，特别是一些稀薄、柔软、衣长规格比较长的产品，如针织连衣裙等，在穿着时，衣长会变得比成品规格长，而宽度比成品规格小，使产品的外形和美观受到影响。为了弥补下垂性对产品的长度和宽度造成的影响，在样板设计时，通常将下垂性大的产品的样板长度方向缩短1~1.5cm；宽度方向增加1~1.5cm，同时成品的规格尺寸也要作相应修改。

（六）针织物的拉伸性

针织物都具有较大的弹性和延伸性，特别是斜丝方向的拉伸性更大。针织品在缝制过程中，由于受缝纫机压脚压力、送布牙送布及人手辅助送布的综合作用，使织物被拉长，规格尺寸大于成品的规格尺寸。被拉长的程度与斜丝部位的长度有关，斜丝部位的尺寸越长，被拉长量也越大。例如，一般衣身挂肩处都是斜丝，装袖类服装衣身挂肩处斜丝的倾斜程度较小，斜丝的尺寸相对也较小；而背心类服装，特别是男背心衣身挂肩的尺寸都比较大，在缝制时所产生的拉伸变形也比较大。为了弥补在缝制过程中拉伸作用的影响，在样板设计时，应将斜丝部位的尺寸相应地减小一些。一般斜丝尺寸越大，减去的值也越大。

对于缝制在领口、袖口、裤口以及下摆等经常受到拉伸部位的罗纹织物等，由于受到横向拉伸扩张的影响，往往使罗纹边口的横向尺寸变大，长度方向尺寸变短。为了弥补横向拉伸扩张的影响，在进行罗纹边口样板长度设计时，应进行修正。修正值一般为0.75~1.25cm，扩张大的部位取值可大一点。

二、样板尺寸的计算

（一）样板长度方向尺寸的计算方法

1.衣长及袖长样板尺寸的计算　如果不考虑坯布的工艺回缩，影响衣长或袖长样板尺寸的因素就是成品规格、服装的款式要求和缝耗。即理论上样板的长度为：

$$理论样板长度=成品规格 \pm 款式要求+缝耗$$

但实际上，按理论样板裁成衣片后，衣片要产生工艺回缩，使衣片的长缩短。因此实际样板长度应加上工艺回缩量，即：

$$实际样板长度=理论样板长度+工艺回缩量$$

由工艺回缩率的计算公式：

$$工艺回缩率=\frac{缝制后的工艺回缩量}{裁片长度-缝纫损耗} \times 100\%，可以求出工艺回缩量为：$$

$$工艺回缩量=（裁片的长度-缝纫损耗）\times 工艺回缩率$$

公式中的裁片长度就是没考虑工艺回缩时的理论样板长度，即裁片长度=理论样板长度，因此实际样板长度为：

$$实际样板长度=理论样板长度+工艺回缩量$$
$$=理论样板长度+（裁片的长度-缝纫损耗）\times 工艺回缩率$$
$$=理论样板长度 \times （1+工艺回缩率）-缝纫损耗 \times 工艺回缩率$$

由于缝纫损耗和工艺回缩率的值都很小，二者相乘可认为是无穷小量，忽略不计。因此，考虑工艺回缩后的样板长度的计算公式为：

$$实际样板长度=理论样板长度 \times （1+工艺回缩率）$$

将理论样板长度带入得：

$$实际样板长度=（成品规格 \pm 式样要求+缝耗）\times （1+工艺回缩率）$$

2.衣身样板挂肩尺寸的计算

（1）装袖类服装：装袖类服装影响衣身样板挂肩尺寸的因素就是成品规格和缝耗。影响衣身挂肩的缝耗有两个，一个是合腰所产生的缝耗，它使袖挂肩的尺寸减小；另一个是上袖的缝耗，它使袖挂肩的尺寸增加，综合考虑这两个缝耗，由经验得出，装袖类服装衣身样板挂肩的缝耗为0.5～0.75cm。一般短袖薄型易拉伸的面料取0.5cm；厚型面料取0.75cm。

需要说明的是，在装袖类服装衣身挂肩样板尺寸的计算中没有考虑缝制工艺回缩。这是因为挂肩处是斜丝，有一定的拉伸扩张，又因挂肩倾斜的程度不大，斜丝的拉伸扩张量也就不会很大，该扩张量基本与工艺回缩量相抵消。装袖类服装衣身样板的计算公式为：

$$衣身样板挂肩尺寸=成品规格+缝耗$$

（2）背心类服装：背心类服装的袖挂肩有挽袖边、上罗纹袖边和滚袖边等款式，不同的款式对袖挂肩尺寸的影响情况是不一样的。背心类服装的挂肩尺寸一般比较大，拉伸扩张量也比较大，因此不考虑工艺回缩量，而要考虑拉伸扩张量。背心类服装衣身袖挂肩的计算公式为：

$$背心衣身挂肩样板尺寸=成品规格 \pm 式样要求+缝耗-拉伸扩张$$

3.衣袖挂肩样板尺寸的计算

$$衣袖挂肩样板尺寸=成品规格+缝耗+回缩（0.5～0.75cm）$$

（二）胸宽样板计算方法

设计胸宽样板尺寸时，除了要考虑上面介绍的影响胸宽样板尺寸的因素外，还特别需要注意面料门幅的选择，因为胸宽尺寸是决定使用面料门幅的主要依据。对于圆筒形产品来说，胸宽样板尺寸就等于胸宽的成品尺寸，也就是等于圆筒形面料的幅宽。所选择的圆筒形面料的幅宽就必须等于胸宽成品规格尺寸，否则将无法满足产品的规格尺寸要求。对于合腰产品来说，面料门幅的选择正确与否，直接影响到坯布的裁成率，进而影响到产品的成本。因此，面料门幅的选择是非常重要的。

针织面料的门幅主要由针织机的筒径和轧光工艺决定。轧光工艺有平轧和扩轧。当采用平轧时，针筒直径为508mm（20英寸）的针织机生产圆筒形面料的门幅为50cm，周长刚好为100cm；针筒直径为533mm（21英寸）时，所生产的圆筒形面料门幅为52.5cm，周长为105cm。以此类推，针筒直径每增加或减少2.5cm（1英寸），所生产的圆筒形面料的周长都相应地增加或减少5cm，也就是相应的门幅都增加或减少2.5cm。这样针织物的门幅基本上都是以2.5cm为档差进行变化的。为了方便针织面料的生产，也为了节约原料，在针织服装样板设计时，门幅的选用也应以2.5cm为档差变化，而不能随意选用。

针织服装的款式不同，胸宽样板的计算方法也有所不同，在这里主要有合腰产品和圆筒形产品两类，计算方法如下：

1.合腰产品　合腰产品的胸宽样板尺寸等于成品规格尺寸加上缝耗，再加上工艺回缩量。合腰产品的缝耗左右各有一个，共有两个缝耗。合腰一般采用包缝机，包缝每边的缝耗量为0.75cm，两侧的缝耗量合计为0.75cm×2=1.5cm。宽度方向的回缩量一般不以回缩率计算，而是根据经验取值，衣身样板的横向回缩量一般取1cm。这样，将缝耗和回缩量两个因素的值合起来就是2.5cm，刚好等于净坯布门幅的档差。因此，合腰类产品的胸宽样板尺寸的计算公式为：

合腰产品胸宽=成品规格+2.5cm

2.圆筒形产品　圆筒形产品也称圆腰产品，是以圆筒净坯布作胸围，两侧不需要缝合，因此也就没有缝耗。圆筒形产品计算样板尺寸时也不考虑回缩，其工艺回缩的问题可以通过在轧光时要求将门幅轧大一些来解决。圆筒形产品胸宽样板的尺寸就等于成品的规格尺寸。即：

圆筒产品的胸宽=成品规格

（三）边口罗纹样板尺寸的计算

1.罗纹边口宽度的设计　针织服装的领口、袖口、裤口和下摆等部位经常使用罗纹组织作为边口。由于罗纹组织的弹性好，延伸性大，门幅的宽度不易控制。在进行罗纹边口样板宽度设计时，一般不计算其样板的尺寸，而是以编织该罗纹的罗纹机的针筒直径来表示门幅的大小。

编织边口的罗纹机根据针筒直径的大小不同分为大罗纹机、中罗纹机和小罗纹机三种。大罗纹机用于编织下摆罗纹；中罗纹机用于编织领口罗纹；小罗纹机用于编织袖口罗纹和裤口罗纹。每一种罗纹机为了满足不同规格尺寸对罗纹宽度的需要，针筒又可以具有不同的针数。大罗纹机的针筒针数一般在780～1280针之间；中罗纹机的针筒针数一般在300～580针之间；小罗纹机的针筒针数一般在14～360针之间。在进行罗纹边口设计时，应根据产品的规格、面料组织、编织罗纹组织所用纱线的线密度来选择所需要的罗纹机的针筒针数。表6-3为常用罗纹机的针数，可供设计时选用。

表 6-3 常用罗纹机的针数

类别	试样名称	用纱规格 tex	用纱规格 英支	儿童/cm 50~60	儿童/cm 65~75	中童/cm 78	成人/cm 75	成人/cm 80	成人/cm 85	成人/cm 90	成人/cm 95	成人/cm 100	成人/cm 105	成人/cm 110
汗布	领口罗纹	2×14	42×2	440~460	460~480	540~560	540~560	540~560	540~560	540~560	540~560	540~560	560~580	560~580
		9.1×2~10×2	64/2~60/2		440~480	540~560	540~560	540~560	540~560	540~560	560~580	560~580	560~580	560~580
		6.9×2	64/2					540	540	540	540	560	560	560
双纱布	袖口罗纹	2×14(棉)	42/×2	200~220	220	240	240	240	240	240	260~280	260~280	260~280	260~280
各类坯布	运动衫 下摆罗纹	2×14	42×2			1050	1050~1120	1050~1120	1050~1120	1050~1120	1200	1200	1260~1280	1260~1280
汗布	短式女背心 下摆罗纹	10×2	60/2				1120	1120	1120	1120~1200	1220~1260	1220~1260		
棉毛布	领口罗纹	2×14(棉)	42×2		460~480	540	540~560	540~560	540~560	540~560	540~560	540~560	560~580	560~580
	袖口罗纹	14(棉)/120D	42+120D		220	240	240	240	240	240	260~280	260~280	260~280	260~280
	裤口罗纹	120D(棉)		240	280	320	320	320	320	320	320	320	340~360	340~360
	下摆罗纹	2×14(棉)	42×2		820~860	1050~1120	1050~1120	1050~1120	1050~1120	1050~1120	1200	1200	1260~1280	1260~1280

续表

类别	试样名称	用纱规格		针　数										
				儿童/cm		中童/cm		成人/cm						
		tex	英支	50~60	65~75	75	78	80	85	90	95	100	105	110
厚薄绒布	领口罗纹高领	14×2+28棉	42/2+21		380~400	420	420	420	420	420	440	440	440	440
	平领 三角领	28棉/15.6棉 14棉/13.3棉	21+140D 42+120D	300~320	360~380	380~400	380~400	380~400	380~400	380~400	400~420	400~420	400~420	400~420
	运动衫(球衫)下摆罗纹	14×2/28棉 28棉/15.6棉	42/2+21 21/2			780~820	780~820	780~820	780~820	780~820	852	852	900	900
	袖口罗纹	14×2/28棉 28棉/15.6棉	42/2+21 21+140D	140~160	160~180	200	200	200	200	200	220	220	220	220
	裤口罗纹	14棉/13.3棉	42+120D	200	220	240	240	240	240	240	260	260	260	260
细绒(衫)	运动衫下摆罗纹	14×2/28棉 28棉/15.6棉	42/2+21 21+140D	480~540	580~640	780~820	780~820	780~820	780~820	780~820	852	852	900	900
	领口罗纹	14棉/15.6棉	21+140D	220	2240~260	280~320	280~320	280~320	280~320	380~400	380~400	380~400	380~400	380~400
	袖口罗纹	14棉/13.3棉	42+120D	180~200	220	240	240	240	240	240	260	260	260	260
细绒(裤)	长裤裤口罗纹	14×2/28棉 28棉/15.6棉	42/2+21 21+140D	240	280	320	320	320	320	320	320	320		
	运动裤腰口罗纹	14棉/13.3棉	42+120D	(女)580~640		780~820	780~820	780~820	780~820	780~820	820~852	820~852		

2.**罗纹边口长度的设计** 影响罗纹边口长度的因素有罗纹边口的成品规格、缝纫损耗以及缝制横向拉伸。成品规格一般可以从地方标准、客供标准和以往的经验中获得。绱罗纹边口一般是采用包缝机，包缝机的缝纫损耗为0.75cm，因此罗纹边口的缝纫损耗取0.75cm。罗纹织物具有很大的弹性和延伸性，在受到横向拉伸展时易产生横向的扩张，而使成品的长度变短。为了保证产品的规格，在进行罗纹边口长度计算时，应加一个横向扩张修正值，修正值的大小一般为0.75～1.25cm。罗纹边口长度较短的领口、袖口取小一点的值，罗纹边口比较长的裤口罗纹、下摆罗纹可以取大一点的值。罗纹边口一般都是采用双层，因此在计算罗纹边口长度时，应注意加倍。双层领口罗纹、袖口罗纹、裤口罗纹以及下摆罗纹长度的计算方法如下：

领口罗纹样板长度=［成品规格+缝耗+缝制横向拉伸（0.75cm）］×2

袖口罗纹样板长度=［成品规格+缝耗+缝制横向拉伸（0.75cm）］×2

裤口罗纹样板长度=［成品规格+缝耗+缝制横向拉伸（1.25cm）］×2

下摆口罗纹样板长度=［成品规格+缝耗+缝制横向拉伸（1cm）］×2

第三节　衣身样板的设计

一、连肩合腰类产品衣身样板的设计与制作

（一）款式分析

连肩类产品的衣身款式示意图如图6-3所示，它的肩部呈水平状态，衣身的前后片在肩部是连接在一起的，不需要缝合，在此处不产生缝耗。计算衣长样板的尺寸时，需要根据所采用的下摆的类型，考虑下摆处的缝耗。领型对衣身样板的设计不产生影响，可以根据需要设计成各种挖领或添领。不同类型的衣身下摆直接影响到衣身样板的衣长尺寸，在计算衣长样板尺寸时要注意下摆的款式要求。凡是下摆款式中有使衣身变长的因素，就要在衣长样板尺寸中减去相应的值；同理，凡是下摆款式中有使衣身变短的因素，就要在衣长样板尺寸计算中加上相应的值。例如，当下摆为折边时，折边将使衣长变短，因此在衣长样板尺寸计算中应加上折边的宽度值；当下摆为罗纹时，外加的罗纹边口会使衣身的长度增

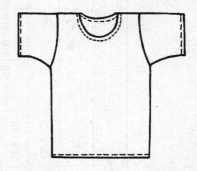

图6-3　连肩产品衣身款式示意图

加，因此在衣长样板尺寸计算时就应减去外加罗纹边口的长度。合腰产品影响胸宽样板宽度的缝耗有两个，即两侧各有一个。

（二）样板尺寸计算

1.**衣长样板尺寸的计算** 衣长样板尺寸的计算公式为：

实际样板长度=（成品规格±款式要求+缝耗）×（1+工艺回缩率）

成品规格确定的原则是如果国家标准中有该款式相应部位的规格尺寸，则采用国家标准中的尺寸，如国家标准中没有的则采用地区标准的尺寸，地区标准也没有的可采用企业标准中的尺寸，或由企业参考国家标准或地区标准的类似产品相应部位的尺寸及以往经验自行确定。成品规格也可以是客户要求的规格尺寸。缝纫损耗可根据缝制部位、面料的品种在表6-1中选取相应的值；工艺回缩率可根据面料的类别在表6-2中选取相应的值。对于一些新型面料，可在生产前实际测量得到或者由供货商提供。实际测量回缩率的计算方法是，在成卷的坯布上剪下五块相当于衣片长度的试样，测量好其长度，自然放置24小时到48小时后，再测量其长度，取平均值。然后用前面介绍的回缩率的计算公式计算出其回缩率值。利用该回缩率的值就可以计算出实际的样板尺寸。

根据上面的款式及产品分析，我们就可以计算出几种常见类型下摆的衣身样板尺寸。下面以18tex精漂中弹汗布，175/95号型短袖男衫类产品为例进行计算。

（1）下摆为罗纹：衣身样板长度=（成品规格-下摆罗纹长度+绱下摆罗纹的缝耗）×（1+工艺回缩率）

由表5-26中可查得175/95号型男衫衣长成品规格为69cm；圆领衫类下摆为平摆时衣长要减1cm，当下摆为罗纹等束摆时，衣长又减3cm，因此罗纹下摆的衣长为65cm。（以后各种下摆衣长的取值方法与此相同，不再重述。）根据款式特点并参考以往经验确定下摆罗纹长度为10cm。由表6-2查得精漂汗布的回缩率取2.2%，绱下摆罗纹一般用三线包缝，由表6-1查得三线包缝绱罗纹的缝耗为0.75cm，因此衣身样板长度为：

衣身样板长度=（65cm-10cm+0.75cm）×（1+2.2%）=57cm

（2）下摆为折边：衣身样板长度=（成品规格+下摆折边宽规格+折下摆缝耗）×（1+工艺回缩率）

折边下摆175/95圆领男衫衣长成品规格为69cm减1cm，等于68cm；由表5-34中可查得下摆折边宽规格为2.5cm；由表6-1查得折边缝耗为0.5cm，由表6-2查得精漂汗布的回缩率取2.2%，因此衣身样板长度为：

衣身样板长度=（68cm+2.5cm+0.5cm）×（1+2.2%）=72.6cm

（3）下摆为滚边：滚边可分为实滚和虚滚两种。

实滚：滚边布紧贴裁片的边缘将裁片包住，滚边布与裁片边缘几乎完全重合，两者之间不留间隙，实滚示意图如图6-4所示。实滚时裁片不产生缝耗，只有在滚边布特别厚时，才需要减去滚边布的厚度。

虚滚：虚滚时滚边布不是紧贴在裁片的边缘，只有滚边布与裁片边缘缝合的部分，滚边布才与裁片重合，如图6-5中1部分所示。裁片边缘与滚边布边之间有较大的间隙，该间隙称为虚出部分，如图6-5中2部分所示，这部分仅为滚边布。虚滚时的滚边规格为缝合后的滚边布的宽度，见表5-34，一般为2.5cm，裁片的缝纫损耗为裁片与滚边布重叠的部分，约为1cm。

根据上面的分析，滚边下摆衣身样板长度的计算方法为：

下摆为实滚：样板长度=（成品规格-滚边布厚度）×（1+工艺回缩率）

下摆为虚滚：样板长度=（成品规格-滚边成品规格+虚滚重叠部分宽度）×（1+工艺回缩率）

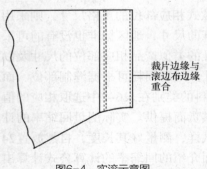

裁片边缘与
滚边布边缘
重合

图6-4　实滚示意图

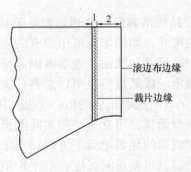

滚边布边缘

裁片边缘

图6-5　虚滚示意图

下摆为滚边时，175/95号型圆领男衫衣长成品规格为69cm减1cm；滚边布厚度忽略不计，由表6-2查得精漂汗布的回缩率取2.2%，因此下摆为实滚和虚滚时95cm男衫的样板衣长分别为：

实滚：样板长度=68cm×（1+2.2%）=69.5cm

虚滚：样板长度=（68cm−2.5cm+1cm）×（1+2.2%）=66.8cm

2.胸宽样板尺寸的计算　合腰产品的缝耗每侧各有一个，合腰产品的胸宽为：

$$胸宽样板=成品规格+2.5cm$$

95cm男衫的胸宽成品规格为47.5cm。因为人体是左右对称的，因此样板设计时一般都只设计$\frac{1}{2}$样板。95cm男衫$\frac{1}{2}$胸宽样板尺寸为：

$$\frac{胸宽样板}{2}=\frac{成品规格+2.5cm}{2}=\frac{47.5cm+2.5cm}{2}=25cm$$

3.衣身挂肩样板尺寸的计算　由表5-34查得95cm男衫挂肩成品规格24cm，该产品为装袖类产品，挂肩为斜丝，但倾斜程度不大，因此不考虑回缩，也不考虑拉伸。该款为短袖，缝耗取0.5cm。利用装袖类服装衣身挂肩样板尺寸计算公式，可计算得衣身挂肩的样板尺寸为：

$$衣身挂肩样板尺寸=成品规格+缝耗=24cm+0.5cm=24.5cm$$

4.挖肩样板尺寸的计算　挖肩是衣身挂肩与袖子连接处为了使服装穿着后适体、美观、舒适而在衣身上挖掉的部分。针织内衣一般挖肩形状如图6-6所示，其大小等于大身凹进最深点与腰缝间的距离X。X值受两个因素影响，一个是挂肩处绱袖时的缝耗，它使挖肩的尺寸增加，另一个是合腰缝耗，它使挖肩的尺寸减小。绱袖与合腰一般都用包缝机，因此缝耗大小相等，即减少与增加的值刚好大小相等，最终对挖肩尺寸的影响相互抵消，挖肩的尺寸将保持不变，缝耗与挖肩的关系如图6-7所示，图中的X与X'的值相等。因此挖肩的样板尺寸等于挖肩的成品规格。

5.罗纹样板尺寸的计算　对于罗纹下摆的产品来说，还要计算罗纹下摆的样板长度和罗纹的针数。

（1）罗纹下摆样板长度：由表5-34查得查得95cm男衫下摆罗纹的成品规格为10cm，采用三线包缝绱双层罗纹，缝耗为0.75cm，横向扩张为1cm。因此下摆罗纹的样板长度为：

$$下摆罗纹的样板长度=（成品规格+绱罗纹缝耗+横向拉伸扩张）×2$$
$$=（10cm+0.75cm+1cm）×2=23.5cm$$

（2）下摆罗纹幅宽针数确定：95cm男衫的胸围就为95cm，若坯布为18tex汗布，则根据这两个参数，在表6-3中查得运动衫下摆罗纹的针数为1200针。

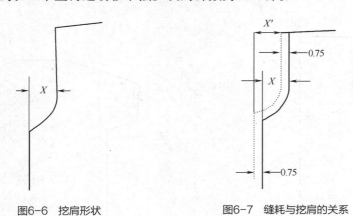

图6-6 挖肩形状　　　　　　　　　图6-7 缝耗与挖肩的关系

（三）衣身样板的制图

在针织服装样板设计中，一般是先设计好衣身样板，然后再采用负样板的方法，另外设计前、后领窝。裁剪时，利用前、后领窝负样板在裁好的前、后衣片上挖出前、后领窝即可。连肩产品，衣身样板的设计与领子无关，在这里暂不考虑领子因素。

上面已经求得了衣身样板的衣长尺寸、$\frac{1}{2}$胸宽尺寸、挂肩尺寸和挖肩尺寸，利用这些尺寸就可以进行衣身样板的制图。连肩产品衣身样板制图如图6-8所示，制图的方法步骤如下：

（1）作基准线①和下平线②，两线相交于O点。

（2）在基准线①上量取OA等于衣长样板尺寸，并过A点作上平线③。

（3）在上平线③上量取AB等于$\frac{1}{2}$胸宽样板尺寸，并过B点作OA的平行线④，与下平线②相交于C点。OABC为一个以衣长样板尺寸为长、$\frac{1}{2}$胸宽样板尺寸为宽的矩形。

（4）过B点在线段③上量取BD等挖肩样板尺寸，并以D点为圆心，以挂肩样板尺寸为半径画弧，与线段④相交与E点。

（5）过E点和D点分别作EF平行于AB；DF平行于BE，两线相交于F点。

（6）将DF线段5等分，再由上到下的3/5等分点G左右，用圆顺的弧线将GE点连接起来。则OADGECO即为$\frac{1}{2}$衣身样板图。

二、斜肩合腰类产品衣身样板设计与制作

（一）款式分析

斜肩产品的款式示意图如图6-9所示。斜肩产品与连肩产品的主要区别是斜肩产品的前、后片是分开的，在肩部需要进行缝合，对衣长样板尺寸产生一个合肩缝耗。斜肩产品衣长的测量部位由肩缝最高点量至下摆的边口。肩缝最高点是肩缝与领窝的交点，因此在

设计样板时需要计算领宽。肩斜的大小不同时，服装将具有不同的风格，穿着的适体情况也不同。在进行斜肩产品样板设计时，应根据需要先确定肩斜值的大小。

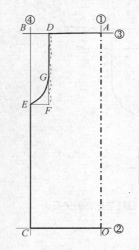

图6-8　连肩产品衣身样板制图

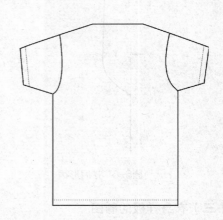

图6-9　斜肩产品款式示意图

（二）样板尺寸的计算

1.衣长样板尺寸的计算　已知衣长样板尺寸的计算公式为：

实际样板长度=（成品规格±式样要求+缝耗）×（1+工艺回缩率）

款式要求对衣长样板尺寸的影响与连肩产品相同，即下摆的类型。该款产品影响衣长样板尺寸的缝耗有两个：一个是合肩缝耗，合肩一般都采用包缝，由表6-1可查得，合肩包缝缝耗为0.75cm；另一个是不同类型的下摆的缝耗，下摆的类型不同，所用的缝制设备不同，缝耗也就不同。由表6-2查得精漂汗布的回缩率取2.2%。利用衣长样板的计算公式就可以计算出几种常见类型下摆的衣身样板长度。以18tex汗布，175/95cm圆领短袖男衫类产品为例进行计算。

（1）下摆为罗纹：衣身样板长度=（成品规格-下摆罗纹长度+合肩缝耗+绱下摆罗纹的缝耗）×（1+工艺回缩率）

由表5-34查得，下摆为罗纹边时95cm圆领男衫的衣长为64cm；下摆罗纹长为10cm；由表6-2查得精漂汗布的回缩率取2.2%；合肩及绱下摆罗纹一般都用三线包缝，缝耗为0.75cm，因此衣身样板长度为：

衣身样板长度=（64cm-10cm+0.75cm+0.75cm）×（1+2.2%）=56.7cm

（2）下摆为折边：衣身样板长度=（成品规格+下摆折边宽规格+合肩缝耗+折下摆缝耗）×（1+工艺回缩率）

由表5-34查得，下摆为折边时衣长的成品规格为70cm；折边宽为2.5cm；由表6-2查得精漂汗布的回缩率取2.2%，由表6-1查得折边缝耗为0.5cm，因此衣身样板长度为：

衣身样板长度=（70cm+2.5cm+0.5cm+0.75cm）×（1+2.2%）=75.3cm

（3）下摆为滚边：滚边分为实滚和虚滚，它们的计算公式分别如下。

下摆为实滚：样板长度=（成品规格+合肩缝耗-滚边布厚度）×（1+工艺回缩率）

下摆为虚滚：样板长度=（成品规格-滚边成品规格+合肩缝耗+虚滚重叠部分宽度）×（1+工艺回缩率）

下摆为滚边时，175/95圆领男衫的衣长为68cm，滚边布厚度忽略不计，由表6-2查得精漂汗布的回缩率取2.2%，因此下摆为实滚和虚滚时95cm男衫的样板衣长分别为：

实滚：样板长度=（68cm+0.75cm）×（1+2.2%）=70.3cm

虚滚：样板长度=（68cm-2.5cm+0.75cm+1cm）×（1+2.2%）=68.7cm

2.胸宽样板尺寸的计算　胸宽样板尺寸的成品规格及计算方法与连肩产品相同。$\frac{1}{2}$胸宽样板尺寸为：

$$\frac{胸宽样板}{2}=\frac{成品规格+2.5cm}{2}=\frac{47.5cm+2.5cm}{2}=25cm$$

3.衣身挂肩样板尺寸的计算　由于要合肩，合肩缝耗使挂肩尺寸减小，因此在计算挂肩时要在原来综合缝耗的基础上加上合肩缝耗，其他与连肩产品相同。因此衣身挂肩的样板尺寸为：

衣身挂肩样板尺寸=成品规格+合肩缝耗+综合缝耗=24cm+0.5cm+0.75cm=25.25cm

4.挖肩样板尺寸的计算　挖肩的计算方法与连肩产品相同，等于成品规格。

5.领宽样板的计算　针织内衣常用的领型有挖领和添领，挖领是在衣身上直接挖出领子的形状，添领也要在衣身上先挖出领窝的形状，因此都要设计出领窝负样板。设计领窝样板的基本尺寸有领宽和前、后领深。在衣身样板设计中，只涉及到领宽，这里介绍领宽样板的计算。领口是横丝，一般不考虑回缩，因此领宽样板的计算公式为：

领宽样板尺寸=成品规格尺寸±款式要求-绱领缝耗

添领产品对领宽没有款式要求。挖领类产品的主要品种有罗纹领、滚领以及折边领。罗纹领子的测量部位是在领子与衣身的缝合处，对款式也没有影响。滚边领如果是实滚时，滚边布的厚度使领宽变小，在计算领宽样板尺寸时，应加上滚边布的厚度；如果是虚滚，虚出部分使领宽变小，在计算领宽样板尺寸时，应加上虚出的部分；折边领由于挽进的宽度使领宽变大，在计算领宽样板尺寸时应减去折边的宽度。绱领时，在领宽的两侧各产生一个缝耗，缝耗使领宽变大，因此在计算领宽样板尺寸时，应减去两个绱领缝耗值。下面仍然以18tex汗布，170/95男衫为例介绍罗纹领领宽的计算方法。

由表5-35查得95cm男衫罗纹领领宽的成品规格为13cm，绱罗纹领一般采用包缝机，缝耗为0.75cm。$\frac{1}{2}$领宽样板的尺寸为：

$$\frac{领宽样板尺寸}{2}=\frac{领宽成品规格}{2}-绱领缝耗$$

$$=\frac{13cm}{2}-0.75cm=5.75cm$$

6.肩斜的确定　肩斜的表示方法有两种，肩斜数的确定如图6-10所示。一种是以肩斜线最高点引出的水平线与肩斜线最低点的距离来表示，如图6-10中的$AB_1\sim AB_5$。图中$OB_1\sim OB_5$各线表示斜度不同的肩斜线。另一种是以肩斜线最高点引出的水平

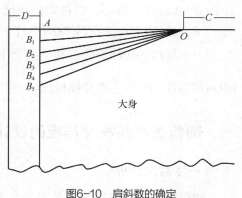

图6-10　肩斜数的确定

线与肩斜线之间夹角的大小来表示，如图6-10中的OA与$OB_1 \sim OB_5$各肩斜线之间的夹角。在针织内衣规格尺寸国家标准中没有规定肩斜值的大小，如果所生产的产品没有对肩斜值作出规定，样板设计时，就可以根据产品的款式及经验来确定。

由实验测得，胸围为90cm、挖肩为2.5cm、领宽成品规格分别为11cm和12.5cm，即$\frac{1}{2}$领宽样板尺寸分别为5.5cm和6.25cm时，肩斜值和肩斜角度的对应关系如表6-4所示。

针织内衣服装中，肩斜值一般在2~5cm范围内，以肩斜值为3cm左右最多。

表6-4　肩斜值与肩斜角度的对应关系

肩斜夹角（°）　　肩斜值（cm） 领宽样板（cm）	$AB_1=1$	$AB_2=2$	$AB_3=3$	$AB_4=4$	$AB_5=5$
6.25	3	7	10.5	14	17.5
5.5	4	8	11.5	15	18.5

下摆为罗纹时，下摆罗纹样板长度的计算和罗纹幅宽针数的确定与连肩类产品相同。

（三）衣身样板的制图

图6-11所示为斜肩衣身样板制图，步骤如下：

（1）作基准线①和下平线②，两线相交于O点。

（2）在基准线①上量取OA等于衣长样板尺寸，并过A点作上平线③。

（3）在上平线③上量取AB等于$\frac{1}{2}$胸宽样板尺寸，并过B点作OA的平行线④，与下平线②相交于C点。$OABC$为一个以衣长样板尺寸为长，$\frac{1}{2}$胸宽样板尺寸为宽的矩形。

（4）过B点在线段③上量取BD等于挖肩样板尺寸。

（5）过基准线的A点向左量取AE等于$\frac{1}{2}$领宽样板尺寸。

（6）过D向下作基准线①的平行线⑤，并在⑤上量取DF等于肩斜值。连接EF，EF即为肩斜线。

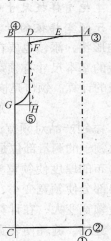

图6-11斜肩衣身样板制图

（7）以点F为圆心，以挂肩样板尺寸为半径画弧，与线段④相交于G点。

（8）过F点和G点分别作GH平行于AB；FH平行于BG，两线相交于H点。

（9）将FH线段5等分，在由上到下的$\frac{3}{5}$等分点I左右，用圆顺的弧线将IG点连接起来。

则$OAEFIGCO$即为$\frac{1}{2}$衣身样板图。

三、圆筒类产品衣身样板的设计

（一）款式分析

圆筒类产品的主要特点是衣身是由圆筒形的织物构成，两侧不需要合腰缝，因此没有侧缝耗。款式的这一特点主要对样板宽度方向的尺寸产生影响，而对衣长样板的尺寸没有影响。

（二）样板尺寸的计算

1.衣长样板尺寸的计算　圆筒类产品对衣长样板不产生影响。对于各种类型下摆的圆筒类连肩类产品来说，衣长样板可按同类下摆的连肩合腰类产品衣长样板的计算方法计算；而对各种下摆的圆筒类合肩类产品来说，衣长样板尺寸可按同类下摆的合肩合腰类产品衣长样板尺寸的计算方法计算。下面以18tex汗布175/95号型圆筒类产品为例，说明各种不同下摆圆筒类产品的衣长计算方法。

（1）连肩类：该类产品衣长成品规格的取得与前面介绍的合腰类产品相同，连肩类各款的衣长样板尺寸计算如下。

下摆为罗纹：

样板长度=（成品规格–下摆罗纹长度+绱下摆罗纹的缝耗）×（1+工艺回缩率）

　　　　=（64cm–10cm+0.75cm）×（1+2.2%）=56cm

下摆为折边：

样板长度=（成品规格+下摆折边宽规格+折下摆缝耗）×（1+工艺回缩率）

　　　　=（70cm+2.5cm+0.5cm）×（1+2.2%）=74.6cm

下摆为实滚：

样板长度=（成品规格–滚边布厚度）×（1+工艺回缩率）

　　　　=68cm×（1+2.2%）=69.5cm

下摆为虚滚：

样板长度=（成品规格–滚边成品规格+虚滚重叠部分宽度）×（1+工艺回缩率）

　　　　=（68cm–2.5cm+1cm）×（1+2.2%）=68cm

（2）合肩类：各款合肩类产品衣长的计算方法如下。

下摆为罗纹：

样板长度=（成品规格–下摆罗纹长度+合肩缝耗+绱下摆罗纹的缝耗）×（1+工艺回缩率）

　　　　=（64cm–10cm+0.75cm+0.75cm）×（1+2.2%）=56.7cm

下摆为折边：

样板长度=（成品规格+下摆折边宽规格+合肩缝耗+折下摆缝耗）×（1+工艺回缩率）

　　　　=（70cm+2.5cm+0.5cm+0.75cm）×（1+2.2%）=75.4cm

下摆为实滚：

样板长度=（成品规格+合肩缝耗–滚边布厚度）×（1+工艺回缩率）

　　　　=（68cm+0.75cm）×（1+2.2%）=70.3cm

下摆为虚滚：

样板长度=（成品规格–滚边成品规格+合肩缝耗+虚滚重叠部分宽度）×（1+工艺回缩率）

　　　　=（68cm–2.5cm+0.75cm+1cm）×（1+2.2%）=68.7cm

2.胸宽样板尺寸的计算　圆筒类产品的胸宽样板尺寸就等于成品规格。例如，对于95cm的产品来说，胸宽就等于47.5cm。所以$\frac{1}{2}$胸宽样板尺寸为：

$$\frac{胸宽}{2}=\frac{47.5cm}{2}=23.75cm$$

3.衣身挂肩样板尺寸的计算　圆筒类连肩类产品衣身挂肩样板尺寸的计算方法与连肩合腰类产品衣身挂肩样板尺寸的计算方法相同。圆筒类合肩类产品衣身挂肩样板尺寸的计算方法与合肩合腰类产品衣身挂肩样板尺寸的计算方法相同。

连肩类：衣身挂肩样板尺寸=成品规格+综合缝耗=24cm+0.5cm=24.5cm

合肩类：衣身挂肩样板尺寸=成品规格+合肩缝耗+综合缝耗=24cm+0.5cm+0.75cm=25.25cm

4.挖肩样板尺寸的计算　由于圆筒类产品不需要合腰缝，而上袖处仍然有缝耗，该缝耗使挖肩尺寸增大，挖肩计算示意图如图6-12所示，图中A为成品挖肩尺寸，A'为挖肩样板尺寸。因此在计算挖肩样板尺寸时应将上袖缝耗值减去。95cm男衫的挖肩成品规格为2.5cm，上袖采用三线包缝，缝耗为0.75cm。挖肩样板尺寸为：

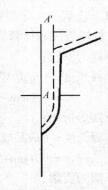

挖肩样板尺寸=2.5cm-0.75cm=1.75cm

若圆筒类产品的下摆为罗纹时，下摆罗纹样板长度的计算方法和罗纹样板针数的确定与连肩合腰产品的计算方法相同。

（三）衣身样板的制图方法

圆筒连肩类产品制图方法与连肩合腰产品的制图方法相同；圆筒合肩类产品的制图方法与合肩合腰类产品的制图方法相同。

图6-12　挖肩计算示意图

四、插肩袖类产品衣身样板的设计

（一）款式分析

插肩款式如图6-13所示。衣长是由衣身部分和袖子的一部分共同组成。影响衣长样板尺寸的因素除了成品规格、款式要求、缝纫损耗和工艺回缩外，还与领窝的形状、插肩袖斜挂肩的倾斜度等因素有关。在插肩袖中，与领子缝合在一起的袖子部位称为袖领头。由图可以看出，插肩袖斜挂肩的倾斜度不同，袖领头的长度不同。袖领头所占有的衣长部分的长度不同，衣身样板的长度也将不同。在进行样板尺寸计算时，应将袖领头的长度考虑进行。另外领窝的形状不同，特别是领深不同时，会直接影响衣长样板的长度。针织服装前、后领窝的形状及深度一般是不相同的，前领深要比后领深深。因此，插肩袖类服装前、后衣身样板的长度一般是不一样的，应分别设计。通常情况下是先设计好后身样板，

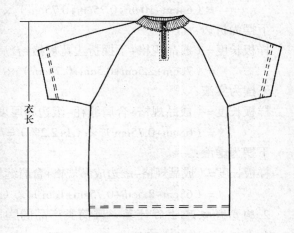

图6-13　插肩袖款式图

然后再结合事先设计好的前领样板，求得前衣身样板。下面介绍后身样板的设计与制图。

（二）样板尺寸的计算

1.**衣长样板尺寸的计算**　插肩袖的衣长由衣身和袖领头两部分组成，但在成品规格尺寸中两者是合在一起的，没有分别给出。为了简化衣长样板的计算与制图，在这里仍然将衣身部分和袖领头部分合在一起，把它们看成长度的整体，实际的衣长样板通过作图的方法来确定。因此，衣长样板的长度为：

衣长样板=（成品规格+下摆的款式要求+绱下摆的缝耗）×（1+回缩率）

插肩袖类服装常用的下摆的类型也是罗纹下摆、折边下摆和滚边下摆。因此，公式中下摆的款式要求及下摆的缝耗的处理方法与前面介绍的几种类型服装的处理方法相同。在此不再重述。

2.**胸宽样板尺寸的计算**　插肩袖类产品可以是合腰的或圆形，其 $\frac{1}{2}$ 胸宽样板尺寸分别如下。

合腰： $\dfrac{\text{胸宽样板尺寸}}{2}=\dfrac{\text{胸宽成品规格}+2.5\text{cm}}{2}=\dfrac{47.5\text{cm}+2.5\text{cm}}{2}=25\text{cm}$

圆形： $\dfrac{\text{胸宽}}{2}=\dfrac{47.5\text{cm}}{2}=23.75\text{cm}$

3.**领宽样板尺寸**　插肩袖类服装的肩部都是斜肩，确定肩斜时与领宽有关，衣身样板的设计要计算领宽。下面以罗纹领为例，领宽样板尺寸为：

$\dfrac{\text{领宽样板尺寸}}{2}=\dfrac{\text{领宽成品规格}}{2}-\text{绱领缝耗}=\dfrac{13\text{cm}}{2}-0.75\text{cm}=5.75\text{cm}$

4.**后领深**　该款式衣身样板的实际长度与后领弧线有关，后领弧线越向下，后领深越深，衣身样板的实际长度就越短。在进行衣身样板设计时，要计算后领深。以下仍以罗纹领为例计算，由表5-34可查得95cm罗纹领后领深规格为3.5cm，采用三线包缝绱领，缝耗为0.75cm，因此可求得后领深样板尺寸为：

后领深样板尺寸=后领深成品规格-绱领缝耗=3.5cm-0.75cm=2.75cm

5.**后领弧线的长度**　衣身样板中后领弧线的长度等于整个后领弧线长减去后袖领头成品规格，再加上绱袖的缝耗。也就相当于在后袖领头成品规格中减去一个绱袖的缝耗。因此，衣身样板中后领弧线的长度在整个后领弧线长度中应减去的长度，就等于后袖领头成品规格减去绱袖缝耗。

后袖领头长的成品规格一般在产品的成品规格中给出，如果成品规格中没有具体要求的可在2～5cm选择，产品示明规格大的可以取大一点的值。也可以根据具体的款式来确定后袖领头的样板尺寸大小。在本例中取4cm。用包缝机绱袖，缝耗为0.75cm。因此，后领弧线中应减去的长度为：

后领弧线中应减去的长度=后袖领头成品规格-绱袖缝耗=4cm-0.75cm=3.25cm

6.**衣身样板袖肥尺寸**　在插肩袖类服装中，覆盖肩部的完全是袖片，没有衣身部分。插肩袖类服装没有明显的肩袖点及挂肩。挂肩通常用袖肥来表示，它等于袖子与衣身缝合的最低点到袖中线的垂直距离。袖肥示意图如图6-14所示。袖肥值在国家标准规格尺寸中没有给出，一般是参考同规格装袖产品的挂肩尺寸确定。95cm男衫的挂肩规格24cm（见表5-34），袖肥一般比挂肩小一些，此处取21cm。影响衣身样板袖肥尺寸的因素有绱袖的缝耗，绱袖用包缝，缝耗为0.75cm。因此衣身样板袖肥尺寸为：

衣身样板袖肥=成品袖肥规格−绱袖缝耗=21cm−0.75cm=20.25cm

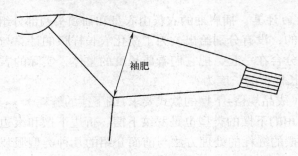

图6-14　袖肥示意图

7.肩斜值的确定　在国家标准规格尺寸中，没有规定肩斜值的大小，如果产品款式没有对肩斜值提出具体的要求，就可以根据款式在2~5cm选择。或参考表6-4肩斜值提供的参考值选取。在本例中肩斜值取3cm。

8.参考挖肩值的确定　在衣身样板制图时，肩斜线的绘制是要根据肩斜值的大小先确定肩斜线的位置。确定肩斜线位置的方法借鉴装袖类产品确定肩斜线的方法。即先确定衣身样板的挖肩线，在挖肩线与肩平线的交点处向下量取肩斜值，该点即为肩斜位置，将该点与领宽点连接即为肩斜线。因为插肩袖产品没有挖肩，因此需要参考相同规格的装袖产品的挖肩值，在这里取2.5cm。对于合腰产品，衣身样板的参考挖肩值等于2.5cm。

（三）衣身样板的制图

图6-15所示为插肩产品衣身样板制图，步骤如下：

（1）作基准线①和下平线②，两线相交于O点。

（2）在基准线①上量取OA等于衣长样板尺寸，并过A点作上平线③。

（3）在上平线③上量取AB等于$\frac{1}{2}$胸宽样板尺寸，并过B点作OA的平行线④，与下平线相交于C点。OABC为一个以衣长样板尺寸为长，$\frac{1}{2}$胸宽样板尺寸为宽的矩形。

（4）过A点在AB线上取AD等于$\frac{1}{2}$领宽样板以尺寸。

（5）过B点在上平线③上量取BE等于衣身样板参考挖肩值。并过E点作线段⑤平线于基准线①。

（6）由E点向下在线段⑤上量取EF等于肩斜值，然后连接DF，DF线就是肩斜线，将其延长就是袖中线⑥。

（7）在袖中线⑥的下方作其平行线⑦，使两线之间的距离等衣身样板袖肥尺寸。线段⑦与线段④相交于G点。

（8）在基准线上的A点向下量取AH等于后领深样板尺寸，并用圆顺的弧线将DH连接起来，作出后领弧线。

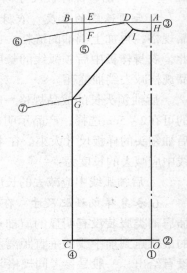

图6-15　插肩产品衣身样板制图

（9）在后领弧线上量取 DI 等于后袖领头成品规格减去缝耗。然后连接 IG，则 $OHIGCO$ 就是后片衣身样板。

前衣身样板可以在前领窝样板作好后，用前领窝样板在后片衣身样板的基础上作出。

第四节　袖子样板的设计

一、袖子的分类

（一）按袖子与衣身的连接方式分

针织服装常采用的是装袖和插肩袖。装袖类服装衣身样板有明显的挂肩和袖窿弧线，装袖类服装袖子与衣身连接情况如图6-16所示。插肩袖衣身样板没有明显的挂肩。插肩袖类服装袖子与衣身连接情况如图6-17所示。

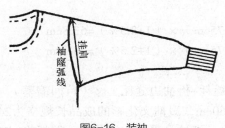

图6-16　装袖

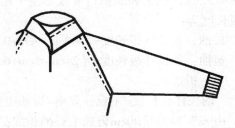

图6-17　插肩袖

（二）按袖子的长度分

根据袖子的长度不同，袖子可分为长袖、中袖和短袖三类。长袖类产品的袖子可达到手腕处；中袖类产品也称七分袖，是指它的袖长为长袖的70%左右，一般在手臂的肘部略为向下一些；短袖类产品是指袖长在肘部以上的产品，根据款式不同，长度可以在一定范围内变化。

（三）按袖口的类型分

按袖口的类型不同，袖子可分为罗纹袖、折边袖、滚边袖以及加边袖等。罗纹袖的袖口一般是双层罗纹；折边袖的袖口是在原袖的基础上向里折进一定的宽度；滚边袖的袖口是另外用一条滚边布包覆在袖子的边缘；加边袖是采用花边或其他面料加缝在袖口的边缘。

二、装袖样板的设计

（一）款式分析

针织服装装袖常用罗纹袖口、滚边袖口和折边袖口。袖长可以是长袖、中袖或短袖。无论哪种袖型，影响袖长样板的因素都可归纳为，成品规格、款式要求、缝耗和工艺回缩。在这里款式要求主要是各种不同袖口的款式要求。对于罗纹袖口，应在成品规格中减去罗纹的长度；对于滚边袖口如果是实滚，应在成品规格中减去滚边布的厚度，如果是虚滚，应在成品规格中减去虚出的部分；对于折边袖，应在成品规格中加上折边宽度。装袖服装袖子的缝耗有两个，一个是绱袖缝耗，另一个是袖口处的缝耗。袖口处的缝耗随采用的袖口类型不同而不同。工艺回缩由所采用的面料的种类决定。

（二）样板尺寸计算

在以下计算中均以18tex棉毛布、170/90cm长袖或短袖男衫为例。

1.袖长样板尺寸的计算　装袖类服装袖长样板的一般计算公式为：

袖长样板长度=（成品规格±款式要求+缝耗）×（1+回缩率）

当袖口类形不同时，款式要求有所不同，因此袖长样板的长度不同。

（1）罗纹袖口：

袖长样板长度=（成品规格–袖口罗纹长+绱袖缝耗+绱袖口罗纹缝耗）×（1+回缩率）

由表5–34查得90cm男棉毛衫袖长成品规格为60cm，短袖文化衫的成品长规格为24cm；长袖袖口罗纹成品规格为9cm，短袖男衫袖口罗纹成品规格为3cm；由表6–2查得棉毛布回缩率为2.5%，绱袖和绱袖口罗纹都是采用三线包缝，缝耗都为0.75cm。因此罗纹袖口袖长样板长度为：

长袖：袖长样板长度=（60cm–9cm+0.75cm+0.75cm）×（1+2.5%）=53.8cm

短袖：袖长样板长度=（24cm–3cm+0.75cm+0.75cm）×（1+2.5%）=23.1cm

（2）折边袖口：

袖长样板长度=（成品规格+折袖边宽+绱袖缝耗+折袖边缝耗）×（1+回缩率）

由表5–34查得90cm男棉毛衫袖长成品规格为60cm，短袖文化衫的成品长规格为24cm；折边宽是2.5cm；由表6–2查得棉毛布回缩率为2.5%，绱袖是采用三线包缝，缝耗为0.75cm。折袖边缝耗为0.5cm。因此，折边袖的袖长样板长度为：

长袖：袖长样板长度=（60cm+2.5cm+0.75cm+0.5cm）×（1+2.5%）=65.6cm

短袖：袖长样板长度=（24cm+2.5cm+0.75cm+0.5cm）×（1+2.5%）=28.7cm

（3）滚边袖口：滚边袖分实滚和虚滚，下面以170/90cm汗布短袖为例计算，由表5–34查得，90cm汗布短袖袖长成品规格为24cm；因为是汗布，滚边布厚度不计；根据款式特点，袖口滚边宽成品规格定为2.5cm；根据经验虚滚重叠部分宽为1cm；实滚和虚滚时袖长样板长分别为：

实滚袖长样板长度=（成品规格+绱袖缝耗–滚边布厚度）×（1+回缩率）

=（24cm+0.75cm）×（1+2.5%）=25.4cm

虚滚袖长样板长度=（成品规格+绱袖缝耗–滚边宽成品规格+虚滚重叠部分宽）×（1+回缩率）

=（24cm+0.75cm–2.5cm+1cm）×（1+2.5%）=23.8cm

2.袖挂肩样板尺寸的计算　影响袖挂肩样板尺寸的主要因素是绱袖缝耗，除此之外，合袖缝耗和工艺回缩对其也有一定的影响。由于挂肩处数值不太大，工艺回缩一般不按回缩率计算，而是取一定的数值。根据经验，将回缩和合袖缝耗结合在一起考虑，依据坯布回缩量的大小不同，在0.5～0.75cm的范围内取值。因此袖挂肩样板尺寸的计算公式为：

袖挂肩样板尺寸=成品规格+绱袖缝耗+回缩量（0.5～0.75cm）

对于90cm短袖男衫，由表5-34查得成品挂肩规格为23cm，绱袖缝耗为0.75cm，回缩量取0.5cm。则：

$$袖挂肩样板尺寸=23cm+0.75cm+0.5cm=24.25cm$$

3.袖口样板尺寸 影响袖口样板尺寸的因素有成品规格、合袖缝耗及回缩量。合袖缝耗为0.75cm；袖口尺寸很小，回缩量按0.25cm。由表5-34查得短袖折边袖口成品规格为17cm，因此，袖口样板尺寸为：

$$袖口样板尺寸=成品规格+合袖缝耗+回缩量（0.25cm）$$
$$=17cm+0.75cm+0.25cm=18cm$$

4.袖山高 袖山高是指袖片最高点与袖片最阔处所引出的水平线之间的距离。袖山高如图6-18中H所示，它的大小制约着袖子的形状及穿着舒适性。如果袖山高的尺寸H等于衣身的挖肩值，则缝合后袖子呈水平状态，如图6-19所示。这种类型的袖型，在手臂自然下垂时，腋下有较多的余量，影响美观。如果袖山高的尺寸H大于衣身样板的挖肩值，袖子呈向下倾斜状态，如图6-20所示。这种袖型穿着时比较合体，但袖山高的值不能过大，否则将限制手臂的活动，特别是使手臂的上举受到限制。到底挖肩要比袖山高大多少，由款式与穿着者的舒适性要求决定。

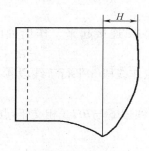

图6-18 袖山高

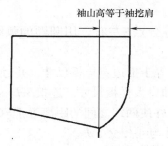

图6-19 袖山高等于袖挖肩

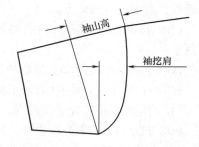

图6-20 袖山高大于袖挖肩

由实验测试得知，当袖山高等于挖肩时，袖中线呈水平状态，袖山高相对挖肩每增加1cm，袖中线与呈水平状态的袖中线之间的夹角增加2.5°，当增加5cm时，袖中线与呈水平时状态的袖中线之间的夹角变为12.5°。变化情况如图6-21所示。图中$OA \sim OA_5$为不同的袖山高，$AB \sim AB_5$为袖中线的垂线。在袖子设计中，如果确定了袖中线倾斜的度数，就可以用下式计算出袖山高值。

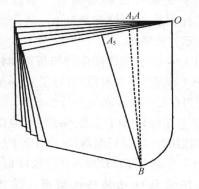

图6-21 袖山高与袖子倾斜的关系

袖山高=袖中线与水平线的夹角度数/2.5°/1cm+
衣身挖肩值+缝耗

例如：肩斜值一般为3cm，此时肩斜线的肩斜角度数由表6-4查得为11.5°，如果袖中线的倾斜度数与衣身的肩斜线的倾斜度数相等时，由袖山高的计算公式可知：

$$袖山高=11.5°/2.5°/1cm+2.5cm+0.75cm=7.85cm$$

袖中线的倾斜度数也可以是其他数值，但计算方法都相同。

（三）袖子样板的制图

袖口的类型不同，国家标准中规定的袖口的测量部位也不同。因此袖子样板的作图方法也略有不同，分述如下：

1. **折边袖口短袖的制图** 折边袖的测量部位在袖口边缘处，制图如图6-22所示，步骤如下：

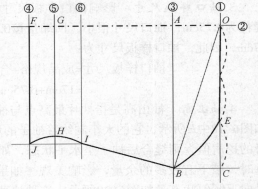

（1）作基准线①与上平线②，两线相交于O点，上平线即为袖中线。

（2）在O点沿上平线向左量取OA等于袖山高样板尺寸，并过A点作线段③平行于基准线①。

（3）作线段④平行于基准线，并使其与基准线①之间的距离等于袖长样板尺寸，线段④与线段②相交于F点。

图6-22 折边袖样板制图

（4）以O为圆心，袖挂肩样板尺寸为半径画弧，与线段③相交于B点，过B点作线段①的垂线，与其相交于C点。

（5）将OC线三等分，在1/3等分点E左右，用圆顺的弧线将BE连接起来，作出袖山弧线。

（6）过F点在线段②上量取FG等于折边宽样板尺寸，并过G点作线段⑤平行于线段④。

（7）在线段⑤上量取GH等于袖口大样板尺寸。连接BH。

（8）作线段⑥平行于线段⑤，并使两线之间的距离等于FG。线段⑥与BH线相交于I点。

（9）过I点作线段④的垂线，并与④相交于J。

（10）连接OEBIHJFGAO即为折边袖样板。

2. **罗纹袖口短袖的制图** 罗纹袖袖口的测量部位在罗纹缝合处向上3cm，其作图方法如图6-23所示，步骤如下：

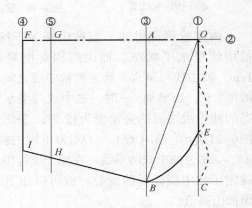

（1）~（5）的作图步骤与折边袖相同。

（6）在F点向右量取FG等于3cm+绱罗纹边缝耗，并过G点作线段④的平行线⑤。

（7）在线段⑤上量取GH等于袖口大样板尺寸，连接BH，并延长与线段④相交于I点。

（8）连接OEBIFO即为罗纹袖样板。

图6-23 罗纹袖样板制图

3. **滚边袖口短袖样板制图** 滚边袖袖子的测量部位在袖口的边缘，作图方法如图6-24所示，步骤如下：

（1）~（5）的作图步骤与折边袖相同。

（6）在线段④上量取FG等于袖口样板尺寸，连接BG。则OEBGFAO即为滚边袖样板。

以上介绍了各种袖口的短袖样板的制图，长袖样板的制图方法和步骤与短袖相同。所不同的是，为了使长袖的袖型比较好看，长袖样板侧缝线的连接一般不采用直线，而是连接成一定的曲线。

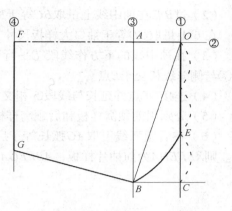

图6-24　滚边袖样板制图

三、插肩袖的设计

（一）款式分析

国家标准中规定，插肩袖类产品，袖长的测量部位是从后领的中点量至袖口边处。因此，袖子样板的长度与领宽有关。插肩袖没有袖挂肩，取而代之的是袖肥。但在成品规格中袖肥的尺寸一般不给出，在产品设计时，可借鉴同规格的装袖产品的挂肩尺寸减去适当的值。插肩袖的上部是与领子缝合在一起的，影响袖子样板的缝耗有两个，一个是绱领缝耗，另一个是袖口处的缝耗。

（二）样板尺寸的计算

1.袖长样板尺寸的计算　影响袖长样板长度的因素有成品规格、领宽、袖口的类型、缝耗和工艺回缩率。下面以18tex棉毛布、170/90号型罗纹领及罗纹袖口长袖衫为例，计算袖长样板的规格，其他类型袖口对样板尺寸的影响，可参见装袖类产品。

袖长样板长度=（成品规格$-\frac{1}{2}$领宽−袖罗纹长+绱领缝耗+绱袖罗纹缝耗）×（1+回缩率）

由表5–34中查得90cm袖长成品规格为60cm；罗纹长为9cm；由5–35查得罗纹领宽为12.5cm，棉毛回缩率为2.5%，绱领及绱袖均用包缝，缝耗为0.75cm。因此，袖长样板尺寸为：

袖长样板尺寸=（60cm−12.5cm/2−9cm+0.75cm+0.75cm）×（1+2.5%）=47.4cm

2.袖肥样板尺寸　影响袖肥样板尺寸的因素有成品规格、绱袖缝耗及回缩量。袖肥成品规格在标准中没有给出，参考同规格的装袖产品，由表5–34中查得为24cm。回缩量按经验选0.5cm；采用包缝上袖，缝耗为0.75cm。因此，袖肥的样板尺寸为：

袖肥样板尺寸=成品规格+绱袖缝耗+回缩量=24cm+0.75cm+0.5cm=25.25cm

3.袖领头宽样板尺寸　影响袖领头宽的样板尺寸有成品规格和绱袖缝耗。袖领头宽成品规格通常由设计给出，一般为1～5cm，在本例中取4cm；绱袖缝耗为0.75cm。因此，袖领头样板尺寸为：

袖领头样板尺寸=成品规格+绱袖缝耗=4cm+0.75cm=4.75cm

4.袖口样板尺寸　袖口样板尺寸的计算方法与装袖类产品相同。

5.袖中线倾斜度数的确定　袖中线倾斜度数与插肩袖衣身样板肩斜相同。

（三）插肩袖样板的制图

插肩袖样板是在衣身样板的基础上做出来的。在衣身样板的制图中已经得出了衣身样板的垂直平分线①、肩平线②、侧缝线③、肩斜线④。插肩袖样板制图如图6-25所示。作图步骤如下：

（1）延长肩斜线④，使AB的长度等于袖长样板尺寸，过B点作袖中线的垂直线⑤。

（2）过B点在袖中线上量取BC等于3cm加缩袖口罗纹缝耗。过C点作线段⑥平行于线段⑤，在⑥上量取CD等于袖口大样板尺寸。

（3）在袖中线的下方作线段⑦平行于线段④，使两线间的距离等于袖肥样板尺寸。线段⑦与侧缝线相交于E点。

（4）连接DE点并延长与线段⑤相交于F点。

（5）分别用前领窝样板和后领窝样板在前、后衣身样板上作出前领弧线和后领弧线。

（6）在后领弧线上取AG弧长等于后袖领头样板尺寸。连接GE，与前领弧线相交与H点。则ABFEHA为前袖片样板，ABFEGA为后袖片样板。

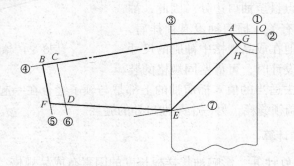

图6-25　插肩袖样板制图

第五节　领子样板的设计

领子是针织服装的局部结构之一，在服装整体造型中起着重要的作用。领子的形状很多，但归纳起来主要有两大类，即挖领和添领。

挖领也称为无领，是最基础的、最简单的领型，也是针织服装造型的一大特色，在设计时，先在服装的领口部位挖剪出各种形状的领窝，例如圆领、V形领、一字领、方形领、梯形领等；然后通过折边、滚边、饰边、加罗纹边等工艺手法对边口进行工艺处理，从而形成不同风格和特色的挖领（图5-37）。对挖领边口的不同处理手法即丰富了挖领型的款式变化，又巧妙地解决了针织面料边口的脱散性、卷边性问题。同时通过边口材料的合理选择，运用针织面料的伸缩性，有效地解决了穿脱的功能性问题，可以简化或省了开襟、开衩等功能性设计，具有造型简洁、大方、整体，穿着舒适、柔软、行动方便的特点。针织服装中常用的挖领边口的处理方法有各种形状的罗纹边、滚边、折边和外加各种花边的等。

添领也称装领，包括立领、翻领、驳领等多种，是在挖好的领窝处缝上另外单独设计制做好的领子。领子可以采用与衣身的色彩及材质相同或不同的面料缝制而成，也可以采用横机编织出各种成型的领子，领子的款式及风格变化非常丰富。如图5-40和5-44所示。

挖领和添领设计的共同特点是都需要在衣身上设计出领窝。由于领窝是在衣身上挖掉的部分，因此针织服装的领窝一般都是采用负样板。下面主要介绍各种领窝样板的设计。

在领窝样板的设计中，影响领窝样板的因素主要有成品规格、款式要求和缝耗，对于负样板来说，要特别注意分析缝耗对领子成品规格的影响，凡是使领子成品规格变大的，就应在负样板上减去相应的缝耗值；凡是使领子成品规格尺寸变小的，就应在负样板上加上相应的缝耗值。另外由于人体是左右对称的，因此在进行领子样板设计时，一般只设计一半的样板。

一、挖领样板的设计

（一）圆形挖领样板的设计

1.款式分析　圆形领根据前领深的深度不同可分为扁圆领和长圆领。根据领口边缘的形式不同又可分为罗纹领、滚边领、折边领和贴边领等。无论是哪种类型的圆领，影响领窝样板尺寸的因素都有成品规格，领边的款式要求和缝耗。对于连肩产品来说，缝耗就只有一个绱领子的缝耗；而对于合肩产品来说，影响前、后领深的样板尺寸还有合肩的缝耗。因此，在进行样板计算时应注意。在领子样板制图时，为了使领子圆顺、美观，扁圆领和长圆领的制图方法略有不同，但扁圆领和长圆领样板尺寸的计算方法都一样。

2.领窝样板尺寸计算的一般方法

（1）连肩类产品：

$$\frac{1}{2}领宽样板尺寸=\frac{1}{2}领宽成品规格 ± 款式要求–绱领缝耗$$

$$前领深样板尺寸=前领深成品规格 ± 款式要求–绱领缝耗$$

$$后领深样板尺寸=后领深成品规格 ± 款式要求–绱领缝耗$$

（2）合肩类产品：

$$\frac{1}{2}领宽样板尺寸=\frac{1}{2}领宽成品规格 ± 款式要求–绱领缝耗$$

$$前领深样板尺寸=前领深成品规格 ± 款式要求–绱领缝耗+合肩缝耗$$

$$后领深样板尺寸=后领深成品规格 ± 款式要求–绱领缝耗+合肩缝耗$$

3.不同边口领窝样板尺寸的计算　圆形领领口的形式不同，对领子样板尺寸的款式要求不同。在计算领子样板尺寸时，应特别注意领子的款式要求。例如，折边领的折边宽度使领子的领宽变大，领深变深，因此计算样板尺寸时，款式要求一项就应减去折边宽；滚边领的绱领缝耗为零，但如果滚边布较厚时，滚边布的厚度使领子的领宽和前、后领深的尺寸都变小，因此在款式要求一项应加上滚边布的厚度。对于其他类型的领边，在进行样板尺寸计算时，也要仔细分析款式要求，根据款式要求进行加减。几种常用领口形式领窝样板的计算公式如下：

（1）滚边领：

$$连肩产品：\frac{1}{2}领宽样板尺寸=\frac{1}{2}成品规格+滚领布厚度$$

$$前领深样板尺寸=成品规格+滚领布厚度$$

$$前领深样板尺寸=成品规格+滚领布厚度$$

$$合肩产品：\frac{1}{2}领宽样板尺寸=\frac{1}{2}成品规格+滚领布厚度$$

前领深样板尺寸=成品规格+滚领布厚度+合肩缝耗

前领深样板尺寸=成品规格+滚领布厚度+合肩缝耗

（2）折边领：

连肩产品：$\frac{1}{2}$ 领宽样板尺寸=$\frac{1}{2}$ 成品规格–折边宽–折边缝耗

前领深样板尺寸=成品规格–折边宽–折边缝耗

后深样板尺寸=成品规格–折边宽–折边缝耗

合肩产品：$\frac{1}{2}$ 领宽样板尺寸=$\frac{1}{2}$ 成品规格–折边宽–折边缝耗

前领深样板尺寸=成品规格–折边宽–折边缝耗+合肩缝耗

后深样板尺寸=成品规格–折边宽–折边缝耗+合肩缝耗

（3）罗纹领：

连肩产品：$\frac{1}{2}$ 领宽样板尺寸=$\frac{1}{2}$ 成品规格–绱罗纹边缝耗

前领深样板尺寸=成品规格–绱罗纹边缝耗

后深样板尺寸=成品规格–绱罗纹边缝耗

合肩产品：$\frac{1}{2}$ 领宽样板尺寸=$\frac{1}{2}$ 成品规格–绱罗纹边缝耗

前领深样板尺寸=成品规格–绱罗纹边缝耗+合肩缝耗

后深样板尺寸=成品规格–绱罗纹边缝耗+合肩缝耗

下面以95cm罗纹领为例，说明领窝样板的计算过程。

由表5–35查得领宽的成品规格为13cm；前领深的成品规格为11cm；后领深的成品规格为3.5cm；绱领一般采用三线包缝，缝耗为0.75cm。罗纹领的测量部位在罗纹与衣身的缝合处，因此对款式没有要求。利用上述公式可计算得连肩及合肩产品的样板尺寸分别为：

连肩类产品：$\frac{1}{2}$ 领宽样板尺寸=$\frac{13cm}{2}$–0.75cm=6.25cm

前领深样板尺寸=11cm–0.75cm=10.25cm

后领深样板尺寸=3.5cm–0.75cm=2.75cm

合肩类产品：$\frac{1}{2}$ 领宽样板尺寸=$\frac{13cm}{2}$–0.75cm=6.25cm

前领深样板尺寸=11cm–0.75cm+0.75cm=11cm

后领深样板尺寸=3.5cm–0.75cm+0.75cm=3.5cm

4.圆领领窝样板的制图　扁圆领和长圆领因前领深尺寸不同，领窝样板的制图方法也略有不同，下面分别介绍。

（1）扁圆形领窝样板的制图：扁圆领型示意图如图6–26所示。

连肩产品扁圆领制图如图6–27所示，制图步骤如下。

①作肩平线①和领中线②，两线垂直相交于O；

②在肩平线上量取OA等于$\frac{1}{2}$ 领宽样板尺寸；在领中线向上量取OB等于后领深样板尺寸，向下量取OC等于前领深样板尺寸。

③过OC线的两等分点向下0.5cm处的D点作线③平行于肩平线①，过A点作线段④平行于领中线②，与线段③相交于E点。延长E点至F，使EF等于$\frac{1}{4}$的DE。

④将B、A、F、C四点用圆顺的曲线连接起来，使每一段弧的最高点都对应于该段弧的中点处。则ABOA为$\frac{1}{2}$后领窝样板，AOCFA为$\frac{1}{2}$前领窝样板。为了保证领子的圆顺，在连接时应注意在B点和C点应有1cm的线段垂直于领中线②。

扁圆形领合肩类产品，为了保证合肩后前领、后领深的尺寸不变，在领窝的肩颈点A的上下方各有0.75cm的线段垂直于肩平线①。合肩类产品领窝样板的制图，可以在连肩类产品制图后，连接AB弧和AF弧时，在A点向上和向下各作出0.75cm的垂直于肩平线①的线段，也可以按下面的方法制图，合肩产品扁圆领制图如图6-28所示。

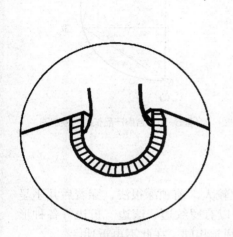

图6-26 扁圆形领示意图

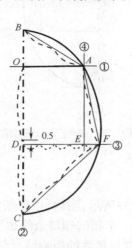

图6-27 连肩产品扁圆领制图

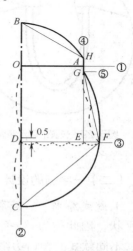

图6-28 合肩产品扁圆领制图

①～③的步骤与连肩产品相同。

④在A点沿线段④分别向上和向下量取AH和AG各等于0.75cm，连接$\overset{\frown}{BH}$弧和$\overset{\frown}{GFC}$弧，则OAHB为$\frac{1}{2}$后领窝样板，OCFGAO为$\frac{1}{2}$前领窝样板。

（2）长圆形领窝样板的制图：长圆形领如图6-29所示。连肩产品长圆形领的领窝样板制图如图6-30所示，制图步骤如下。

①、②的步骤与连肩扁圆形领的制图方法相同。

③将BC线三等分，过$\frac{1}{3}$等分点D作线段③平行于肩平线①；过A点作线段④平行于领中线②，并与线段③相交于E点。

④将DE线四等分，在DE的延长线上取EF等于$\frac{1}{4}$的DE。

⑤用光滑圆顺的曲线将BAFC连接起来，则OABO为$\frac{1}{2}$后领窝样板，OCFAO为$\frac{1}{2}$前领窝样板。为了保证领子的圆顺，应使AB弧、AF弧、FC弧的凸出点位于其弦的中点处；在B点

和C处应有1cm左右的线段垂直于领中线。

对于合肩产品，为了保证合肩后前、后领深的尺寸不变，连接AB弧和AF弧时，在肩颈点A处向上和向下应各有0.75cm的线段垂直于肩平线①，合肩长圆形领制图如图6-31所示。也可以参考合肩扁圆形领制图方法的第④步作出该部分的领窝弧线。

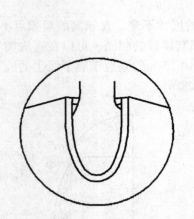

图6-29 长圆形领示意图

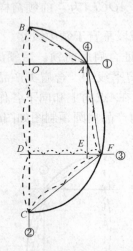

图6-30 连肩产品长圆形领制图

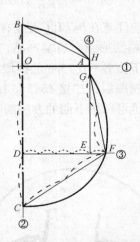

图6-31 合肩产品长圆形领制图

（二）一字领的设计

1.款式分析 一字领如图6-32所示，其特点是领宽较大，前领深很浅，穿着后几乎呈水平状，因此称为"一字领"。一字领的领口边缘也可以有罗纹边、滚边、折边等各种形式。不同款式的领口边缘对领窝样板尺寸的影响情况与圆领相同，在此不再重述。

2.样板尺寸计算 一字领样板尺寸的计算方法与圆领相同。一字领的成品规格尺寸一般由客户给出，如果客户没有具体的要求，可由设计人员根据款式决定。

3.一字领样板的制图 合肩产品一字领样板制图如图6-33所示，制图步骤如下。

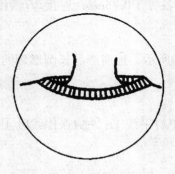

图6-32 一字领示意图

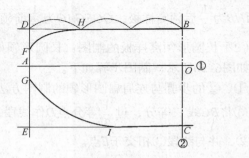

图6-33 一字领样板制图

（1）作肩平线①和领中线②，两线垂直相交于O。

（2）在肩平线上量取OA等于$\frac{1}{2}$领宽样板尺寸；在领中线向上量取OB等于后领深样板

尺寸，向下量取OC等于前领深样板尺寸。

（3）分别以$\frac{1}{2}$领宽为长边，以前、后领深样板尺寸为短边作两个矩形$AOBD$和$AOCE$。

（4）过A点在AD线上量取AF等于0.75cm；在AE线上量取AG等于0.75cm。

（5）连接FH弧，使其在DB近$\frac{1}{3}$等分点H处与BD线相切；在F点处与AD线相切。连接GI弧，使其在EC近$\frac{1}{3}$等分点I处与EC线相切；在G点处与AE线相切。则$OAFHBO$为$\frac{1}{2}$后领窝样板，$OAGICO$为$\frac{1}{2}$前领窝样板。

连肩类产品一字领样板的制图只需取消第（4）步，然后按要求将AH弧和AI弧连接起来即可。

（三）鸡心领和V形领领样板的设计

1.款式分析　鸡心领和V形领的区别主要在于前领斜线弧度的大小，前领斜边弧度大的称为鸡心领；前领斜线接近直线的称为V形领，或三角形领。鸡心领的款式如图6-34所示。边口可以是罗纹、滚边、贴边等多种形式。边口的形式不同，对领窝样板尺寸的影响不一样。在领子样板尺寸设计时应特别注意款式对样板尺寸的要求。

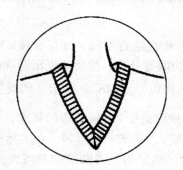

图6-34　鸡心领的款式

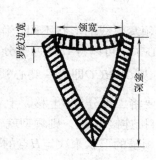

图6-35　测量部位

2.领窝样板尺寸的计算　鸡心领和V形领领窝样板尺寸的计算方法相同，在成品规格中一般都是给出领宽和前、后领深的测量部位和尺寸。边口不同测量部位有所区别，在计算样板尺寸时，应与测量部位相结合。罗纹边鸡心领的测量部位如图6-35所示。其样板尺寸计算方法如下：

（1）合肩产品：$\frac{1}{2}$领宽样板尺寸=$\frac{1}{2}$成品规格–绱罗纹缝耗

前领深样板尺寸=前领深成品规格+合肩缝耗–绱罗纹缝耗

后领深样板尺寸=后领深成品规格+合肩缝耗–绱罗纹缝耗

（2）连肩产品：$\frac{1}{2}$领宽样板尺寸=$\frac{1}{2}$成品规格–绱罗纹缝耗

前领深样板尺寸=前领深成品规格–绱罗纹缝耗

后领深样板尺寸=后领深成品规格–绱罗纹缝耗

下面以95cm合肩产品为例，计算领窝样板尺寸。

由表5-35查得该产品的成品规格为：前领深21cm；后领深2.5cm；领宽为16.5cm。领尖处用平缝机缲领尖缝耗为1cm，其余用三线包缝缲罗纹缝耗为0.75cm。合肩产品的样板尺寸为：

$$\frac{1}{2}\text{领宽样板尺寸}=\frac{16cm}{2}-0.75cm=7.25cm$$

$$\text{前领深样板尺寸}=21cm+0.75cm-1cm=20.75cm$$

$$\text{后领深样板尺寸}=2.5cm+0.75cm-0.75cm=2.5cm$$

3.领窝样板的制图 鸡心领和V形领的制图方法基本相同，下面就不同之处加以说明。

（1）作肩平线①和领中线②，两线相交于O点。

（2）在肩平线上量取OA等于$\frac{1}{2}$领宽样板尺寸；在领中线向上量取OB等于后领深样板尺寸，向下量取OC等于前领深样板尺寸。

（3）分别以$\frac{1}{2}$领宽为长边，以前、后领深样板尺寸为短边作两个矩形AOBD和AOCE。

（4）过A点在AD线上量取AF等于0.75cm，将BD三等分，在三分之一等分点G处与F点连成FG弧，使FG弧在G点与BD线相切；在F点处与AD线相切，则OAFGBO为$\frac{1}{2}$后领窝样板。

（5）根据前领窝弧线的形状不同，作图方法也略有不同，如果要使V型的斜边弧度比较大，即接近鸡心领，可以将AE线两等分，H为两等分点，然后用光滑圆顺的曲线将A、H、C三点连接起来，则OAHCO即为$\frac{1}{2}$鸡心领领窝样板，如图6-36所示。如果要使前领的斜边弧度减小，就需要将二等分点H上移，上移的量取绝于V形领斜边的弧度，当将H点上移到最高点A点时，直接连接AC点，则领型就转化成V形领或三角形领。在实际样板设计中，可以根据所要求的领子的形状来决定H点的位置。然后用光滑圆顺的曲线或直线将A、H、C三点连接起来即可。图6-37为将H点上移至$\frac{1}{4}$处时领窝样板的形状。

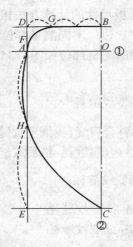 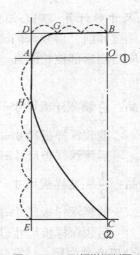

图6-36　鸡心领样板制图　　　　图6-37　V形领样板制图

二、常用添领样板的设计

（一）三扣翻领样板的设计

1. 款式分析 三扣翻领款式和测量部位如图6-38所示。领子可以采用横机领，也可以用同色或异色布制作。用平缝机绱于衣身领窝上。门襟处有三粒扣子，用平缝机绱门襟。在成品规格中除给出领宽和前、后领深的尺寸外，还要给出门襟长、门襟宽及领长和领宽的尺寸。样板尺寸的设计包括前、后领窝、门襟孔、门襟和领子样板。该产品一般为合肩产品，因此以下都按合肩产品计算，对于连肩产品，只需在领深样板计算时减去相应的合肩缝耗即可。

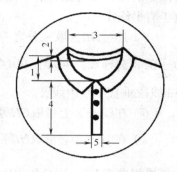

图6-38 三扣翻领示意图

2. 样板尺寸计算

（1）领窝样板：$\frac{1}{2}$领宽样板尺寸=$\frac{1}{2}$领宽成品规格-绱领缝耗

前领深样板尺寸=前领成品规格+合肩缝耗-绱领缝耗

后领深样板尺寸=后领成品规格+合肩缝耗-绱领缝耗

门襟孔长样板尺寸=门襟成品规格-绱门襟底缝耗+绱领缝耗

$\frac{1}{2}$门襟孔宽样板尺寸=$\frac{1}{2}$门襟宽规格-绱门襟缝耗

（2）门襟样板尺寸：门襟长样板尺寸=门襟长成品规格+绱领缝耗+绱门襟底缝耗

门襟宽样板尺寸=门襟长成品规格+绱门襟缝耗

门襟一般为双层，因此用上述公式计算的门襟宽度应再乘以2。

（3）领子样板尺寸：领长样板尺寸=领长成品规格+领子两端合领边缝耗

领宽样板尺寸=领宽成品规格+绱领缝耗

对于横机领来说，领子两端不需缝合，因此领长等于成品规格，领宽与上面的计算方法相同，等于领宽成品规格加绱领缝耗。用原身布作的领子也是双层的，以上计算的是单层领子的样板尺寸，裁剪时应特别注意。

3. 三扣翻领领窝、门襟、领子样板的制图 三扣翻领领窝样板制图如图6-39所示，制图步骤如下。

（1）作肩平线①和领中线②，两线相交于O点。

（2）在肩平线上量取OA等于$\frac{1}{2}$领宽样板尺寸；在领中线向上量取OB等于后领深样板尺寸，向下量取OC等于前领深样板尺寸。

（3）分别以$\frac{1}{2}$领宽为长边，以前、后领高样板尺寸为短边作两个矩形AOBD和AOCE。

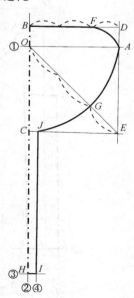

图6-39 三扣翻领领窝样板制图

（4）用与鸡心领相同的作图方法作出后领弧线AFB弧。则$OAFBO$为$\frac{1}{2}$后领窝样板。需要注意的是，因为是合肩产品，在合肩处有合肩缝耗。因此，在A点处要有0.75cm的线段垂直于肩平线①。

（5）连接OE，取三分之一等分点G，用光滑的弧线将A、G、C点连接起来，则$OAGCO$为$\frac{1}{2}$前领窝样板。同理，在A点处向下也要有0.75cm的线段垂直于肩平线①。在C点处应有1cm线段垂直于领中线②。

（6）在线段②上量取CH等于门襟孔长样板，并过H点作线段③垂直于线段②。

（7）在线段③上量取HI等于$\frac{1}{2}$门襟孔宽样板尺寸，过I点作线段④平行于线段②，与前领弧线相交于J点，则$OAGJIHCO$为$\frac{1}{2}$前领窝及门襟孔样板。

领门襟样板是在前领窝的基础上作出的，其制图如图6-40所示，制图步骤如下：

按上述相同的方法作出$\frac{1}{2}$前领窝样板$OABCO$，在线段②上量取CD等于门襟样板长，过D点作线段③垂直于线段②，在线段③上向左量取DE等于$\frac{1}{2}$门襟宽成品规格，并过E点作线段④平行于线段②，与过C点的水平延长线相交于G点；向右量取DF等于$\frac{1}{2}$门襟宽成品规格加绱门襟缝耗，并过F点作线段⑤平行于线段②，与前领弧线相交于H点，则$GCHFEG$为领门襟样板。需要说明的是，领门襟都是做成双层的，因此GE线应画成点划线，表示此线是翻折线，不能裁开。

领子样板如图6-41所示，图中a是领子长样板尺寸，b是领宽样板尺寸，若是用大身同料布做领子，领子为双层。

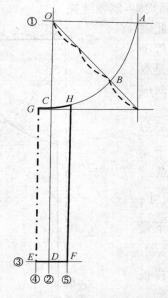

图6-40　三扣翻领门襟样板制图

图6-41　领子样板

（二）交叉领样板设计

1. 款式分析 交叉领与三扣翻领的区别是两片领门襟只是在下部重叠，呈交叉状态，门襟下端尺寸平均分配在衣身中垂线两侧。门襟上端呈并列状态，在前领中点重合。并完全与领子连接，交叉领款式及测量部位如图6-42所示。

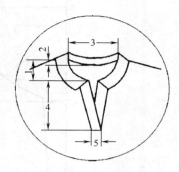

图6-42 交叉领款式及测量部位

2. 领子样板尺寸的计算 领子各个部位样板尺寸的计算公式如下：

（1）领窝样板：$\frac{1}{2}$领宽样板尺寸=$\frac{1}{2}$领宽成品规格－绱领缝耗

前领深样板尺寸=前领成品规格+合肩缝耗－绱领缝耗

后领深样板尺寸=后领成品规格+合肩缝耗－绱领缝耗

门襟孔长样板尺寸=门襟成品规格－绱门襟底缝耗+绱领缝耗

$\frac{1}{2}$门襟孔宽样板尺寸=$\frac{1}{2}$门襟宽成品规格－绱门襟缝耗

（2）门襟样板：门襟长样板尺寸=门襟长成品规格+绱领缝耗+绱门襟底缝耗

门襟宽样板尺寸=门襟长成品规格+绱门襟缝耗

（3）领子样板：领长样板尺寸=领长成品规格+领子两端合领边缝耗

领宽样板尺寸=领宽成品规格+绱领缝耗

在成品中一般给出了领宽、前领深、后领深、门襟长、门襟宽以及领子长和领子宽的成品规格。绱领子及绱门襟采用平缝机，缝耗取1cm，门襟底先用三线包缝光边，然后用平缝机上底，缝耗为1.5～2.5cm。在实际设计中，根据给定的成品规格，参考给定的缝耗值，利用上面的公式就可以计算出相应的样板尺寸。

3. 领窝及门襟样板的制图 交叉领样板制图如图6-43所示，制图步骤如下：

（1）～（5）的步骤同三扣翻领，分别作出前、后领窝样板OAGCO和OAFBO。

（6）在线段②上量取CH等于门襟孔长样板尺寸，过H点作线段③垂直于线段②，在线段③上量取HI等于门襟孔下端宽样板尺寸。

（7）在CE线上量取CJ等于门襟孔上端宽样板尺寸，连接IJ并延长与前领弧线相交于K点，则OAGKJIHCO为$\frac{1}{2}$前领窝及门襟孔样板。

门襟样板是在前领窝样板的基础上作出的，交叉领门襟制图如图6-44所示，制图步骤如下：

用与三扣翻领相同的方法作出前领窝的样板OACBO。

（1）在线段②上量取BD等于门襟长样板尺寸，过D点作线段③垂直于线段②。

（2）在线段③上量取DE等于$\frac{1}{2}$门襟宽成品规格，连接BE；再在线段③上量取DF等于$\frac{1}{2}$门襟宽成品规格加绱门襟缝耗，过F点作线段④平行于BE，则BGFEB为领门襟样板。门襟样板为双层，因此BE线应画成点划线，不能裁开。

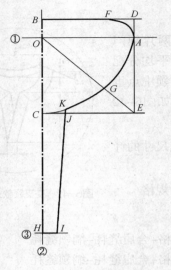

图6-43　交叉领样板制图

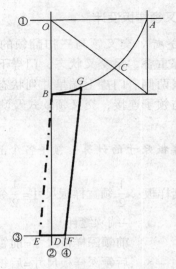

图6-44　交叉领门襟样板制图

第六节　双裆棉毛裤样板的设计

一、双裆棉毛裤结构分析

棉毛裤款式及测量部位如图6-45所示，其样板可分解为裤身、裤口、大裆和小裆四块样板车，分解样板图如图6-46所示。大裆也称为直裆，小裆也称为横裆。在进行样板设计时，要分别对上述四块样板进行设计。

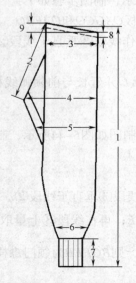

图6-45　棉毛裤款式及测量部位

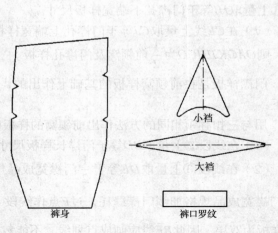

图6-46　分解样板图

在棉毛裤成品规格中一般给出了裤长1、直裆2、$\frac{1}{2}$腰宽3、横裆4、中腿5、裤口6、裤口罗纹长7、裤腰折边宽8和前后腰差9的成品规格，而对大小裆的尺寸没有做出具体的规定。在进行样板设计时，可以由已知的直裆、横裆、中腿和腰身等的尺寸及经验确定。为了说明它们之间的关系，现将直裆和横裆部分放大并顺时针转90°，可得图6-47所示的裆结构分析放大图。图中水平线①代表裤身与裆的连接缝，垂直线②代表横裆位置线，由图可以看出，直裆1近似由裤身部分2、小裆中线长3和大裆翻转过来的部分4三部分组成。根据经验，裤身部分一般占直裆的40%，小裆与大裆部分的和占60%，而大裆部分一般在2～5cm取值，号型大时，取值可大些。因此小裆中线长BC就等于直裆长减去大裆翻转过来的部分AC长。OA等于横裆与$\frac{1}{2}$腰宽的差值，这样A点的位置就可以确定。连接AB，在其上取C点，作CE平行于OA，则CE的值可通过作图确定。又根据经验，DE近似等于$\frac{1}{2}$的EB，因此CBED小裆的形状可以求出。

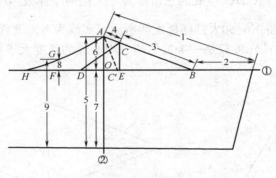

图6-47　裆结构分析

在图中，AC'表示大裆在裆前片横裆处的位置，C'与裤前片中点相连，C'H为大裆与前裤片相连的线，也是大裆的一个菱形边，AC为大裆翻转的长度，CD为大裆与小裆的连接部分，CDH线应与HC'线相等，都等于大裆的一个菱形边。因此，根据OA、GF、和AC的值就可以用作图的方法求出大裆。

二、大、小裆样板的设计

通过上面的分析，已经确定了大裆、小裆与已知的直裆、横裆、裤腰身及中腿之间的关系。下面就利用作图的方法来设计大、小裆的样板，大小裆的制图如图6-48所示，作图步骤如下：

（1）作水平线①代表裤身与裆的连接线，垂直线②代表横裆位置线，两线相交于O点。

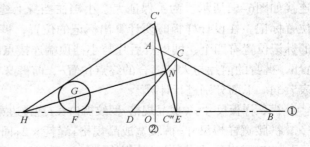

图6-48 大小裆的制图

（2）在线段②上量取OA等于横裆成品规格与$\frac{1}{2}$腰宽成品规格之差，并以A点为圆心，以直裆长成品规格×60%×（1+回缩率）为半径画弧，与线段①相交于B点。

（3）在AB线上量取大裆翻转过来的部分AC的长度，过C点作线段①的垂线，与线段①相交于E点，然后在线段①上量取DE等于$\frac{1}{2}$的BE，则BCD为$\frac{1}{2}$小裆的净样板，其中BC为小裆的中心线。将其中心线垂直放置，并加上缝耗即成为图6-49所示的小裆样板，图中的虚线为上面制图所得的净样板，实线为考虑缝耗后的小裆毛板。在制作样板时，应注意将C点处作成弧线，以便于缝制。

（4）在线段①上量取OF等于10cm（中腿宽的位置线），并过F点作线段①的垂线GF，使其等于中腿与$\frac{1}{2}$腰宽成品规格之差。然后以G点为圆心，以GF为半径画圆。

（5）在线段②上量取AC'等于AC，并过C'点作圆的切线，与线段①相交于H点。在线段①上量取HC''等于HC'，则$C'HC''$组成的三角形为$\frac{1}{2}$大裆的净样板，HN为大裆的中心线。将中心线水平放置，则可得图6-50大裆样板虚线所示，实线为考虑缝耗后的毛板。

用此方法求得的大裆样板只是一个近似值，中心线的长度大于实际的长度，因此，在此方向可以不考虑缝耗。

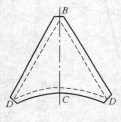

图6-49 小裆样板

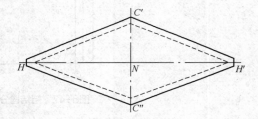

图6-50 大裆样板

三、裤身样板的设计

（一）样板尺寸的计算方法

裤身样板尺寸的计算包括裤长样板尺寸、裤腰宽样反尺寸和裤口样板尺寸。大小裆的连接如图6-51所示。为了保证大、小裆在裆身上缝合的位置正确，要在裤身上作出缝合的位置标记。在设计样板时要计算出标记的位置，裤身标记位置如图6-52所示。裤身样板上的标记位置有四个，即裤身后片与小裆顶端连接点的位置a、裤身后片与大裆缝合的终点位置b、裤身的前片与大裆缝合的终点位置c、前裤身中线上大裆的起点d。棉毛裤类规格参见表5-34。下面分别进行计算。

裤长样板尺寸=（成品规格-罗纹裤口长+挽腰边宽+挽边缝耗+绱罗纹缝耗）×（1+回缩率）

裤腰宽样板尺寸=裤腰宽成品规格+缝耗×2+回缩量（取1cm）

裤口样板尺寸=裤口成品规格+缝耗+回缩量（取0.25cm）

a点位置=（直裆长×40%+折腰边宽+折腰边的缝耗）×（1+回缩率）

　　*b*点位置是大裆与小裆连接的终点，即图6-47中的*H*点，它与*a*点的距离等于大裆斜边长与$\frac{1}{2}$小裆底边缝合后的长度再加上小裆长三角边的长，也就是图6-51中*BD+DH*线的长度。可用作图求得的大裆斜边长*HC'*减去$\frac{1}{2}$小裆底边长*DC'*，再加上小裆的斜边长*DB*。

　　*c*点是裤身的前片与大裆缝合的终点位置，它与后片的*b*点缝合在一起。因此，在确定了*b*点的位置后，过*b*点作裤前身中线①的垂线，与裤前身中线的交点即为*c*点。

　　*d*是前裤身中线上大裆的起点，它与*c*点的距离等于大裆的一个斜边长。

　　在实际设计中，根据给定的成品规格，运用上面介绍的公式，就可以计算出各个部位样板的尺寸。

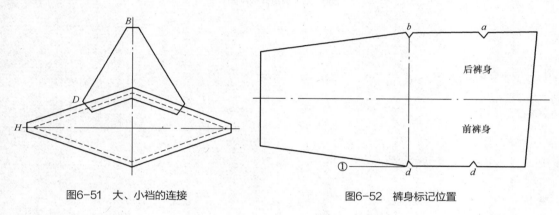

图6-51　大、小裆的连接　　　　　　　　　　图6-52　裤身标记位置

（二）双裆棉毛裤裤身样板的制图

　　裤身样板制图如图6-53所示，步骤如下：

　　（1）作水平线①和垂直线②，两线相交于*O*点。

　　（2）在垂直线②上量取*OA*等于裤腰宽样板尺寸，然后分别过*A*点及*OA*的中点作线段③和线段④平行于线段①。设线段④的上部为后裤片，下部为前裤片，线段③为后裤身的中线，线段①为前裤身的中线。

　　（3）在线段①上取*OD*等于前后腰差值，连接*AD*，并在*AD*上取*AC*等于$\frac{1}{4}$*AD*。

　　（4）作线段⑤平行与线段②，并使两线之间的距离等于裤长样板尺寸。

　　（5）作线段⑥平行于线段⑤，并使两线之间的距离等于5cm（裤口大的测量部位）加上裤口罗纹的缝耗。然后在线段⑥上量取*GH*等于裤口大样板尺寸的2倍，并使其均匀地分配在线段④的两端。

　　（6）在线段③上量取*Aa*等于*a*点的样板长度，量取*ab*等于小裆与大裆样板缝合后的折线长，过*b*点作线段⑦平行于线段②，并与裤前身中线交于*c*点。在前裤中线上量取*cd*等于大裆样板的一个斜边长。

　　（7）连接*bE*线，并延长与线段⑤交于*G*点，连接*cF*，并延长与线段⑤交于*H*点，则*ADdcFHGEba*各点组成的图形为裤身的样板。为了使裤子穿着合体，一般在裤口处沿裤边线④上提0.75～1.5cm。图中*a*、*b*、*c*、*d*各点为标记位置。

　　裁剪时，后裤身*AabEG*线应剪开，前裤身的*dcFH*折线应裁剪开；但*dD*线不能剪开，在图中用点划线表示。图6-53也同时表示了两条裤子套裁时的排料情况。

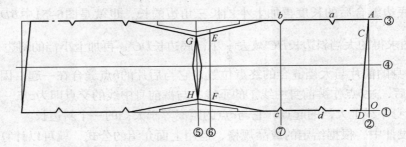

图6-53　裤身样板制图

第七章　外衣类针织服装样板设计的方法

外衣类针织服装又称针织外衣，是指穿在人体外面能在公共、社交等场合穿用的服装，种类繁多、款式丰富。该类服装样板设计的方法主要有平面裁剪法和立体裁剪法。其中平面裁剪法又包括比例分配法、原型法和基础样板法。

第一节　比例分配法

一、比例分配法概述

比例分配法是通过大量的人体测量，对人体测量数据进行统计分析，将人体的基本部位（如身高、净胸围、净腰围及净臀围等）与细部之间的进行回归分析，得到它们之间的回归关系。从而可以根据人体的基本数据通过回归方程求得各细部尺寸，也就是说用基本部位的数据来推算细部数据。例如，用人体的身高（号）推算服装的长度尺寸：衣长L、袖长SL、腰节长WL、裤长等；用胸围B（型）推算服装的上身相关围度的尺寸：肩宽S、胸宽BW、背宽BBW、领围N等；用腰围W或臀围H来推算服装的下身相关围度的尺寸：裤子的前、后横裆等。服装制图主要部位代号见表5-3。

由于细部制图公式主要是用胸围B、臀围H的回归方程表达，故称胸度法、臀度法。

根据回归方程常数的比例形式，常分为下列几种：

（1）十分法：常见的比例形式为$\dfrac{a}{10}B$，$\dfrac{a}{10}H$等形式（a为1~9的整数）。

（2）四分法：常见的比例形式为$\dfrac{a}{4}B$，$\dfrac{a}{8}B$等形式（前者a为1~3的整数，后者a为1~7的整数）。

（3）三分法：常见的比例形式为$\dfrac{a}{3}B$，$\dfrac{a}{6}B$等形式（前者a为1~2的整数，后者a为1~5的整数）。

比例分配制图法具有操作相对方便、易学、较直观，只要记住每款服装的各部位的比例公式，就可以直接在纸上或衣料的反面进行画线，一切都在平面上进行，而不需要更多的立体思维，这是一种一步到位的方法；此法的缺点是以服装为基础进行结构制图，操作时衣片各部位比例、公式、数值都是以指定的服装款式为出发点，对人体的体形变化需要一定的经验去进行数值上的调整，在精度上仍有一定误差和局限性。该方法容易形成思维的定势，灵活性、创造性受一定限制，较难适应服装款式变化较大的结构设计。

二、比例分配制图方法

下面以女衬衫为例，简单介绍用比例分配法制图的一般方法和步骤，图7-1为比例法女衬衫制图绘制的结构图，尺寸的计算及制图步骤如下：

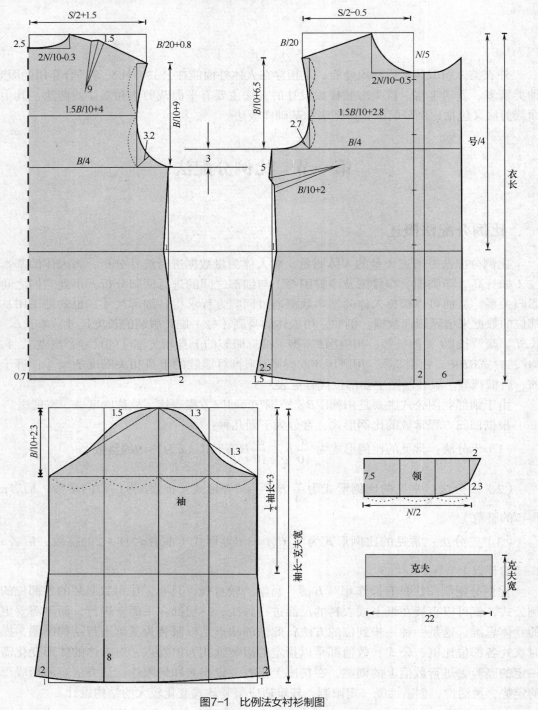

图7-1　比例法女衬衫制图

1.**必要制图尺寸**　制图规格：号型：160/84；衣长L：66cm；胸围B：100cm；肩宽S：40cm；领围N：37cm；袖长：54cm。

2.**衣身纸样绘制**

（1）衣长线：66cm。

（2）上平线、下平线：分别垂直于衣长线。

（3）前、后肩高：分别为$B/20=5$、$B/20+0.8=5.8$。

（4）前、后袖窿深：分别为$B/10+6.5=16.5$、$B/10+9=19$。

（5）腰节高：号/4=40。

（6）前领口深：$2N/10=7.4$。

（7）后领口深：2.5。

（8）前、后领口宽：分别为$2N/10-0.5=6.9$、$2N/10-0.3=7.1$。

（9）前胸宽、后背宽：分别为$1.5B/10+2.8=17.8$、$1.5B/10+4=19$。

（10）前、后肩宽：分别为$S/2-0.5=19.5$、$S/2+1.5=21.5$。

（11）前后胸围：均为$B/4=25$。

（12）腋下省长：$B/10+2=12$。

（13）袖深：$B/10+2.3=12.3$。

（14）袖肘：袖长/2+3=30。

其他细部数据如图7-1所示，画顺所有轮廓线的线条。

第二节　原型法

一、原型的概念和特点

原型是平面剪裁的基础，也是人体的基础型。人的上体外形复杂且凹凸不平，要把平面的布料制作成合体的服装，就必须先把凹凸不平的各个部位制作成平面图，这个平面图就是原型。利用原型可以设计、变化出多种服装款式，使用极为方便。

以人体净体尺寸或紧身尺寸为依据再加放必要的放松量（上身的呼吸量和运动上下肢的机能），将曲线的人体形状根据成衣的轮廓，以推理的形式把立体法、胸度法、短寸法等结合为一体，从而展开成一定的平面图形，根据这个图形绘出的样板是原型板。

原型板以结构合理、合体度强、变化灵活、使用方便、可适应多种服装款式变化为特点，是目前较为科学、理想的结构设计工具之一。

原型法是将大量测得的人体体型数据进行筛选，求得人体基本部位中若干重要的部位，以比例形式来表达其他相关部位结构的最简单的基础样板，然后再用基础样板通过省道变换、分割、褶裥等工艺形式变换成结构较复杂的结构图。原型法种类很多，其制图比例与衣片外形变化方法都各有不同。利用原型法制图时必须符合下列四个条件。

（1）需测部位尽量少：要制作一件合体的服装，如果需测量人体部位的尺寸，则因测量者的技术和测量工具而引起误差。并且部位因素过多，要将这些因素组合起来作图，也会增大技术难度。同时，在工业生产中要大量生产适合最大数量的消费者的穿着需求，要求测量很多部位的数据也是不可能的，这时应根据部位相关数据科学地确定最少数量的基本部位，再用基本部位的比例形式去表达大量的非基本部位的尺寸。

（2）作图过程容易：需用的作图工具简单，基本尺寸的运算简便。原型法使用的公式是从大量的人体部位数据采样，经过统计分析而得到的，应该说具有相当的科学性，但公式应尽量简化和实用。

（3）适用度高：既能满足人体静态的美观要求，又能适合人体运动的舒适性要求。在满足这两个条件的基础上，做到适穿者的范围要广泛。

（4）应用与变化容易：原型不但要制作容易，而且在用作各类款式的纸样设计时，要求图形变化方法简单、明白易懂。

原型纸样主要包括女装原型、男装原型和童装原型。

二、原型纸样各部位名称

衣身原型名称、衣袖原型名称及裙子原型名称分别如图7-2～图7-4所示。

三、原型纸样制作

（一）日本女子文化式上衣原型纸样制作

1. 必要制图尺寸　制图规格：净胸围82cm，净腰围66cm，背长38cm，袖长52cm。

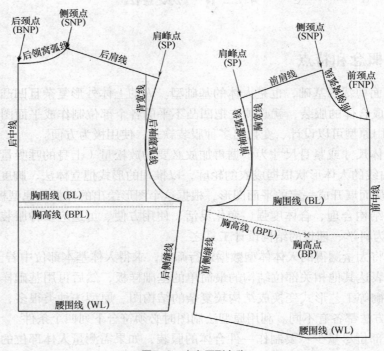

图7-2　衣身原型名称

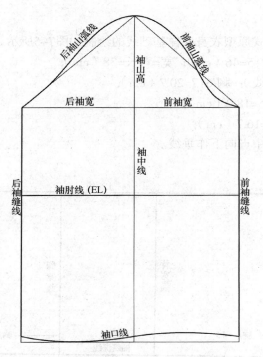

图7-3　衣袖原型名称

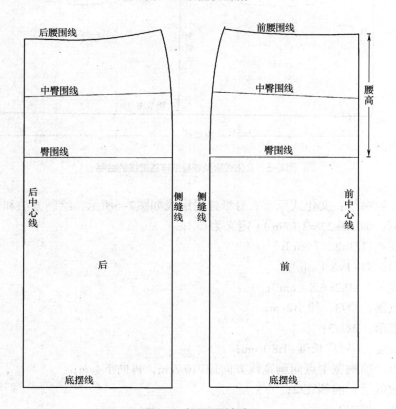

图7-4　裙子原型名称

2.衣身纸样绘制

（1）基础线：文化式原型衣身纸样基础线的绘制如图7-5所示，绘制方法和步骤如下：

①长方形：长=胸/2+5=46（cm）；宽=背长=38（cm）；

②胸围线（袖窿深线）：胸/6+7=20.7（cm）；

③背宽线：胸/6+4.5=18.2（cm）；

④胸宽线：胸/6+3=16.7（cm）；

⑤侧缝线：胸围线中点向下作垂线。

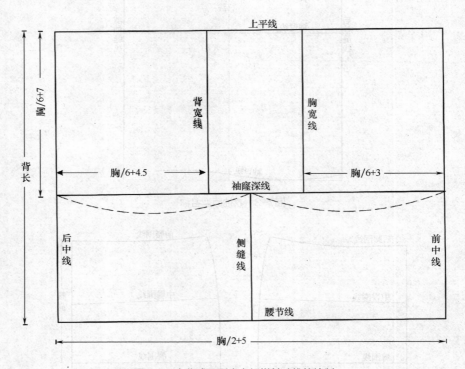

图7-5　文化式原型衣身纸样基础线的绘制

（2）衣片轮廓线：文化式原型衣身纸样轮廓线如图7-6所示，绘制方法和步骤如下：

①后领宽：胸/20+2.9=7（cm）（定义为◎）；

②后领高：◎/3=2.3（cm）；

③前领深：◎+1=8（cm）；

④前领宽：◎−0.2=6.8（cm）；

⑤后肩点落：◎/3，伸出2cm；

⑥前肩点落：2◎/3；

⑦前肩长度：（后肩长度−1.8）cm；

⑧胸乳点：前胸宽中点向胸宽线方向偏离0.7cm，再向下4cm；

⑨前片放低量：前领宽/2；

⑩侧缝线：偏左2cm。

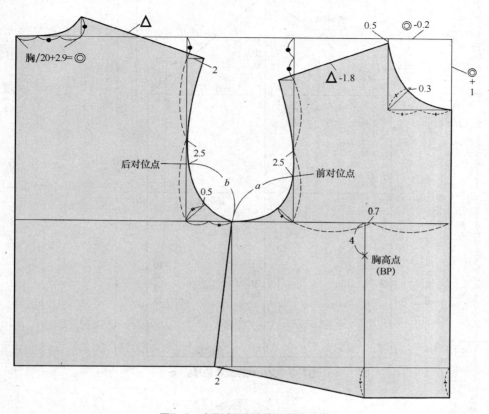

图7-6　文化式原型衣身纸样轮廓线

3.袖片纸样绘制　必要制图尺寸：前袖窿弧线长（前AH）；后袖窿弧线长（后AH）；袖长52cm。

（1）基础线绘制：文化式原型衣袖的基础线如图7-7所示，绘制方法和步骤如下：

①作十字线：竖线为袖中线；横线为袖窿深线；

②袖山高：$AH/4+2.5$，（AH为袖山弧线总长，即袖窿见表5-3）；

③袖肘线：袖长中点下2.5cm作水平线；

④后袖山斜线：后$AH+1$；

⑤前袖山斜线：前AH。

（2）轮廓线：文化式原型衣袖轮廓线如图7-8所示，绘制方法和步骤如下：

①袖山弧线：前袖山斜线四等分，第一等分点垂直于前袖山斜线向内1.3cm取一点；第三等分点垂直于前袖山斜线向外1.8cm取一点；从袖山顶点量取前袖山斜线四等分的一等分处垂直于后袖山斜线向外1.5cm取一点；过所取点，画顺袖山弧线；

②袖口弧线：前袖缝向上1cm；前袖口中点向上1.5cm；后袖口中点；后袖缝向上1cm；分别过这些点画顺袖口弧线。

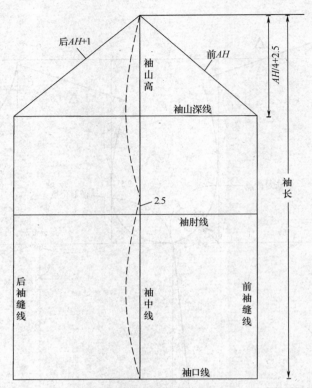

图7-7 文化式原型衣袖基础线

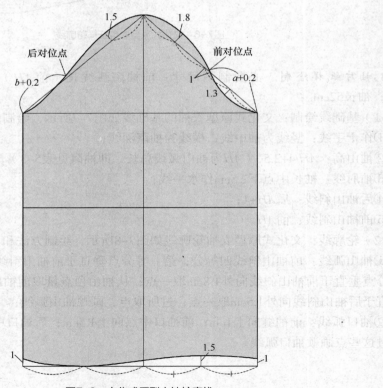

图7-8 文化式原型衣袖轮廓线

（二）日本女子新文化式原型纸样制作

1.衣身原型

（1）作基础线：新文化原型基础线如图7-9所示，绘制方法和步骤如下：

①背长线：以A点为后颈点向下取背长38cm作为后中心线；

②衣长线：画腰围线（WL）水平线，并确定衣身宽（前后中心之间的宽度）（$B/2+6$）cm；

③胸围线：从A点向下量取（$B/12+13.7$）cm确定胸围水平线BL；

④前中心线：垂直WL画前中心线；

⑤后背宽：在BL上，由后中心向前中心方向取后背宽线（$B/8+7.4$）cm确定C点；

⑥后背宽线：经C点向上画背宽垂直线；

⑦后上平线：经A点画水平线与背宽线相交；

⑧肩省的省尖点：由A点向下8cm处画一水平线与背宽线相交于D点。将后中心线至D点的中点向背宽方向取1cm确定为E点作为肩省的省尖点；

⑨上平线位置点：在前中心线上从BL线向上取（$B/5+8.3$）cm，确定B点；

⑩前上平线：通过B点画一条水平线；

⑪前胸宽：在BL线上由中心线取胸宽为（$B/8+6.2$）cm；

⑫前胸宽线：向上做垂线即为胸宽线；

⑬在BL线上，沿胸宽线向后取$B/32$作为F点；

⑭侧缝线：过CF的中点向下作垂直的侧缝线；

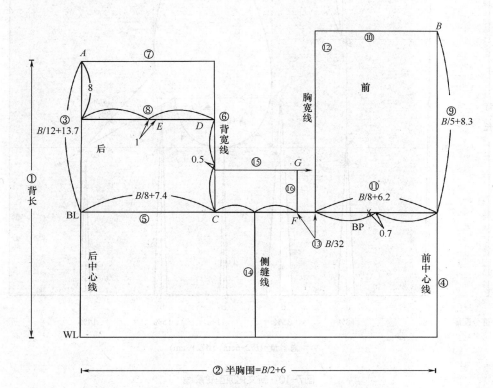

图7-9　新文化原型基础线

⑮过C、D两点的中点向下0.5cm的点作水平线G线；

⑯由F点向上作垂直线与G线相交得G点；

⑰胸高点：由胸宽的中点位置向后中心线方向取0.7cm确定BP。

（2）绘制轮廓线：新文化原型轮廓线如7-10所示，绘制方法和步骤如下：

①前领口弧线：由B点沿水平线取（B/24+3.4）cm=◎（前领口宽），确定SNP点。由B点向下取（前领口深◎+0.5）cm确定FNP点并作领口矩形，将矩形对角线将其进行三等分。过SNP、FNP及矩形对角线的三等分点沿对角线向下0.5cm，如图画圆顺前领口弧线；

②前肩斜线：以SNP为基准确点取22°的前肩倾角度，与胸宽线相交后延长1.8cm确定前肩斜线；

③后领口弧线：由A点沿水平线取（◎+0.2）cm（后领口宽），取其1/3作这后领口深的垂直长度，并确定SNP点，如图画圆顺后领口线；

④后肩斜线：以SNP为基准点取18°的后肩倾斜角度，在此斜线上取前肩斜线长+后肩省（B/32-0.8）cm作后肩斜线；

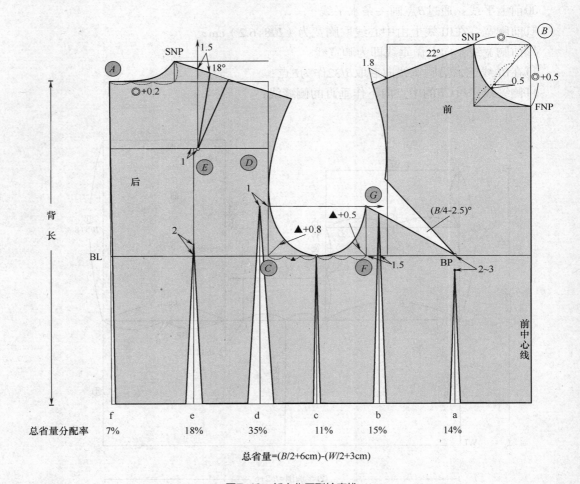

总省量分配率

f	e	d	c	b	a
7%	18%	35%	11%	15%	14%

总省量=(B/2+6cm)-(W/2+3cm)

图7-10　新文化原型轮廓线

⑤后肩省：通过E点，向上作垂直线与肩线相交，由交点位置向肩点方向取1.5cm作为省道的起始点。并取（B/32-0.8）cm作为后肩省的大小，连接省道线；

⑥后袖窿弧线：由C点作45°作斜线，在线上取（▲+0.8）cm作为袖窿参考点，以背宽线作袖窿弧切线，通过肩点经过袖窿参考点画顺后袖窿弧线；

⑦前胸省：由F点作45°倾斜线，在线上取（▲+0.5）作为袖窿参考点，经过袖窿深点、袖窿参考点和G点画圆顺前袖窿弧线的下半部分。以G点和BP点连线为基准线，向上取（B/4-2.5）cm度夹角用为胸省量；

⑧前袖窿弧线：通过胸省长的位置点与肩点画顺袖窿线上半部，注意胸省合并时袖窿线要圆顺；

⑨腰省位：

a省：由BP点向下2~3cm作省尖，向下作WL垂线作省道中心线。

b省：由F点向前取1.5cm作垂直线与WL线相交，作为省道中心线。

c省：将侧缝线作省道中心线。

d省：参考G线的高度，由背宽线向后中心方向取1cm，由该点向下作垂线交于WL线，作省道中心线。

e省：由E点向后中心线方向取0.5cm，通过该点作WL线垂直线，作为省道中心。

f省：将后中心线作为省道的中心线。

各省量以总省量为依据参照比率计算，以省道中心线为基准，在其两侧取等分省量。

2.袖原型制图　　新文化式女子衣袖原型纸样制作，是在衣身袖窿曲线的基础上进行的。首先如图将上半身原型的袖窿省闭合，以此时前后肩点的高度为依据，在衣身原型的基础上绘制袖原型，如图7-11所示。

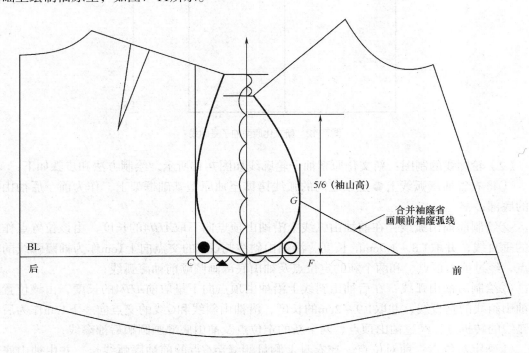

图7-11　袖山高的确定方法

（1）绘制基础框架：新文化原型袖子基础线如图7-12所示，绘制方法和步骤如下：

①拷贝衣身原型的前后袖窿，将前袖窿省闭合，画圆顺前后袖窿弧线；

②确定袖山高度：将侧缝线向上延长作为袖山线，并在该线上确定袖山高；

方法是：计算由前后肩点高度的1/2位置点到BL线之间的高度，取其5/6作为袖山高；

③确定袖肥：由袖山顶点开始，向前片的BL线取斜线长等于前AH，向后片的BL线取斜线长等于后AH+1cm+★（不同胸围对应不同★值）；向下作前后袖缝线。

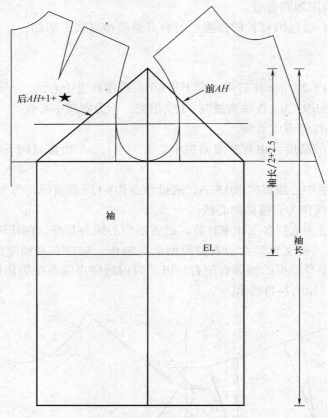

图7-12　新文化原型袖子基础线

（2）轮廓线的制图：新文化原型袖子轮廓线如图7-13所示，绘制方法和步骤如下：

①将衣省袖窿弧线上●至○之间的弧线拷贝至袖原型基础框架上，作为前、后袖山弧线的底部；

②绘制前袖山弧线：在前袖山弧线上沿袖山顶点向下取AH/4的长度，由该位置点作袖山的垂直线，并取1.8～1.9cm的长度，沿袖山斜线与G线的交点向上1cm作为袖窿弧线的转折点，经过袖山顶点、和两个新的定位点及袖山底部画圆顺前袖窿弧线；

③绘制后袖山弧线：在后袖山斜线上沿袖山顶点向下量取前AH/4的长度，由该位置作后袖山斜线的垂直线，并取1.9～2cm的长度，沿袖山斜线和G线的交点向一下1cm作为后袖窿弧线的转折点，经过袖山顶点、两个新的定位点及袖山底部画圆顺后袖窿线；

④确定对位点：前对位点，在衣身上测量侧缝至G点的前袖窿弧线长，并由袖山底部

向上量取相同的长度确定前对位点。

后对位：将袖山底部画有●印的位置点作为对位点。

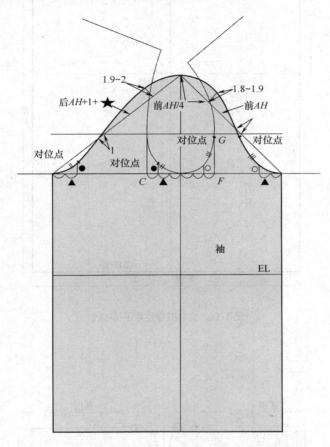

图7-13　新文化原型袖子轮廓线

（三）裙子原型纸样制作

1.必要制图尺寸　腰围W66cm，臀围H90cm，腰长20cm，裙长70cm。

2.基础线　文化式原型裙子原型的基础线如图7-14所示，绘制的方法和步骤如下：

（1）作长方形：长为裙长70cm，宽为裙宽H/2+2=47cm；

（2）臀围线：向下量取腰长20cm作臀围线；

（3）侧缝线：臀围取中向后片偏离1cm，作垂线；

（4）腰围线：后腰长W/4+0.5（松量）−1（前后差）=16（cm）；前腰长W/4+0.5（松量）+1（前后差）=18（cm）。

3.裙片完成线　文化式原型裙子轮廓线如图7-15所示，绘制的方法和步骤如下：

（1）截量取前后腰线长，其余部分三等分，作前后侧缝线，臀围线向上5cm处开始，至第一等分点处作弧线。

（2）后中向下1cm。

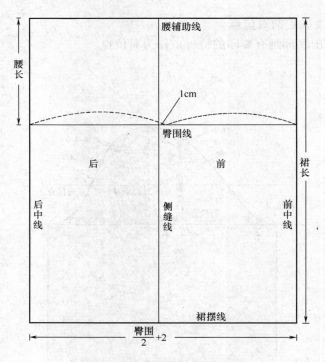

图7-14 文化式原型裙子基础线

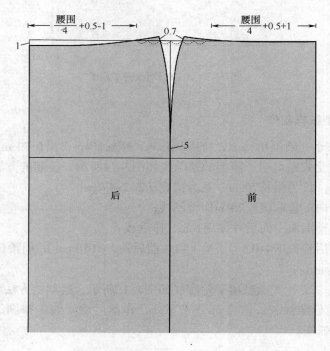

图7-15 文化式原型裙子轮廓线绘制

（3）前后侧缝上翘0.7cm。

（4）画顺前后腰围线和侧缝线。

（四）男外衣原型纸样制作

1.必要尺寸 身高（号）170cm，背长43cm，胸围90cm，袖长55cm，袖口宽（半围）14cm。

2.制图步骤

（1）衣身原型：男外衣衣身原型基础线绘制如图7-16所示。

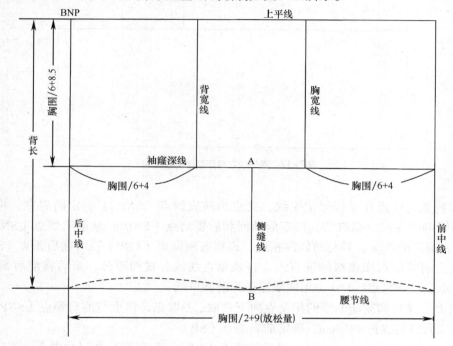

图7-16 男外衣衣身原型基础线绘制

①以背长43cm为纵向，（胸围/2+9）cm为横向作一矩形。矩形下端横线为腰节线，矩形上端横线为上平线；矩形左端竖直线为后中线，右端竖直线为前中线。上平线与背中线相交点为后颈窝中点（BNP）；

②以后颈窝中点（BNP）为基点垂直下量（胸围/6+8.5）cm作一水平线，此线为袖窿深线，也可称为胸围线（BL）。过胸围线的中点A作垂直线交于腰节线B点，AB为侧缝线；

③分别以胸围线与后中线的交点、胸围线与前中线的交点为起点，左右各量取（胸围/6+4）cm，确定背宽线和胸宽线；

④如图7-17，设：胸围/12=○，以后领窝点（BNP）为基点沿上平线向右量取○为后领宽，再将领宽三等分，在领宽点垂直上量○/3，为后领深，确定后肩颈点（SNP）。过后肩颈点（SNP）与后颈点（BNP）画顺后领窝弧线；

⑤以上平线与背宽线相交点下量取（○/2-0.5）cm取一点，该点与后领深的中点相连并延长2cm，确定后肩端点（SP）；

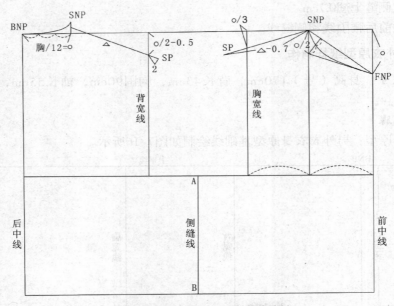

图7-17　男外衣衣身原型结构线绘制

⑥取胸宽的中点作垂线至上平线，交点为前肩颈点（SNP），确定前肩宽，再从上平线与前中线的交点向下量取○，确定前领深和后领窝点（FNP）；从前肩颈点（SNP）向下量取○/2，确定前领深，并与前领深相连，再将前领窝点（FNP）点与前肩颈点（SNP）相连，并过内前领深点作该线的垂直线。将该垂直线段分成两等分，最后将前肩颈点SNP、垂线段中点、前领窝点（FNP）用曲线连接为前领口线；

⑦以上平线与胸宽辅助线的相交点向下量取○/3取点，该点与前肩颈点（SNP）相连，并使该线比后肩斜线长小0.7cm，确定前肩端点（SP）；

⑧如图7-18所示，在后中线上过后领窝点（BNP）和胸围线之间的中点，作后中线的垂直线，与背宽线相交，并向外延长0.5cm为背宽点；过背宽点和胸围线之间的中点，作背宽线的垂直线与胸宽辅助线相交，并向胸宽辅助线内延长0.5cm为胸宽点；

⑨将侧缝点A与点C连成辅助线并凹进0.6cm（图7-18）；

⑩侧缝线与胸宽线之间的水平距离为前袖窿宽。将其分成三等份，过第一等分点与胸宽点至胸围线的中点连成辅助线；

⑪将前肩端点（SP）与D点连成辅助线，中点处凹进0.6cm；

⑫将前肩端点、胸宽点、侧缝点、背宽点、后肩端点用圆顺的线条连接，绘出袖窿弧线（AH）；

⑬连接后肩颈点（SNP）与后小肩斜线的1/2点处，画顺为小肩线并呈凹势；

⑭前小肩斜线的中点处向外凸0.3cm左右，画顺为前小肩线并呈凸势，使前后小肩线呈互补状；

⑮袖窿深/8与前袖窿弧线的交点D，为对袖吻合点。

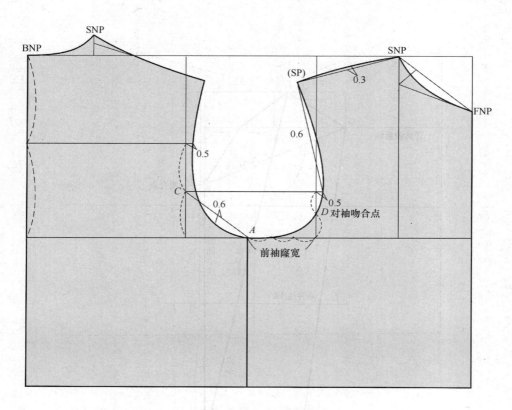

图7-18 男外衣衣身原型完成图

（2）袖原型的制作：男外衣衣袖原型基础线如图7-19，绘制的方法和步骤如下：

①以后肩端点顺后袖窿弧线向下量2.5cm确定袖山高，作袖山顶点水平线；

②以对袖吻合点D作袖山顶线的垂直线为前袖中线（D为袖窿深/8与前袖窿弧的交点，同前面原型制作）；

③以D点为基点量取（AH/2-2.5）cm斜靠背宽测量线G处确定袖宽大；

④取袖宽的中点K向后偏2cm为E点量取袖长斜靠至前袖中线为袖口起F点；

⑤男外衣衣身原型完成图如图7-20，以袖口起点F作袖长线的垂直线并量取袖口至H点，FM为袖口基本线；

⑥连接G、H两点为后袖缝基础线；

⑦从D点至F点量取1/2，并向上移1cm，作胸围线的平行为袖肘线（EL），与后袖缝基础线相交于L点；

⑧把G点与袖山顶点E连接，在连线中点外1.3cm，画出后袖山弧线；

⑨将背宽测量线从G点向前顺势延长到G'点，再取袖宽/4确定J点，从袖山顶点E开始按图7-20标的数据，画前袖山弧线至N点；

⑩将后袖缝基础线GH与袖肘线的交点L向外放出2.5cm至J点，由GH与胸围线交于I点向外放出2cm至P点，将G、P、J、H四点弧线连接为大袖片后袖弯弧线；

⑪将袖口处F点向外放长1cm，放出1.5cm，在袖肘线处凹1cm，从N点开始画出大袖片前袖缝线和袖口线，如图7-20所示；

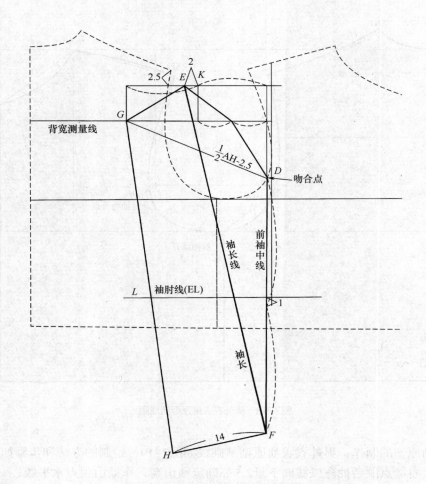

图7-19　男外衣衣袖原型基础线绘制

⑫从G点向内量2.5cm，缩短0.5至M点，从M点至I点经L、J两点中点至H点，画小袖片后袖弯弧线；

⑬将大袖片前袖缝向袖片内同时缩进1.5cm×2，从N'点开始画出小抽片前袖缝线；

⑭从M点至N'点画小袖片袖山弧线。

（五）童装原型纸样制作

童装原型是以净胸围为基本尺寸按比例计算制作的。胸围放松量14cm，袖山比较低，随年龄增长逐渐增加，制图方法与女装基本相同。按原型做前上片的原型，男童原型前片在左，女童原型与其方向相反，前片在右，后片在左，其他相同，儿童原型男、女可以通用。

1.必要尺寸　身高120cm，胸围60cm，背长28cm，袖长37cm。

2.制图步骤

（1）衣身原型：童装的衣身原型基础线如图7-21所示，绘制的方法和步骤如下。

①后中心线：背长28cm；

②腰围线：胸围/2+7=37（cm）；

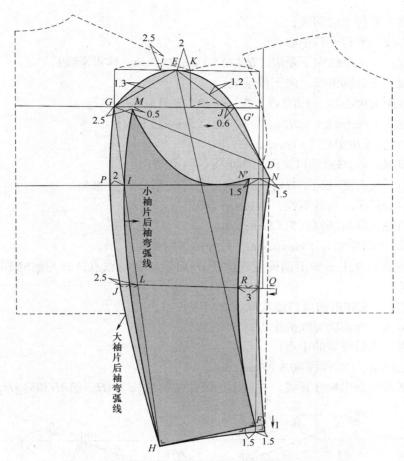

图7-20　男外衣衣身原型完成图

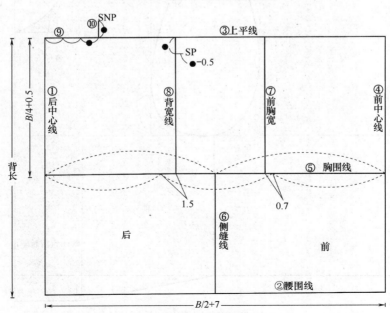

图7-21　童装衣身原型基础线

③上平线：平行于腰围线；

④前中心线：平行于后中心线；

⑤胸围线：从上平线向下量取（$B/4+0.5$）cm=15.5cm，作水平线；

⑥侧缝线：等分胸围线，向下作垂线；

⑦胸宽线距前中心线 $[$（$B/2+7$）$/3]$ cm+0.7cm=13cm；

⑧背宽线距后中心线 $[$（$B/2+7$）$/3]$ cm+1.5cm=13.8cm；

⑨后领口宽：（$B/20+2.5$）cm=5.5cm；

⑩后领口深：取1/3后领口宽向上作垂线，确定SNP；

⑪后SP点：延背宽线向下1/3后领口宽再向右1/3后领口宽-0.5；

⑫如图7-22所示，后片肩线：连接SNP与SP；

⑬前领口宽：同后领宽，为5.5cm；

⑭前领深：（后领宽+1）cm=6.5cm，并作前领窝弧线；

⑮前肩斜量：从上平线沿前胸宽线向下1/3后领口宽+1取点，并与前SNP连接并延长，得到前肩斜线；

⑯前SP点：从SNP沿前肩斜线量取后肩斜线长-1；

⑰前胸宽点：为前胸宽线的中点；

⑱背宽点：为后背宽的中点；

⑲前片放低量：（后领深+0.5）cm=2.3cm。

⑳用自然曲线画出袖窿弧线，并量出这段曲线的总长为AH，前AH和后AH。

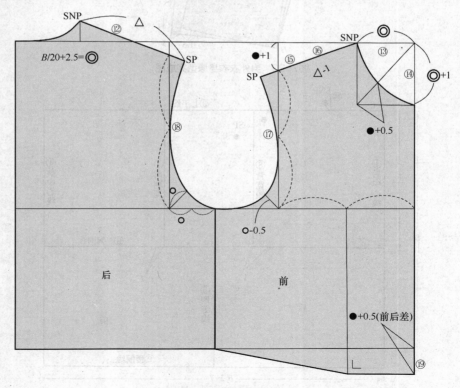

图7-22　童装衣身原型轮廓线

（2）袖原型：童装衣袖原型基础线如图7-23所示，绘制的方法和步骤如下：

①袖山深线；

②袖中线：垂直于袖山深线；

③袖山高：（AH/4+1.5）cm；

④前袖山斜线：从袖山顶点向袖山深线斜量前AH；

⑤后袖山斜线：从袖山顶点向袖山深线斜量后AH+0.5；

⑥袖长线：从袖山顶点沿袖中线量（袖长+2）cm；

⑦袖肘线：从袖山顶点沿袖中线量（袖长/2+2.5）cm；

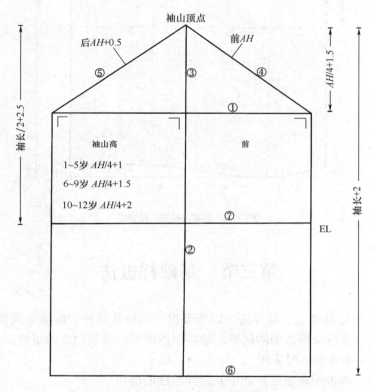

图7-23　童装衣袖原型基础线

童装衣袖原型轮廓线如图7-24所示，绘制的方法和步骤如下：

⑧⑨袖山弧线：前袖山斜线四等分，第一等分点垂直于前袖山斜线向内1.2cm取一点；第二等分点延前袖山斜线向下1cm取一点；第三等分点垂直于前袖山斜线向外1cm取一点；从袖山顶点量取前袖山斜线四等分的一等分处垂直于后袖山斜线向外1cm取一点；如图所示，过所取点，画顺袖山弧线；

⑩袖口弧线：前袖缝向上1cm；前袖口中点向上1.2cm；后袖口中点；后袖缝向上1cm；分别过这些点画顺袖口弧线。

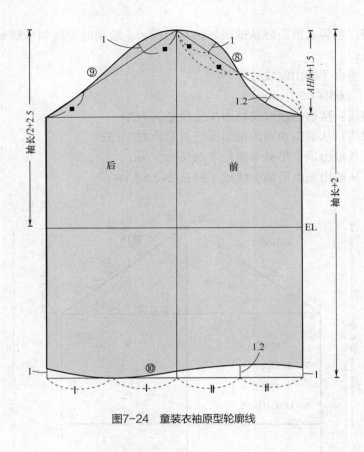

图7-24　童装衣袖原型轮廓线

第三节　基础样板法

基础样板法也称基型法、基样法。以所要设计的服装品种中最接近该款式造型的服装作为基型，对基型进行局部造型的调整，最终制作所需的服装款式的纸样。优点是步骤少、制板速度快，常为企业制板时采用。

下面以西服为例说明在服装企业中基础样板法的应用。

图7-25和图7-26分别为西服衣身、衣袖基型，通过试身或测量，在基型的基础上进行纸样的修改。

1.**前片**　如图7-25（a）所示。

（1）前止口线：上端向左增加1cm。

（2）前片肩部：肩端向上抬高0.6cm，加宽3cm。

（3）前片胸围大点：向上1cm，向右增加1.5cm。

（4）腰节：向上2cm，向左增加0.8cm，向右增加0.6cm。

（5）口袋位：向上2cm。

（6）衣长线：向上3cm。

2.**侧片**　如图7-25（b）所示。

（1）侧片胸围大点：向上2cm，向右增加2cm。

（2）袖窿弧线：向上1cm。

（3）腰节：向上2cm，向右增加0.4cm。

（4）衣长线：向上3cm。

3.**后片** 如图7-25（c）所示。

（1）背中线：背长减少0.5cm，底摆向右增加1.8cm。

（2）后片肩部：肩端向上抬高0.6cm，加宽3cm。

（3）后片胸围大点：向上2cm，向左增加1cm。

（4）腰节：向上2cm，向左增加0.4cm。

（5）衣长线：向上3cm。

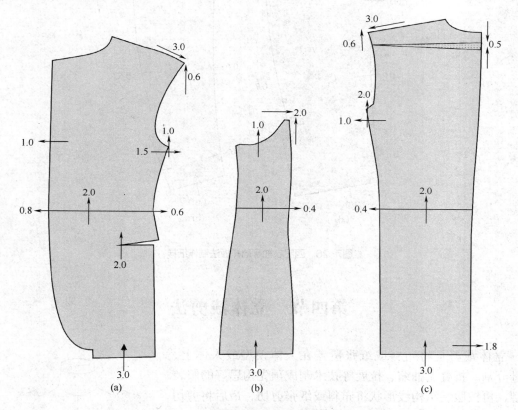

图7-25 西服衣身基础样板法制作纸样

4.**大袖** 如图7-26（a）所示。

（1）前袖宽点：向下减少0.5cm，向左增加0.5cm。

（2）后袖宽点：向右增加0.5cm。

（3）袖肘和袖口：袖缝两边分别向内缩小0.6cm和0.7cm。

（4）袖长线：向上1cm。

5.**大袖** 如图7-26（b）所示。

（1）前袖宽点：向左增加0.5cm。

（2）后袖宽点：向右增加0.5cm。

（3）袖底弧线：向下0.5cm。

（4）袖肘和袖口：袖缝两边都向内缩小0.6cm。

（5）袖长线：向上1cm。

通过以上的修改就可以完成一件新的样板的制作。

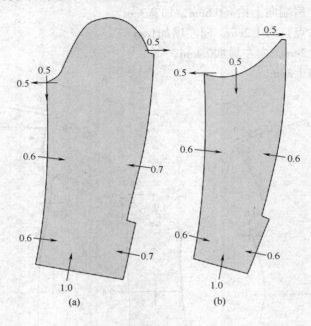

图7-26　西服衣袖基础样板法制作纸样

第四节　立体裁剪法

立体裁剪是将布料或纸张覆盖在人体模型或人体上，通过分割、折叠、抽缩、拉展等技术制成预先构思好的服装造型，再按服装结构线形状将布料或纸张剪切，最后将剪切后的布料或纸张展平放在纸样用纸上制成正式服装纸样。如图7-27所示。

随着服装业的发展趋势，立体裁剪已成为服装设计与裁剪专业人员所必须掌握的一门基础知识，在欧美、日本等一些服装发达国家已经被广泛应用，而在我国起步较晚。立体裁剪可以使造型师更加直观、准确地把握造型而不像平面制板要通过样衣的制作而反复调板。它可以令造型师很直接地感触到造型的外观，在人台或人体上加以调整，使造型更加到位。

立体裁剪可根据不同的款式，凭借设计师对服装特有

图7-27　立体裁剪

的感觉来把握松量，没有一定之规，但要考虑造型的机能性，还要把握造型的整体美感以及各部位的平衡关系。立体裁剪可以锻炼设计师的眼睛和手，把握造型的平衡关系，如分割线的位置，各部位的比例等。人体是立体的，服装造型也应该是立体的，要把人体的线条、人体的美表现出来、尤其要把整体的起伏感、层次感表现出来，凭借经验，通过反复验证、修整，使立体与平面更好结合，造型更完美，设计本身不应只停留在图纸上，把设计构思表现出来的过程才是最重要的。立体裁剪作为一种很好的表现手法可以使设计作品更具有生命力。

用立体裁剪进行结构设计，其服装贴合人体，衣缝线条自然、流畅。因为立体裁剪是将衣料直接披覆在人体模型上进行裁剪的，要求操作者具有较高的审美能力，能运用艺术的眼光根据服装款式的需要进行设计，在平面裁剪比较难表示的服装褶皱，曲线，波浪和复杂的衣缝线条等，在立体裁剪中均能得到较好的表现。立体裁剪适用于女式晚礼服，连衣裙等服装设计，并适合轻薄、柔软的面料，如丝绸、薄型化纤织物、丝绒或涤纶乔其纱等，对厚重硬挺的面料，采用立体裁剪则难以显示出其优势。另外，运用立体裁剪进行结构设计成本高、效率低，在现代服装工业生产中使用甚少，而在高级时装定制或艺术性，表演性强的服装领域中应用相对广泛。

第八章　针织服装规格演算法样板设计实例

第一节　上衣规格演算法样板设计实例

一、女吊带背心样板设计

（一）款式与产品规格

1.**产品分析**　女式吊带背心款式及测量部位如图8−1所示。衣身采用圆筒形精梳纯棉1+1罗纹面料，面料的平方米克重为170～180g/m²，直向缩水率为3%。吊带及前、后领边采用1.2cm松紧带对折，用平双针缝合。领宽与肩宽相同，下摆底边为折边。

2.**成品规格及测量部位**　成品规格尺寸见表8−1。

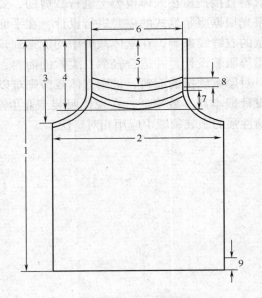

图8−1　款式及测量部位

表8−1　成品规格尺寸　　　　单位：cm

序号	规格 部位名称	75	80	85	90
1	衣长	54	55.5	57	58
2	胸宽	32.5	35	37.5	40
3	垂直挂肩	21.5	22	22.5	23
4	前领深	19.5	20	20.5	21
5	后领深	15	15.5	16	16.5
6	前、后领宽	19	20	21	22
7	前领窝深	6.5	7	7.5	8
8	后领窝深	3.5	3.5	3.5	3.5
9	折边宽	2	2	2	2

3.样板的分解　该款式服装可分解为一块衣身样板和一块领窝负样板。分解样板图如图8-2所示，（a）为衣身样板，（b）为领窝负样板。

4.缝耗及工艺回缩　由于该产品为圆筒形产品，因此不计算工艺回缩，挂肩及领口均用平双针缝松紧带边，因此不考虑缝耗。下摆用平双针折下摆，缝耗为0.5cm。

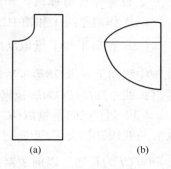

（二）样板尺寸的计算

以胸围80cm产品为例计算各分块样板的尺寸。

图8-2　分解样板图

1.领窝样板尺寸的计算

（1）$\frac{1}{2}$领宽样板尺寸$=\dfrac{\text{领宽成品规格}}{2}=\dfrac{20cm}{2}=10cm$

（2）后领窝深样板尺寸=后领窝深成品规格=3.5cm

（3）前领窝深样板尺寸=前领窝深成品规格=7cm

（4）后衣身吊带高=后领深–后领窝深15.5cm–3.5cm=12cm

（5）前衣身吊带高=前领深–前领窝深20cm–7cm=13cm

（6）前、后衣身吊带高度差=13cm–12cm=1cm。

2.衣身样板尺寸计算　衣长样板等于总衣长减去后身吊带长，肩宽与领宽相等。

（1）后片衣长样板尺寸=（总衣长成品规格–后身吊带长+折边宽成品规格+折边缝耗）

$$×（1+回缩率）$$

$$=（55.5cm–12+2cm+0.5cm）×（1+3\%）=47.4cm$$

（2）$\frac{1}{2}$胸宽样板尺寸$=\frac{1}{2}$胸宽成品规格=35cm/2=17.5cm

（3）$\frac{1}{2}$肩宽样板尺寸$=\frac{1}{2}$领宽成品规格（不计松紧带包折的厚度）=20cm/2=10cm

（4）衣身样板垂直挂肩样板尺寸=垂直挂肩成品规格–后身吊带长

$$=22cm–12cm=10cm$$

（三）样板的制图

有了以上各个部位的样板尺寸，就可以进行样板制图。

1.衣身样板的制图　衣身样板制图如图8-3所示，步骤如下：

（1）作肩平线①和衣身样板中分线②，两线垂直相交于O点。在中分线②上量取OA等后片衣长样板尺寸，过A点作线段③平行于肩平线①。

（2）在线段③上量取AB等于$\frac{1}{2}$胸宽样板尺寸，过B点作线段④平行于线段②，与肩平线相交于C点。过O点在肩平线上量取OD等于$\frac{1}{2}$领宽样板尺寸，并过D点作线段⑤平行于线段②。

（3）在线段④上量取CE等于衣身样板垂直挂肩样板尺寸，并过E点作线段EF垂直于线段④，与线段⑤相交于F点，然后按图示方法作出袖窿弧线，则OABEDO即为衣身样板。

2.领窝样板的作图　领窝样板制图如图8-4所示，步骤如下：

（1）作肩平线①和领中线②，两线垂直相交于O；

（2）在肩平线上量取OA等于$\frac{1}{2}$领宽样板尺寸，过A点作线段③平行于线段②；过O点在领中线向上量取OB等于后领窝深样板尺寸，然后参考图6-33一字领的作图方法，作出后领窝弧线。则OABO为后领窝样板。

（3）过O点向下量取OC等于前、后衣身吊带高度差值，并过C点作肩平线①的平行线④，与线段③相交于F点。过C点在领中线向下量取CD等于前领窝深样板尺寸。然后分别以$\frac{1}{2}$领宽CF为长边，以前领窝深样板尺寸CD为短边作矩形CDEF，并按图示方法作出前领弧线。则OAFDCO为前领窝样板。

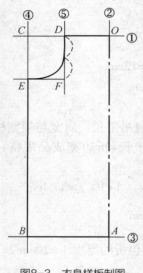

图8-3　衣身样板制图　　　　　　　　　图8-4　领窝样板制图

二、女极短袖样板设计

（一）款式及产品规格

1.**产品分析**　该产品为极短袖三角领女衫，极短袖款式及测量部位如图8-5所示。面料采用18tex纯棉单面纬平针，或其他单面薄型面料。织物平方米克重为140g/m²左右。该产品的主要特征有两点，一是后衣片比前衣片长，在肩部翻向前衣片一部分，形成过肩；二是袖窿弧线小于衣身的袖挂肩弧线，因此在衣身挂肩的底部有一段通过滚边与袖口缝合在一起。该款为合肩、收腰类产品，肩斜值没有具体的要求，根据款式及经验取3cm。领口及袖口用同料异色布滚边，无缝耗。下摆为折边。

2.**成品规格及测量部位**　产品的测量部位如图8-5所示，成品规格见表8-2。

3.**缝耗及工艺回缩**　领边及袖口边采用实滚，无缝耗；合肩、合肋采用三线或四线包缝，缝耗为0.75cm；下摆用平双针，缝耗为0.5cm，汗布回缩为2.2%。

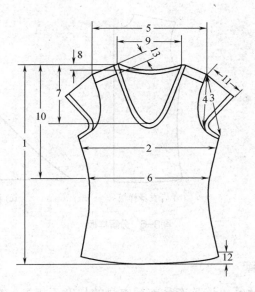

图8-5 极短袖款式及测量部位

表8-2 成品规格　　　　　　　　　　　　　　　　　　　单位：cm

序号	规格 部位名称	75	80	85	90
1	衣长	59.5	61	62.5	64
2	胸宽	37.5	40	42.5	45
3	挂肩	18.5	19	19.5	20
4	袖窿与衣身缝合长度	15	15	15.5	15.5
5	肩宽	33.5	36	38	40
6	腰宽	34	35.5	37.5	39
7	前领深	17	17	18	18
8	后领深	2.5	2.5	2.5	2.5
9	领宽	16	17	18	19
10	中腰位置	34	35	36	37
11	袖长	8	9	10	11
12	下摆折边宽	2.5	2.5	2.5	2.5
13	过肩宽	2	2	2.5	2.5

　　4.样板的分解　该产品的后衣身翻向前衣身一部分，后片的长度大于前片。前、后衣身不适合采用一块样板。该款服装的样板分解为前衣身样板、后衣身样板和袖样板，而不采用领窝负样板，分解样板如图8-6所示。

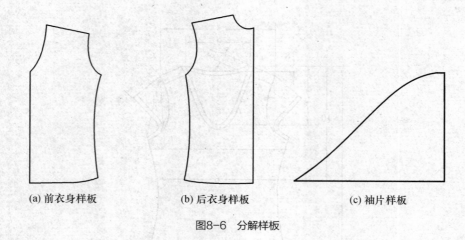

(a) 前衣身样板　　　　(b) 后衣身样板　　　　(c) 袖片样板

图8-6　分解样板

（二）样板尺寸的计算

1.**衣身样板尺寸的计算**　该款产品前后衣身的长度不相等，在计算样板时，先按前、后衣身的平均长度计算，然后再根据后衣身折向前衣身的长度，在作图时，做出前、后衣身样板的实际长度。以下以胸围85cm产品为例计算。

（1）前、后衣身平均长样板尺寸=（衣长成品规格+折边宽+折边缝耗）×（1+回缩率）

$$=（62.5cm+2.5cm+0.5cm）×（1+2.2\%）=66.9cm$$

（2）前、后衣身平均挂肩样板尺寸=成品规格+0.5cm

$$=19.5cm+0.5cm=20cm$$

其中，0.5cm是根据经验确定的缝耗和回缩量的综合值。

（3）$\frac{1}{2}$胸宽样板尺寸=$\frac{成品规格+2.5cm}{2}$=$\frac{42.5cm+2.5cm}{2}$=22.5cm

（4）$\frac{1}{2}$腰宽样板尺寸=$\frac{成品规格+2.5cm}{2}$=$\frac{37.5cm+2.5cm}{2}$=20cm

2.**袖子样板尺寸的计算**　该款袖口为滚边，对袖子的长度不产生影响。

（1）袖长样板尺寸=（成品规格+上袖缝耗）×（1+回缩率）

$$=（10cm+0.75cm）×（1+2.2\%）=11cm$$

（2）与衣身缝合的袖窿弧线样板长=成品规格+上袖缝耗=15.5cm+0.75cm=16.25cm

3.**领子样板尺寸的计算**　这里计算的前、后领深样板尺寸值都是在前、后身平均衣长的基础上作出，后衣身折向前衣身部分对前、后领深的影响通过前、后衣身样板的作图来确定。

（1）$\frac{1}{2}$领宽样板尺寸=$\frac{1}{2}$成品规格=$\frac{18cm}{2}$=9cm

（2）前领深样板尺寸=前领深成品规格=18cm

（3）后领深样板尺寸=后领深成品规格=2.5cm

（三）样板制图

1.**1/2前衣身样板的制图**　前衣身样板制图方法如图8-7所示，步骤如下：

（1）作肩平线①和前身样板中分线②，两线垂直相交于O点。在中分线②上量取OA等于前、后衣身平均长样板尺寸，过A点作线段③平行于肩平线①。

（2）在线段③上量取AB等于$\frac{1}{2}$胸宽样板尺寸，过B点作线段④平行于线段②，与肩平线相交于C点。在肩平线上量取OD等于$\frac{1}{2}$肩宽样板尺寸，并过D点作线段⑤平行于线段②。

（3）在肩平线①上量取OE等于$\frac{1}{2}$领宽样板尺寸，在线段⑤上量取DF等于肩斜值（肩斜值取3cm）；连接EF，则EF为肩斜线。

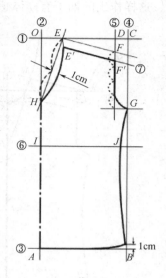

图8-7　衣身前片样板制图

（4）以F点为圆心，以平均挂肩样板尺寸为半径画弧与线段④相交于G点，按图示方法作出袖挂肩弧线FG弧。

（5）作线段⑥平行于肩平线①，使两线之间的距离等于中腰部位尺寸。在线段⑥上取IJ等于中腰尺寸，然后用光滑的曲线将GJB连接成侧缝线。

（6）过O点在线段②上量取量取OH等于前领深样板尺寸，然后连接EH，在其中点外凸1cm，用圆顺的弧线将EH弧连成前领弧线。

（7）作线段⑦平行于肩斜线EF，使两线之间的距离等于过肩宽成品规格减去合肩缝耗。线段⑦与前领弧线及袖挂肩弧线分别交于E'点和F'点。则$E'HABJGF'E'$为前衣身样板。

2.1/2后衣身样板的制图　在前衣身样板的基础上作出后衣身样板。制图如图8-8所示，步骤如下：

用与前衣身相同的方法和步骤作出前衣身样板$ABCDEFA$。

（1）过O点在线段①上量取OK等于后领深样板尺寸。然后分别以OK和OA为矩形的两个边，作矩形$OKLA$，并按图示方法作出后领弧线AK弧。

（2）以肩斜线AB为对称轴，分别作前领窝弧线及袖挂肩弧线的对称弧线AG弧线和BH弧线。在肩斜线的上方作线段③平行于肩斜线AB，使两线之间的距离等于后衣片翻折到前衣片的宽度加合肩缝耗，线段③与AG弧线和BH弧线分别交于M点和N点，则$MAKEDCBNM$即为后衣身样板。

3.袖子样板制图　该款属于极短袖，相当于只有袖山部分。在制图时需要注意，袖窿弧线的长度一定要与款式要求的与衣身袖挂肩的缝合部分的长度一致。袖子样板制图如图8-9所示，制图步骤如下：

（1）作水平线①（代表袖口线）与袖中线②，两线相交于O点。

（2）在袖中线上量取OA等于袖长样板尺寸。然后以A点为圆心，以款式要求的袖窿弧线与衣身袖挂肩弧线缝合的样板长度为半径画弧，与水平线相交于B点。

（3）将AB线四等分，在四分之一等分点处外凸2cm，然后用光滑的弧线将ACB弧连接起来。则$OABO$即为$\frac{1}{2}$袖样板。该弧线约比要求的缝合长度长0.6cm左右，作为缝合时的归量，这样作出的袖子有立体感，比较好看。

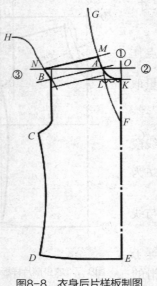

图8-8　衣身后片样板制图

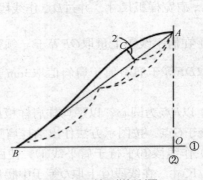

图8-9　袖子样板制图

三、女长袖衫样板设计

（一）款式与成品规格

1.产品分析　产品款式及测量部位如图8-10所示，领型为扁圆领，在领中向下开细长的口，在开口的两侧各打三个孔眼，穿带子系成蝴蝶结。领边采用0.6cm的窄扁装饰松紧带实滚成小细边。袖口及下摆折边。面料为纯棉加氨纶双罗纹织物，平方米克重为195~200g/m²。因为该产品为弹性面料，因此，胸宽比同规格产品的国家标准要小。

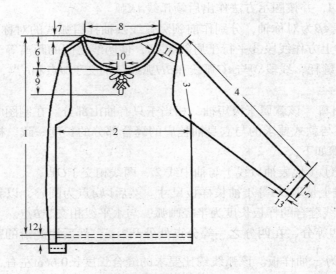

图8-10　款式及测量部位

2.测量部位及成品规格 产品的测量部位如图8-10所示，成品规格见表8-3。

表8-3 成品规格

单位：cm

序号	规格 部位名称	160/80	160/85	165/90	165/95	170/100
1	衣长	58	60	62	64	66
2	胸宽	35	37.5	40	42.5	45
3	挂肩	16	17	18	18	19
4	袖长	50	51.5	53	54.5	56
5	袖口宽	9	9	10	10	11
6	前领深	10	10	10.5	10.5	11
7	后领深	2.5	2.5	2.5	2.5	2.5
8	领宽	14	14	15	15	16
9	前领开口长	7	7	7.5	7.5	8
10	前领开口宽	2.5	2.5	3	3	3.5
11	领口滚边宽	0.6	0.6	0.6	0.6	0.6
12	下摆折边宽	1.5	1.5	1.5	1.5	1.5
13	袖口折边宽	1.5	1.5	1.5	1.5	1.5

3.缝耗及工艺回缩 合肩及合腰采用三线或四线包缝，缝耗为0.75cm，下摆折边采用平双针，缝耗为0.5cm，弹力棉毛布纵向回缩率取3%。

4.样板的分解 女长袖衫分解样板如图8-11所示。（a）为衣身样板，（b）为袖样板，（c）为领窝负样板。

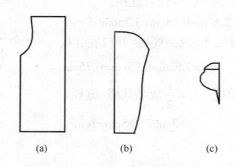

图8-11 女长袖衫分解样板

（二）样板尺寸的计算

下面以号/型为165/90规格为例，计算各个分块样板的尺寸。

1.衣身样板尺寸的计算

（1）衣长样板尺寸=（成品规格+折边宽+折边缝耗+合肩缝耗）×（1+回缩率）

$$=（62cm+1.5cm+0.5cm+0.75cm）×（1+3\%）$$

$$=66.7cm$$

（2）$\dfrac{胸宽样板尺寸}{2}=\dfrac{成品规格+2.5cm}{2}=\dfrac{40cm+2.5cm}{2}=21.25cm$

（3）衣身挂肩样板尺寸=成品规格+0.75cm+合肩缝耗

$$=18cm+0.75cm+0.75cm=19.5cm$$

2.袖子样板尺寸的计算

（1）袖长样板尺寸=（成品规格+折边宽+折边缝耗+绱袖缝耗）

$$=（53cm+1.5cm+0.75cm+0.5cm）×（1+3\%）=57.4cm$$

（2）袖挂肩样板尺寸=成品规格+上袖缝耗+0.75cm（合袖缝耗与回缩综合值）

$$=18cm+0.75cm+0.75cm=19.5cm$$

（3）袖口宽样板尺寸=成品规格+合袖缝耗+0.25cm（回缩量）

$$=10cm+0.75cm+0.25cm=11cm$$

（4）袖山高样板尺寸=袖山高在成品规格中没有给定，可根据款式确定袖中山的倾斜数而计算得。由于该款式属于合体型，因此袖中线倾斜值取为4cm，由表6-4查得此时的袖中线的倾斜角为15°，则由袖山高的计算公式可计算得袖山高为：

袖山高=袖中线与水平线的夹角度数/2.5°/1cm+衣身挖肩值+缝耗

$$=15°/2.5°/1cm+2.5cm+0.75cm=9.25cm$$

3.领窝样板尺寸计算

（1）$\dfrac{1}{2}$领宽样板尺寸=$\dfrac{1}{2}$成品规格=15cm/2=7.5cm

（2）前领深样板尺寸=成品规格+合肩缝耗

$$= 10.5cm+0.75cm=11.25cm$$

（3）后领深样板尺寸=成品规格+合肩缝耗

$$= 2.5cm+0.75cm=3.25cm$$

（4）前领中开口长样板尺寸=成品规格-开口底缝耗

$$=7.5cm-0.75cm=6.75cm$$

（5）$\dfrac{1}{2}$前领中开口宽样板尺寸=$\dfrac{1}{2}$成品规格-缝耗

$$=3cm/2-0.5cm=1cm$$

（三）样板制图

1.衣身样板的作图 衣身样板作图所需的各部位的尺寸已由上面计算得出，作图方法和步骤见第六章第三节介绍的斜肩产品衣身样板，参考图6-11。

2.袖子样板的作图 袖子样板作图如图8-12所示，作图步骤如下：

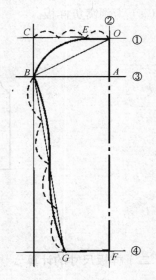

图8-12 袖样板作图

（1）作上平线①与袖中线②，两线相交于O点。

（2）在O点沿袖中线向下量取OA等于袖山高样板尺寸，并过A点作线段③平行于上平线①。

（3）作下平线④，使其与上平线①之间的距离等于袖长样板尺寸，④线与②线相交于F点。

（4）以O为圆心，袖挂肩样板尺寸为半径画弧，与线段③相交于B点，过B点作线段①的垂线，与线段①相交于C点。

（5）将OC线三等分，在1/3等分点E左右，用圆顺的弧线将BE连接起来，作出袖山弧线。

（6）在线段④上量取FG等于袖口大样板尺寸，连接BG，并将其四等分，在靠近袖山的1/4等分点处向内凹进0.3～0.5cm，在靠近袖口的$\frac{1}{4}$等分点处向外凸0.3～0.5cm，然后按图示方法用圆顺的曲线连接起来，则OAFGBEO即为$\frac{1}{2}$袖子样板。

3.**领窝样板的作图**　该领是在圆扁领的基础上，在领中处开口。领子样板作图如图8-13所示，步骤如下：

（1）作肩平线①和领中线②，两线垂直相交于O。

（2）在肩平线上量取OA等于$\frac{1}{2}$领宽样板尺寸；在领中线向上量取OB等于后领深样板尺寸，向下量取OC等于前领深样板尺寸。

（3）将OC线两等份，在等分点向下0.5cm处的D点作肩平线①的平行线③；过A点作领中线②的平行线④，与线段③相交于E点。延长E点至F，使EF等于$\frac{1}{4}$的DE。

（4）过A点向上和向下各量取0.75cm的线段AG和AH，连接BG弧，使其凸出点对准BG线段的中点，则OBGAO为$\frac{1}{2}$后领窝样板。

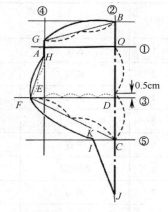

图8-13　领子样板制图

（5）用圆顺的弧线连接HFC弧，过C点作水平线段⑤，并在其上量取CI等于前领开口样板尺寸；在线段①上量取CJ等于前领开口长样板尺寸，连接IJ并延长与CF弧相交于K点，则OAHFKJO为前领窝样板尺寸。

四、翻领插肩长袖运动服样板设计

（一）款式与成品规格

1.**产品分析**　款式及测量部位如图8-14所示。该产品的领子是采用本身布缝制的大翻领，袖子为插肩袖，在袖子的中缝处有两条异色扒条。袖口及下摆为罗纹，衣身、袖子及领子用18tex纯棉或涤棉混纺棉毛布，袖口及下摆罗纹用两股14tex的纯棉或涤棉混纺罗纹布，扒条用与衣身相同的原料，但异色的棉毛布。

2.**测量部位及成品规格**　测量部位如图8-14所示，成品规格见表8-4。

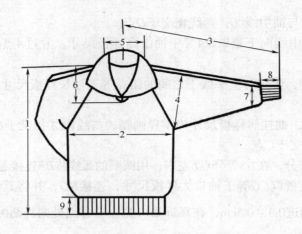

图8-14　款式及测量部位

表8-4　成品规格　　　　　　　　　　　　　　　　　单位：cm

序号	部位名称	160/85	165/90	170/95	175/100	175/105
1	衣长	62	65	67	68	69
2	胸围	42.5	45	47.5	50	52.5
3	袖长	76	78	80	80	81
4	袖肥	23	23	24	24	25
5	领宽	16	16	16	16	16
6	前领深	14	14	14	15	15
7	袖口	11.5	12.5	12.5	13	13
8	袖罗纹长	11	11	11	11	11
9	下摆罗纹	10	10	10	10	10
10	领长	38	38	38	40	40
11	后领高	8.5	8.5	8.5	8.5	8.5
12	镶条宽	1	1	1	1	1
13	后领深	2	2	2	2	2
14	肩斜	11°	11°	11°	11°	11°

　　3.**缝耗及工艺回缩**　合肋、绱袖、绱袖口及下摆罗纹用四线包缝机，缝耗为0.75cm，袖口及下摆罗纹在包缝后要用绷缝机加固，但此工序不产生缝耗。领面用平缝机缉面线，用平双针扒条，缝耗为0.5cm。棉毛布缝制工艺回缩为2.5%。

　　4.**样板的分解**　该产品可分解为六块样板，如图8-15所示，（a）为衣身样板、（b）为袖子样板、（c）为领窝样板、（d）为领面样板、（e）为下摆罗纹样板、（f）袖口罗纹样板。

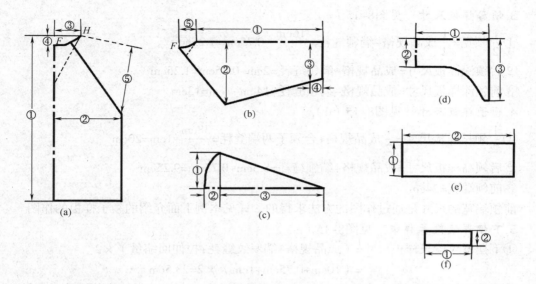

图8-15　翻领插肩袖运动服分解样板

（二）样板尺寸的计算

以号/型为165/90的产品为例计算各个部位的样板尺寸。以下各分块样板中各部位的编号与图8-15中每块样板各个部位上的标号相同。衣身领袖点距领宽点H的距离，即"袖领头"的长度在成品中没有具体的规定，在这里按经验取3cm。

1.衣身样板尺寸的计算　见图8-15（a）。

①衣长样板尺寸=（成品规格－下摆罗纹长＋绱下摆罗纹的缝耗）×（1＋回缩率）

$$=（65cm-10cm+0.75cm）+（1+2.5\%）=57.1cm$$

②$\frac{1}{2}$胸宽样板尺寸=$\frac{成品规格+2.5cm}{2}=\frac{42.5cm+2.5cm}{2}=22.5cm$

③$\frac{1}{2}$领宽样板尺寸=$\frac{1}{2}$成品规格－绱领缝耗=$\frac{16cm}{2}-0.75cm=7.25cm$

④袖领头长=成品规格－绱袖缝耗=3cm－0.75cm=2.25cm

⑤衣身袖肥样板尺寸=成品规格－缝耗=23cm－0.75cm=22.25cm

2.袖子样板尺寸的计算　见图8-15（b）。

①袖长样板尺寸=（成品规格－袖罗纹－$\frac{1}{2}$领宽＋绱袖缝耗＋绱领缝耗）×（1＋回缩率）

$$=（78cm-11cm-16cm/2+0.75cm×2）×（1+2.5\%）=62cm$$

②袖肥样板尺寸=成品规格＋合袖缝耗＋回缩量=23cm＋0.75cm＋0.5cm=24.25cm

③袖口样板尺寸=成品规格＋合袖缝耗＋回缩量=12.5cm＋0.75cm＋0.25cm=13.5cm

④后袖领头HF'弧线宽=成品规格＋绱袖缝耗=3cm＋0.75cm=3.75cm

HF'弧线应与后领窝的弧度一致。在HF'弧线宽计算式中的3cm为后袖领头宽的成品规格。

3.**领窝样板尺寸**   见图8-15（c）。

①$\frac{1}{2}$领宽=$\frac{1}{2}$成品规格−缩领缝耗=$\frac{16cm}{2}$−0.75cm=7.25cm

②后领深样板尺寸=成品规格−缩领缝耗=2cm−0.75cm=1.25cm

③前领深样板尺寸=成品规格−缩领缝耗=14cm−1cm=13cm

4.**领子样板尺寸**   见图8-15（d）。

①$\frac{1}{2}$领长样板尺寸=$\frac{1}{2}$成品规格+合领子两端缝耗=$\frac{38cm}{2}$+1cm=20cm

②后领高样板尺寸=成品规格+缩领缝耗=8.5cm+0.75cm=9.25cm

③前领端宽=24cm

前领端宽的尺寸是通过作图的方法求得的，详见本例下面介绍的领子样板的作图。

5.**下摆罗纹段长样板**   见图8-15（e）。

①下摆罗纹段长样板尺寸=（成品规格+缩罗纹缝耗+拉伸回缩量）×2

= （10cm+0.75cm+1cm）×2=23.5cm

②罗纹的门幅用针数来表示，由表6-3查得针数为1050～1120针，本例选取1120针。

6.**袖口罗纹长样板**   见图8-15（f）。

①袖口罗纹样板长=（成品规格+缩罗纹缝耗+拉伸回缩量）×2

= （11cm+0.75cm+0.75cm）×2=25cm

②罗纹的门幅用针数来表示，由表6-3查得袖口罗纹的针数为240针。

（三）分块样板的制图

1.**衣身样板的制图**   衣身样板详细的作图方法请参阅第六章图6-15。翻领插肩长袖运动衫衣身样板作图如图8-16所示，简要说明如下：

（1）作水平线①与垂直线②，两线相交于O点。

（2）在线段①上量取OA等于$\frac{1}{2}$胸宽样板尺寸，在线段②上量取OB等于衣长样板尺寸，过A点作线段③平行于线段②，过B点作线段④平行于线段①，与线段③相交于C点。

（3）在线段①上量取OH等于$\frac{1}{2}$领宽样板尺寸，则H点为领袖点。

（4）以H点为起点，HA为一边用量角器量得11°，作出线段⑤，线段⑤就是袖中线的位置线。

（5）作线段⑥平行于线段⑤，使两线之间的距离等于袖肥的成品规格减去上袖缝耗。线段⑥与胸宽线③相交于E点。

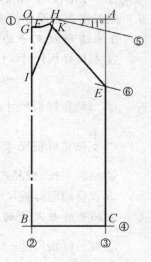

图8-16 衣身样板作图

（6）在线段②上量取OG等于后领深样板尺寸，并作出后领弧线HG弧，在HG弧线上量取HF等于袖领头成品规格3cm减缩袖缝耗0.75cm。

（7）连接FE，则FECBGF即为后身样板。

（8）在OB线上量取OI等于前领深样板尺寸，连接IH，与FE线相交于K点，则KECBIK即为前衣身样板。

2.袖子样板的作图 袖子样板作图如图8-17所示，步骤如下：

（1）作肩平线①与衣身中分线②，两线相交于O点。

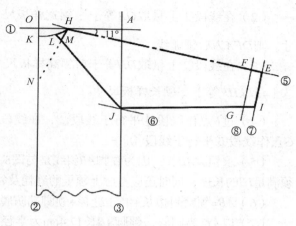

图8-17 袖子样板作图

（2）作线段③平行于线段②，使两线之间的距离等于$\frac{1}{2}$胸宽样板尺寸，在线段①上量取OH等于$\frac{1}{2}$领宽样板尺寸，则H点为领袖点。

（·3）以H点为起点，HA为一边用量角器得11°，作出线段⑤，线段⑤就是袖中线的位置线。

（4）在线段⑤上量取HE等于袖长样板尺寸，取EF等于3cm加上袖缝耗0.75cm，过E点作线段⑦垂直于线段⑤，过F点作线段⑧平行于线段⑦。在线段⑧上量取FG等于袖口样板尺寸。

（5）作线段⑥平行于线段⑤，使两线之间的距离等于袖肥样板尺寸，线段⑥与线段③相交于J点，连接JG并延长，与线段⑦相交于I点。

（6）在线段②上量取OK等于后领深样板尺寸，并作出后领弧线HK弧，在HK上取HL等于后袖领头成品规格3cm加上袖缝耗0.75cm，则$HFEIGJLH$即为袖子后片样板。

（7）在线段②量取ON等于前领深样板尺寸，连接HN与LJ线交于M点，则HM为前袖领头样板宽，$HFEIGJMH$为袖子前片样板。

3.领窝样板作图 领窝样板的作图如图8-18所示，步骤如下：

（1）作水平线①和垂直线②，两线相交于O点。在线段①上取OH等于$\frac{1}{2}$领宽样板尺寸，在线段②上取OD等于后领深样板尺寸。按后领窝样板的作图方法作出后领窝弧线。则$OHEDO$为后领窝样板。

（2）在线段②上量取OI等于前领深样板尺寸，连接IH，则$OHIO$为前领窝样板。

4.领子样板的作图 领子样板的作图方法如图8-19所示，步骤如下：

（1）作肩平线①和领中线②，两线相交于O点。

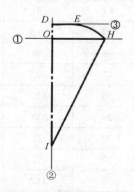

图8-18 领窝样板的作图

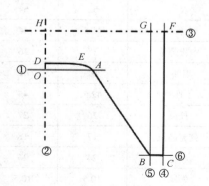

图8-19 领子样板作图

（2）在线段①上量取OA等于$\frac{1}{2}$领宽样板尺寸，在线段②上量取OD等于后领深样板尺寸。则DEA为后领弧线。

（3）在线段②上量取DH等于后领高样板尺寸，过H点作线段③平行于线段①，在线段③上量取HF等于$\frac{1}{2}$领长样板尺寸。

（4）过F点作线段④平行于线段②，在线段③上量取GF等于合领缝耗加上领缝耗，过G点作线段⑤平行于线段④。

（5）求领脚AB长：因为领脚AB斜线是与图8-18所示的领窝斜线HI缝合在一起的，因此必须满足HI的长度，同时还应考虑上领子的缝耗及领脚端防脱散缝耗。因此AB计算方法如下：

（6）AB=领窝斜边长+绱领缝耗+领脚端防脱散缝耗=14.9cm+1cm+1.5cm=17.4cm

（7）以A点为圆心，领脚AB长17.4cm为半径作弧，与线段⑤相交于B点。

（8）过B点作线段⑥平行于线段①，线段⑥与线段④交于C点，则HGFCBAEDH为$\frac{1}{2}$领子样板。

五、男背心

（一）款式与成品规格

1.产品分析　男背心产品的款式及测量部位如图8-20所示，主要特点是无领、无袖、前领深和后领深都比较大，其胸部尺寸分为上腰、中腰和下腰。用平缝机作领口及挂肩，包缝机挽下摆边。男背心一般采用18tex的汗布。

2.成品规格及测量部位　测量部位见图8-20所示，成品规格见表8-5。

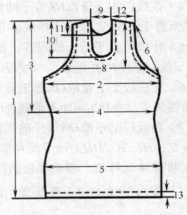

图8-20　款式及测量部位

表8-5　规格尺寸　　　　　　　　　　　　单位：cm

序号	部位 规格名称	160/85	165/90	170/95	175/100	175/105	180/110
1	衣长	62	64	66	68	70	72
2	上腰宽	41.5	44	46.5	49	51.5	54
3	中腰部位	35	36	37	38	39	40
4	中腰	39.5	42	44.5	47	49.5	52
5	下摆宽	42.5	45	47.5	50	52.5	55
6	挂肩	26	27	28	29	30	31
7	胸宽部位	17	18	19	20	21	22
8	胸宽	24	26	28	30	32	34
9	领宽	10.5	10.5	11	11	11.5	11.5
10	前领深	16.5	17.5	18.5	19.5	19.5	19.5

续表

序号	规格名称＼部位	160/85	165/90	170/95	175/100	175/105	180/110
11	后领深	8	8	8.5	9	10	10
12	肩带宽	3.5	4	4	4	4.5	4.5
13	底边	2.5	2.5	2.5	2.5	2.5	2.5

3.缝制损耗与工艺回缩 合肩、合腰采用四线包缝，缝耗为0.75cm，平缝机挽领口及挂肩，缝耗为1.5cm，包缝机挽下摆，缝耗为0.5cm。由于领口及挂肩处为斜丝，受拉伸时容易产生扩张，因此需要考虑拉伸扩张损耗，前领及挂肩为0.5cm，后领为0.75cm。18tex的汗布的工艺回缩为2.2%。

4.样板的分解 该产品只需要分解为一块样板即可，分解样板如图8-21所示。

（二）样板尺寸计算

在以下样板设计中以胸围90cm产品为例进行计算。

1.衣身样板尺寸的计算

（1）衣长样板尺寸=（成品规格+合肩缝耗+折边宽+折边缝耗）×（1+回缩率）

$$=（64cm+2.5cm+0.75cm+0.5cm）×（1+2.2\%）$$
$$=69.2cm$$

（2）$\frac{1}{2}$ 上腰宽样板尺寸$=\frac{成品规格+2.5cm}{2}$

$$=\frac{44cm+2.5cm}{2}=23.25cm$$

图8-21 分解样板

（3）中腰部位样板尺寸=（成品规格+合肩缝耗）×（1+回缩率）

$$=（36cm+0.75cm）×（1+2.2\%）=37.6cm$$

（4）$\frac{1}{2}$ 中腰宽样板尺寸$=\frac{成品规格+2.5cm}{2}=\frac{42cm+2.5cm}{2}=22.25cm$

（5）$\frac{1}{2}$ 下腰宽样板尺寸$=\frac{成品规格+2.5cm}{2}=\frac{45cm+2.5cm}{2}=23.75cm$

（6）挂肩样板尺寸=成品规格+合肩缝耗+合腰缝耗-折边缝耗-拉伸扩张（0.5cm）

$$=27cm+0.75cm+0.75cm-0.5cm-1.5cm=26.5cm$$

（7）胸宽部位样板尺寸=（成品规格+合肩缝耗）×（1+回缩率）

$$=（18cm+0.75cm）×（1+2.2\%）=19.2cm$$

（8）$\frac{1}{2}$ 前胸宽样板尺寸$=\frac{成品规格+2.5cm}{2}=\frac{26cm+2.5cm}{2}=14.25cm$

2.领窝样板尺寸的计算

（1）$\frac{1}{2}$ 领宽样板尺寸$=\frac{1}{2}$ 成品规格-折领边宽及缝耗$=\frac{10.5cm}{2}-1.5cm=3.75cm$

（2）前领深样板尺寸=成品规格+合肩缝耗-折领边宽及缝耗-拉伸扩张

=17.5cm+0.75cm-1.5cm-0.5cm=16.25cm

（3）后领深样板尺寸=成品规格+合肩缝耗-折领边宽及缝耗-拉伸扩张

=8cm+0.75cm-1.5cm-0.25cm=7cm

（4）肩带宽样板尺寸=成品规格+折边及缝耗=4cm+1.5cm×2=7cm

（5）下腰部位样板尺寸：下腰部位一般在距底边8~10cm处，在本例中取10cm。则下腰部位的样板尺寸为：

下腰部位样板尺寸=（成品规格+下摆折边宽+折边缝耗）×（1+回缩率）

=（10cm+2.5cm+0.5cm）×（1+2.2%）=13.3cm

（三）样板作图

背心样板作图如图8-22所示，作图步骤如下：

（1）作肩平线①与胸围中垂线②，两线相交于 O 点。

（2）在线段①上量取 OA 等于 $\frac{1}{2}$ 下腰宽样板尺寸，在线段②上量取 OB 等于衣长样板尺寸，分别过 A 点作线段③平行于线段②，过 B 点作线段④平行于线段①，两线相交于 C 点。

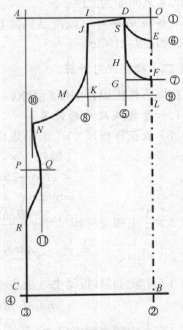

图8-22 背心样板作图

（3）在线段①上量取 OD 等于 $\frac{1}{2}$ 领宽样板尺寸，过 D 点作段线⑤平行于线段②，在线段②上分别量取 OE 等于后领深样板尺寸；OF 等于前领深样板尺寸。并分别过 E 点和 F 点作线段⑥和线段⑦平行于线段①，线段⑦与线段⑤相交于 G 点。

（4）将线段 DG 四等分，在约1/4等分点 H 处连接 HF 弧，使该弧在 H 点与线⑤切，在 F 点向左 0.5~0.75cm处与线段⑦相切。则 DHF 弧为 $\frac{1}{2}$ 前领窝样板弧线。将后领深二等分，并过 $\frac{1}{2}$ 等分点 S 与 E 点连接成后领弧线，使该弧在 S 点与线段⑤相切，在 E 点向左0.5~0.75cm处与线段⑥相切，则 DSE 为 $\frac{1}{2}$ 后领样板弧线。

（5）在线段①上量取 DI 等于肩带宽样板尺寸，过 I 点作线段⑧平行于线段②，在线段⑧上量了 IJ 等于1~1.5cm的肩斜，连接 DJ，得到肩斜线。在线段⑧上量了 IK 等于前胸部位样板尺寸，过 K 点作线段⑨平行于线段①，线段⑨与线段①相交于 L 点，在线段⑨上量取 LM 等于 $\frac{1}{2}$ 前胸宽样板尺寸。

（6）作线段⑩平行于线段②，使两线间的距离等于 $\frac{1}{2}$ 上腰宽样板尺寸。以 J 点为圆心，以挂肩样板尺寸为半径作弧，与线段⑩相交于 N 点。用圆顺的弧线将 J、M 和 N 点连接起来，

作出挂肩弧线 *JMN*，并要求该挂肩弧线在 *N* 点处有1.5~2cm的线段与线段⑩垂直。

（7）作线段⑪平行于线段②，并使两线之间的距离等于 $\frac{1}{2}$ 中腰宽样板尺寸，在线段③上量取 *CP* 等于中腰部位样板尺寸，过 *P* 点作线段⑪的垂线，与线段⑪交于 *Q* 点，在线段③上量取 *CR* 等于13cm，连接 *NQR* 成弧线，使该弧线在 *R* 点与线段③相切，在 *Q* 点有3~4cm的线段与线段⑩重合。则 *DEBCRQNMJD* 为 $\frac{1}{2}$ 后衣身样板；*DHFBCRQNMJD* 的 $\frac{1}{2}$ 前衣身样板。实际上，前、后衣身样板只有领深不同，因此可用同一块样板表示，只是在领窝处画出前后领窝即可。

六、横机领男短袖T恤衫

（一）款式与成品规格

1.产品分析 T恤衫款式及测量部位如图8-23所示，该产品为横机领、半开襟短袖衫。门襟上钉两粒扣子，正面门襟与衣身连在一起，反面贴衬原身布，因此不需要开门襟孔，只是在缝制时将门襟处剪开与反面贴布缝合在一起。前身左部有一个小胸袋。袖窿压0.6cm宽明线，肩缝压双针宽0.6cm。用平缝机做口袋、门襟、绱领；用包缝机合肩、合腰，用平双针挽下摆边及袖边。面料采用100%丝光棉，单位面积质量为140~150g/m²。

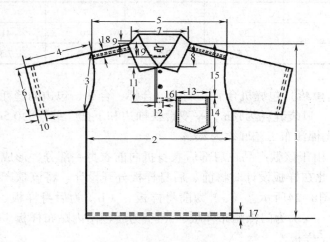

图8-23 T恤衫款式及测量部位

2.成品规格及测量部位 产品的测量部位如图8-23所示，成品规格见表8-6。

表8-6 成品规格

单位：cm

序号	规格 部位名称	160/80A	165/84A	170/88A	175/92A	180/96A
1	衣长	69	71	73	75	76
2	胸宽	50	53	56	59	62

续表

序号	规格 部位名称	160/80A	165/84A	170/88A	175/92A	180/96A
3	挂肩	23	24	25	26	27
4	袖长	23.5	23.5	24.5	24.5	24.5
5	肩宽	46	48	50	52	54
6	袖口	18	18.5	18.5	19.5	19.5
7	领宽	16	17	17	18	18
8	前领深	9	9	9	9	9
9	后领深	2	2	2	2	2
10	袖边	2.5	2.5	2.5	2.5	2.5
11×12	门襟（长×宽）	17×3.5	17×3.5	17×3.5	17×3.5	17×3.5
13×14	口袋（宽×长）	11.5×14	11.5×14	11.5×14	11.5×14	11.5×14
15	袋距肩点	21	21	21.5	21.5	22
16	袋距门襟	6	6	6.5	6.5	7
17	底边	2.5	2.5	2.5	2.5	2.5
18	前过肩宽	2.5	2.5	2.5	2.5	2.5
19	后领贴高	7	7	7	7	7
	领长	39	40	40	41	41
	后领高	7.5	7.5	7.5	7.5	7.5

3.缝耗与工艺回缩 包缝机合肩、绱袖、合腰、合袖、包边的缝耗均为0.75cm，平缝机绱领子、做门襟、口袋缝耗为1cm，平双针挽袖边和下摆，缝耗为0.5cm。门襟下端防脱散缝耗为2cm。丝光棉汗布工艺回缩为2.2%。

4.分解样板 由于该款产品在肩部后衣身折向前衣身一部分，形成过肩，使后片样板比前片样板长，因此在样板设计时将前、后身样板分开设计。将该款产品分解六块样板，T恤衫分解样板如图8-24所示。（a）为前身样板、（b）为后身样板、（c）为袖样板、（d）为口袋样板、（e）为门襟贴布样板、（f）为后领窝内贴布样板。由于采用横机领，因此不需要设计领子样板。

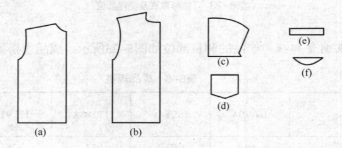

图8-24 T恤衫分解样板

（二）样板尺寸计算

以下以175/92A规格为例进行计算。

1.衣身样板尺寸计算

（1）衣长样板尺寸=（成品规格+折底边宽+折底边缝耗）×（1+回缩率）

$$=（75cm+2.5cm+0.5cm）×（1+2.2\%）=79.7cm$$

（2）$\frac{1}{2}$胸宽样板尺寸=$\frac{成品规格+2.5cm}{2}$=$\frac{59cm+2.5cm}{2}$=30.75cm

（3）$\frac{1}{2}$肩宽样板尺寸=$\frac{成品规格+2.5cm}{2}$=$\frac{52cm+2.5cm}{2}$=27.25cm

（4）衣身挂肩样板尺寸=成品规格+合肩缝耗+回缩量=26cm+0.75cm+0.5cm=27.25cm

2.袖子样板尺寸的计算

（1）袖长样板尺寸=（成品规格+折袖边宽+绱袖缝耗+折边缝耗）×（1+回缩率）

$$=（24.5cm+2.5cm+0.75cm+0.5cm）×（1+2.2\%）=28.9cm$$

（2）袖挂肩样板尺寸=成品规格+绱袖缝耗+回缩量综合值

$$=26cm+0.75cm+0.5cm=27.25cm$$

（3）袖口样板尺寸=成品规格+合袖缝耗+回缩量

$$=19.5cm+0.75cm+0.25cm=20.5cm$$

3.领窝样板尺寸的计算

（1）$\frac{1}{2}$领宽样板尺寸=$\frac{1}{2}$成品规格-绱领缝耗=$\frac{18cm}{2}$-1cm=8cm

（2）前领深样板尺寸=成品规格+合肩缝耗-绱领缝耗=9cm+0.75cm-1cm=8.75cm

（3）后领深样板尺寸=成品规格+合肩缝耗-绱领缝耗=2cm+0.75cm-1cm=1.75cm

（4）内贴门襟长样板尺寸=门襟长成品规格+绱领缝耗+门襟底防脱长+门襟底光边缝耗

　　　　　　　　　　+回缩量

$$=17cm+1cm+2cm+0.5cm=20.5cm$$

（5）内贴门襟宽样板尺寸=门襟宽成品规格+缝合缝耗+光边缝耗

$$=3.5cm+0.5cm+0.5cm=4.5cm$$

（6）后领贴布高样板尺寸=成品规格+折边宽+绱领缝耗+折边缝耗

$$=7cm+1.5cm+1cm+0.5cm=10cm$$

4.口袋样板尺寸的计算

（1）口袋宽样板尺寸=成品规格+折边宽×2=11.5cm+1cm×2=13.5cm

（2）口袋中线长样板尺寸=成品规格+上折边宽+下折边宽=14cm+2.5cm+1cm=17.5cm

（3）口袋侧线长样板尺寸=成品规格+上折边宽+下折边宽=11.5cm+2.5cm+1cm=15cm

侧线长在成品规格中没有给出，可根据款式确定，本例按侧线比中心线短2.5cm计算。

（三）样板作图

该款T恤衫袖子为一般的折边袖，其作图方法与前面介绍的折边袖样板的作图方法相同，在此不再重述。以下分别介绍其样板的作图。

1.前身样板作图　前身样板作图如图8-25所示，作图步骤如下：

（1）作水平线①和垂直线②，两线相交于O点。

（2）在水平线上量取OA等于$\frac{1}{2}$胸宽样板尺寸；在垂直线上取OB等于衣长样板尺寸。过A点作线段③平行于线段②，过B点作线段④平行于线①，两线相交于D点。

（3）在线段①上量取OE等于$\frac{1}{2}$领宽样板尺寸，OF等于$\frac{1}{2}$肩宽样板尺寸。过F点作线段⑤平行于线段②，在线段⑤上量得FG等于肩斜值，连接EG，则EG为肩斜线。

（4）以G点为圆心，挂肩样板尺寸为半径画弧。与线段③相交于H点，然后按图示方法作出袖窿弧线GIH，并使该弧线在I点与线段⑤相切。

（5）在线段②上量取OJ等于前领深样板尺寸，并作矩形OJKE，然后按图示方法作出前领窝弧线。

（6）作线段⑥平行于肩斜线EG，使两线之间的距离等于过肩宽度减去合肩缝耗，线段⑥与前领窝弧线及袖窿弧线分别交于L点和M点，则JBDHIMLJ为$\frac{1}{2}$前身样板。

2.后身样板作图 在前片样板基础上作出，后片样板作图如图8-26所示，作图步骤如下：

（1）如图8-26所示，已经作出前片样板CDEFGH。在线段②上量取OK等于后领深样板尺寸，过K点作线段④平行于线段①，然后按图示方法作出后领窝弧线ALK，并使该弧线在L点与线段④相切。

（2）以肩斜线AB为对称轴作前领窝弧线和袖窿弧线的对称弧线AI弧和BJ弧。

（3）作线段③平行于肩斜线AB，并使两线之间的距离等于过肩成品尺寸加合肩缝耗。线段③与AI弧和BJ分别相交于M点和N点，则MALKGFEDBNM为后衣身样板。

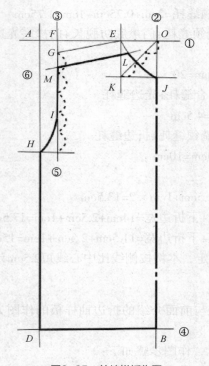

图8-25 前片样板作图

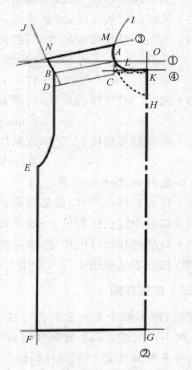

图8-26 后片样板作图

3.**口袋样板作图** 口袋样板的作图如图8-27所示，步骤如下：

（1）作水平线①和垂直线②，两线相交于O点，水平线为口袋上边口线，垂直线为口袋中心线。

（2）在中心线②上量取OC等于口袋中心线长样板尺寸；在水平线上量AB等于口袋宽样板尺寸，并使其平均分配在中心线的两端。

（3）分别过A点和B点段作线段③和线段④平行于线段②，并在其上量取AD和BE都等于口袋侧边长样板尺寸。连接CD和CE，则ABECDA为口袋样板。

4.**后领窝贴布样板的作图** 后领窝贴布样板作图如图8-28所示，步骤如下：

（1）作水平线①和垂直线②，两线相交于O点。

（2）在线段②上量取OA等于后领窝贴布高样板尺寸；在水平线上量BC等于领宽样板尺寸，并使其平均分配在线段的两端。最后用圆顺的弧线将ABC三点连接起来，ABCA则为后领窝贴布样板。

5.**门襟贴布样板的作图** 门襟贴布样板作图如图8-29所示，分别作以门襟长和门襟宽样板尺寸为矩形的长边和短边，则矩形ABCD就是门襟贴布样板。

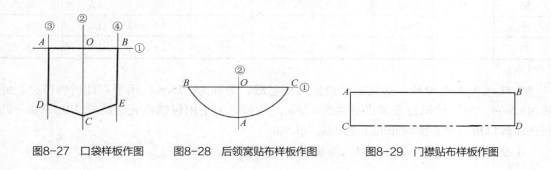

图8-27 口袋样板作图　　图8-28 后领窝贴布样板作图　　图8-29 门襟贴布样板作图

第二节　下装规格演算法样板设计实例

一、女平脚短裤

（一）款式与成品分析

1.**产品分析** 款式如图8-30所示。该女平脚短裤腰部用三针机缝2cm的宽松紧带，前中和后中各有一个接缝，而两侧没有接缝。裤口为折边，裆部结构如图8-31所示，为双层产品采用精梳纯棉1+1罗纹面料，单位面积质量为170～180g/m²。

2.**成品规格及测量部位** 产品的测量部位如图8-30所示，成品规格见表8-7所示。

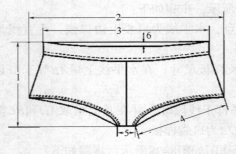

图8-30 款式示意图

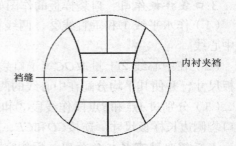

内衬夹裆

裆缝

图8-31 裆部结构

表8-7 成品规格 单位：cm

序号	1	2	3	4	5	6	7	8
部位 规格	直裆	横裆	腰宽	裤口大	底裆宽	腰差	裤口折边宽	衬裆长
80	23	40	32.5	23	6	2.5	1.5	16
85	24	42	35	24	6	2.5	1.5	16
90	25	44.5	37.5	25	6	2.5	1.5	16
95	26	47	40	26	6	2.5	1.5	16

3.缝耗及工艺回缩 合前后裤缝用四线包缝，缝耗为0.75cm，用平双针折裤口边，缝耗为0.5cm，用三针机钉松紧带缝耗为0.5cm，裆布的上下用包缝机光边缝耗为0.75cm，两侧夹在裤口折边里。罗纹布的工艺回缩为3.5%。

4.分解样板 该产品可分解为两块样板，如图8-32所示。

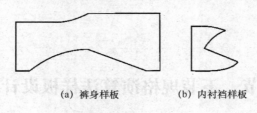

(a) 裤身样板　　　(b) 内衬裆样板

图8-32 分解样板

（二）样板尺寸的计算

下面以90cm产品为例，计算各分块样板的尺寸。

1.裤片样板尺寸的计算

（1）直裆样板尺寸=（成品规格–腰边宽+合底裆缝耗+绱松紧带缝耗）×（1+回缩率）

$$=（25cm−2cm+0.75cm+0.5cm）×（1+3.5\%）=25.2cm$$

（2）$\frac{1}{2}$腰宽样板尺寸=$\frac{1}{2}$（成品规格+合缝缝耗×2+回缩量）

$$=\frac{1}{2}（37.5cm+0.75cm×2+1cm）=20cm$$

（3）$\frac{1}{2}$横裆宽样板尺寸=$\frac{1}{2}$（成品规格+合缝缝耗×2+回缩量）

$$=\frac{1}{2}（44.5cm+0.75cm×2+1cm）=23.5cm$$

（4）裤口样板尺寸=成品规格+合底裆缝耗−折边宽−折边缝耗−拉伸扩张（0.5cm）

$$=25cm+0.75cm−1.5cm−0.75cm−0.5cm=23cm$$

（5）$\frac{1}{2}$底裆宽样板尺寸=$\frac{1}{2}$成品规格+折边宽+折边缝耗+合中缝缝耗

$$=\frac{6cm}{2}+1.5cm+0.5cm+0.75cm=5.75cm$$

2.衬裆样板尺寸的计算

衬裆长样板尺寸=（成品规格+光边缝耗×2）×（1+回缩率）

$$=（16cm+0.75cm×2）×（1+3.5\%）=18.1cm$$

（三）样板的作图

1.裤身样板的作图　裤身样板作图如图8-33所示，作图步骤如下：

（1）作水平线①与垂直线②，两线相交于O点。水平线为后片腰线，垂直线为短裤前后片的折缝线。

（2）在线段①上量取AB等于横裆样板尺寸，并使其平均分配在垂直线②的两侧。分别过A点和B点作线段③和④线段垂直于线段①，则线段③为前片裤中线，线段④为后片裤中线。

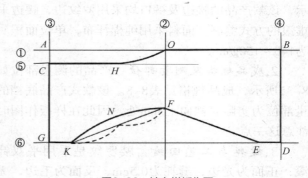

图8-33　裤身样板作图

（3）过A点在线段③上量取AC等于前后腰差样板尺寸，过C点作线段⑤平行于线段①，然后用光滑圆顺的弧线将OHC连接起来，该弧线在HC一段应与线段⑤是重合的。HC约为OC弧的一半。

（4）过B点在线段④上量取BD等于直裆样板尺寸，过D点作线段⑥平行于线段①，线段⑥与线段③相交于G点。在线段⑥上分别量取DE和GK都等于$\frac{1}{2}$底裆宽样板尺寸，以E点为圆心，以裤口宽样板尺寸为半径作弧，与线段②相交于F点，连接EF和FK。将FK两等份，在$\frac{1}{2}$等分点处向里凹进2.5cm左右得到N点，然后将FNK连成圆顺的弧线。则CHOBDEFNKGC即为裤身样板。

2.衬裆样板的作图　衬裆样板是在前身样板的基础上作出完整的底裆。首先将裤身样板在前后裤片缝合处剪开，然后在底裆处对接。如图8-34所示。图中线段①为裤中线，线段②为前后裆片的缝合线。在此图的基础上作出裆部的方法和步骤如下：

（1）过O点在裤中线①向上量取OD等于$\frac{1}{2}$衬裆长样板尺寸，过D点作线段③平行于线段②，线段③与前片裤口弧线AB弧相交于F点，为了使作出的裆片圆顺，一般将F点向裆缝处移1cm左右，移到R处，然后将DR连成微弧线。

（2）过O点在裤中线①上向下量取OE等于$\frac{1}{2}$衬裆长样板尺寸，过E点作线段④平行于线段②，线段④与后片裤口线AC相交于G点，同理G点也向裆缝处移1cm左右，移到S处，将ES连成微弧。则DRASEOD为$\frac{1}{2}$裆样板。

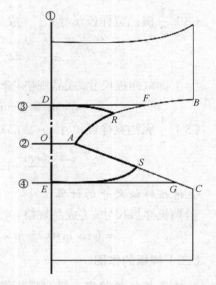

图8-34 裆样板作图

二、女罗纹三角裤

（一）款式与成品规格

1.产品分析 罗纹边女三角裤款式如图8-35所示，该款产品的腰边及裤口均采用罗纹边，腰边采用虚滚的方式缝制。面料采用纯棉汗布，单位面积质量为140～150g/m²。

2.成品规格及测量部位 产品的测量部位如图8-35所示，成品规格见表8-8。该款式产品底裆的测量部位为实际底裆向上3cm处，因此在样板作图时应注意这一点。

3.缝耗与工艺回缩 腰罗纹是采用平双针虚滚，正面为光边，缝耗为0.5cm，反面为毛边，无缝耗；虚滚重叠部分宽为1cm；绱裤口罗纹采用三线包缝，缝耗为0.75cm。合缝都采用三线或四线包缝，缝耗为0.75cm，前后裆内衬夹层采用双针或三针机缝制，缝耗为0.5cm。汗布的缝制工艺回缩为2.2%。

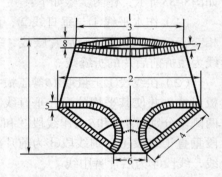

图8-35 罗纹边女三角裤款式

表8-8 成品规格　　　　　　　　　　　　　单位：cm

序号	部位 \ 规格	150/80	155/85	160/90	165/95	170/100
1	直裆	32	33	34	35	36
2	横裆	38.5	41	43.5	46	48.5
3	腰宽	26	27.5	29	30.5	32
4	裤口	22	23	24	25	26
5	罗纹边宽	2.5	2.5	2.5	2.5	2.5
6	底裆	10	10	10.5	10.5	10.5
7	腰边宽	2.5	2.5	2.5	2.5	2.5

续表

序号	规格 部位	150/80	155/85	160/90	165/95	170/100
8	腰差	3	3	3	3	3
9	前裆长	9	9	9	10	10
10	后裆长	12	12	12	13	13

4.板样的分解　通过产品分析，该产品可分解为三块样板，如图8-36所示。（a）为前裤片样板、（b）为后裤片样板、（c）为前后衬裆样板。

（二）样板尺寸的计算

以160/90cm规格产品为例计算。

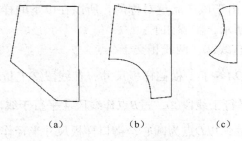

（a）　　　　　　　　（b）　　　　　　　（c）

图8-36　分解样板

1.后裤片样板尺寸计算

（1）直裆样板尺寸=（成品规格-腰边宽+虚滚重叠宽度+合底裆缝耗）×（1+回缩率）

=（34cm-2.5cm+1cm+0.75cm）×（1+2.2%）=34cm

（2）$\frac{1}{2}$横裆宽样板尺寸=$\frac{1}{2}$（成品规格+2.5cm）=$\frac{1}{2}$（43.5cm+2.5cm）=23cm

（3）裤口样板尺寸=成品规格+合侧缝缝耗+合底裆缝耗-绱罗纹缝耗-拉伸扩张

=24cm+0.75cm+0.75cm-0.75cm-0.5cm=24.25cm

（4）底裆宽样板尺寸：由于该款底裆的测量部位在实际底裆线向上3cm处，因而实际底裆宽一般比成品规格大2～3cm，本款取2cm。因此底裆宽样板尺寸为：

$\frac{1}{2}$底裆宽样板尺寸=$\frac{1}{2}$（成品规格+2cm）+绱罗纹缝耗=$\frac{1}{2}$（10.5cm+2cm）+0.75cm=7cm

2.前裤片样板尺寸的计算

（1）直裆样板尺寸=后片直裆样板尺寸-腰差=34cm-3cm=31cm

（2）$\frac{1}{2}$底裆宽样板尺寸=$\frac{1}{2}$成品规格+绱罗纹缝耗=$\frac{10.5cm}{2}$+0.75cm=6cm

（3）$\frac{1}{2}$实际底裆宽样板尺寸=$\frac{1}{2}$后裆片底裆样板尺寸=7cm

3.前后裆片样板尺寸计算

（1）前裆长样板尺寸=成品规格+绱裆缝耗=9cm+0.5cm=9.5cm

（2）后裆长样板尺寸=成品规格+绱裆缝耗=12cm+0.5cm=12.5cm

（3）$\frac{1}{2}$底裆宽样板尺寸=前片底裆宽样板尺寸=6cm

（4）$\frac{1}{2}$实际底裆宽样板尺寸=前片实际底裆样板尺寸=7cm

4.罗纹样板尺寸计算

（1）腰边罗纹宽样板尺寸=（成品规格+缝制横向拉伸）×2+光滚折边宽

=（2.5cm+1cm）×2+0.5cm=7.5cm

（2）裤口罗纹边宽样板尺寸=（成品规格+绱罗纹缝耗+缝制拉伸）×2

=（2.5cm+0.75cm+1cm）×2=8.5cm

（三）样板的作图

1.后片样板的作图 由于该产品是对称的，所以在以下的样板制作中只作一半样板。后裤片样板作图如图8-37所示，步骤如下：

（1）作水平线①与垂直线②，两线相交于O点。

（2）在线段①上量取OA等于$\frac{1}{2}$横裆样板尺寸，在线段②上量取OB等于直裆样板尺寸。

（3）过A点作线段③平行于线段②，过B点作线段④平行于线段①。在线段④上量取BD等于后裤片$\frac{1}{2}$底裆样反尺寸，以D点为圆心，裤口样板尺寸半径作弧，与线段③交于E点。

（4）为了套料的方便，通常在腰口边处可适当撇进1.5cm左右。因此在线段①上量取AG等于1.5cm，连接GE，则OBDEGO为$\frac{1}{2}$后裤片样板。

2.前裤片样板的制作 前裤片是在后裤片的基础上作出的，如图8-38所示。

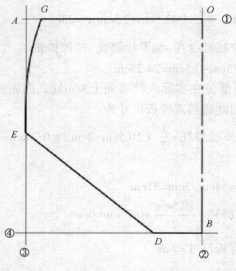

图8-37 后裤片样板作图

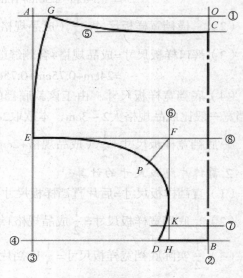

图8-38 前裤片样板作图

（1）～（4）的作图方法与后裤片相同。

（5）在线段②上量取OC等于前后腰差尺寸，过C点作线段⑤平行于线段①，在后裤片底裆线BD上取BH等于$\frac{1}{2}$前底裆宽样板尺寸，作线⑦平行于线段④，并使两线间的距离等于3cm加合底裆缝耗。过H点作线段⑥平行于线段②，线段⑥与线段⑦相交于K点。

（6）过E点作线段⑧平行于线段①，并与线段⑥交于F点，作$\angle EFK$角平分线，并在角平分线上取FP等于2～3cm，然后按图示要求画出前裤口弧线，弧线的上部接近E点的一段应与线段⑧重合，超过$\frac{1}{2}EF$线以后用光滑圆顺的弧线连接，其中下端弧线在距K点1cm左右与线段⑥相切，并有1cm左右的重合部分。连接$GCBDKPEG$即为$\frac{1}{2}$前裤片样板。

3.前后裆片样板的制作 前、后裆片样板应在前、后裤片样板的基础上作出，如图8-39所示。

（1）～（6）的作图方法及步骤同前裤片。

（7）作线段⑨平行于线段④，使两线之间的距离等于合裆缝耗。线段⑨与线段②相交于L点。

（8）在线段⑨上量取LJ等于$\frac{1}{2}$底裆成品规格，过J点作线段⑩垂直于线段⑨。

（9）在线段②上量取LN等于前裆片长样板，取LR等于后裆长样板尺寸。以L点为圆心，分别以LN和LR为半径画弧，分别与前、后裤口线相交于M、Q点。然后用光滑的弧线连接MN和RQ弧，则$MNLJIM$为$\frac{1}{2}$前裆片样板，$QRLJIQ$为$\frac{1}{2}$后裆片样板。

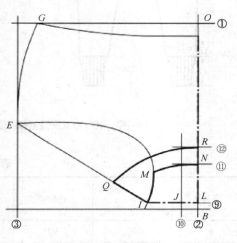

图8-39 裆样板作图

三、男裆开口棉毛裤

（一）款式与成品规格

1.产品分析 产品款式及测量部位如图8-40所示。图（a）为正面示意图，图（b）为反面示意图。该产品与传统棉毛裤的主要区别在于裆部，它不是采用传统的大小裆的双裆结构，而是在整个臀部采用一块大的拼裆，先用包缝与裤身缝合在一起，然后再用双针绷缝加固。前部采用双层裆结构，在裆的左右侧各有一个裆开口，开口EFG弧用原身布滚边，如图8-41所示。该产品的原料为93%的棉和7%的氨纶，采用棉毛组织，单位面积质量为180～190g/m²。裤口和裤腰均采用双层罗纹，裤口罗纹用包缝机缝合，腰口罗纹采用绷缝滚边，正面为光边，反面为毛边。

2.成品规格和测量部位 该产品为新款式，在国家标准中没有相应的规格尺寸，产品的规格尺寸由客户提供，测量部位如图8-40所示，成品规格见表8-9。

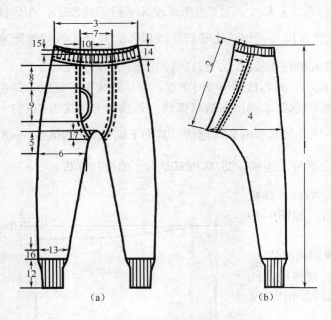

图8-40　款式图及测量部位

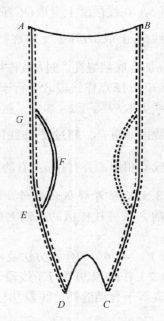

图8-41　前裆结构示意图

表8-9　成品规格　　　　　　　　单位：cm

序号	规格部位	165/90	170/95	175/100	180/105	185/110
1	裤长	93	96	99	102	105
2	直裆	31	32	32	33	33
3	腰宽	45	47.5	50	52.5	55
4	横裆	27	28.5	30	31.5	33
5	中腿部位	9	9	10	10	10
6	中腿宽	20	21	22	23	24
7	前裆宽	10	10	11	11	11
8	开口位置	10	10	11	11	11
9	开口长	12	13	13	13.5	13.5
10	开口宽	2.5	2.5	2.5	2.5	2.5
11	$\frac{1}{2}$ 后裆宽	12	12.5	12.5	13	13
12	罗口长	7.5	7.5	7.5	7.5	7.5
13	裤口宽	12	12.5	12.5	13	13
14	腰边宽	3.5	3.5	3.5	3.5	3.5
15	前后腰差	4	4	4	4	4

续表

序号	规格 部位	165/90	170/95	175/100	180/105	185/110
16	裤口测量位置	5	5	5	5	5
17	落裆	2	2	2	2	2

3.缝纫损耗与工艺回缩　合裤身及绱裤口罗纹用包缝机缝合，拼裆选用包缝机缝合，然后用绷缝加固，缝耗均为0.75cm；绱腰采用绷缝滚边，相当于虚滚，裤身与罗纹边的重叠部分为1cm，罗纹边折边宽也为1cm；裆开口采用实滚，不考虑缝耗。该产品为棉毛加莱卡面料，工艺回缩率为3%。

4.样板的分解　该款棉毛裤可分解为五块样板，如图8-42所示。（a）为裤身样板、（b）为前裆样板、（c）为臀裆样板、（d）为罗纹腰边样板、（e）为罗纹裤口样板。

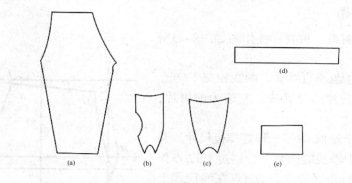

图8-42　分解样板

（二）样板尺寸的计算

下面以180/105规格为例进行计算。

1.裤身样板尺寸的计算

（1）裤长样板尺寸=（成品规格−裤口罗纹长−腰边宽+绱裤口罗纹缝耗+绱腰虚滚重叠部分宽）×（1+回缩率）

　　　　　=（102cm−7.5cm−3.5cm+1cm）×（1+3%）=94.8cm

（2）直裆样板尺寸=（成品规格−腰边宽+腰虚滚重叠宽+合底裆缝耗）×（1+回缩率）

　　　　　=（33cm−3.5cm+1cm+0.75cm）×（1+3%）=32cm

（3）中腿部位样板尺寸=（成品规格−合底裆缝耗）×（1+回缩率）

　　　　　　=（10cm−0.75cm）×（1+3%）=9.5cm

（4）中腿宽样板尺寸=成品规格+合裤腿缝耗+回缩量=23cm+0.75cm+0.5cm=24.25cm

（5）裤口样板尺寸=成品规格+合裤腿缝耗+回缩量=13cm+0.75cm+0.5cm=14.25cm

（6）裤口测量位置样板尺寸=成品规格+绱裤口罗纹缝耗=5cm+0.75cm=5.75cm

2.裆样板尺寸计算

（1）开口位置样板尺寸=（成品规格+绱腰虚滚重叠宽）×（1+回缩率）

　　　　　　=（11cm+1cm）×（1+3%）=12.4cm

（2）开口长样板尺寸=成品规格+拼裆缝耗×2=13.5cm+0.75cm×2=15cm

（因开口处为斜丝，所以不考虑回缩。）

（3）前裆宽样板尺寸=成品规格+拼接缝耗×2+回缩量=11cm+0.75cm×2+0.5cm=13cm

（4）后裆宽样板尺寸=成品规格+拼接缝耗×2+回缩量=26cm+0.75cm×2+0.5cm=28cm

（5）裆开口宽样板尺寸=成品规格=2.5cm

（6）落裆样板尺寸=落裆成品规格=2cm

3.罗纹样板尺寸的计算

（1）裤口罗纹长样板尺寸=（成品规格+缝罗纹缝耗+拉伸扩张）×2

$$=（7.5cm+0.75cm+1.25cm）×2=9.5cm$$

（2）腰边罗纹宽=成品规格×2+光边折边宽+拉伸扩张=3.5cm×2+1cm+1cm=9cm

（3）罗纹的门幅用针数来表示，由表6-3查得下摆罗纹的针数为1050~1120针，本例选取1120针。裤口罗纹的针数为340~360针，本例选取350针。

（三）样板的制图

1.裤身样板的制图 裤身样板作图如图8-43所示，制图步骤如下：

（1）作水平线①与垂直线②，两线相交于O点。垂直线②为裤子前后片的分界线。左边为前裤片，右边为后裤片。

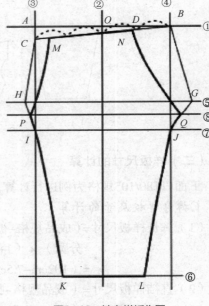

（2）在线段①上量取AB等于腰宽样板尺寸，并使其平均地分配在中垂线的两侧。分别过A、B点作线段③和线段④平行于线段②，过A点在线段③上量取AC等于前后腰差，连接BC。

（3）将BC线四等分，D是四分之一等分点。

（4）分别作线段⑤、⑥平行于线段①，使D点到线段⑤之间的距离等于直裆样板尺寸，到线段⑥之间的距离等于裤长样板尺寸。

（5）在线段⑤上最取HG等于横裆样板尺寸，并使其平均分配在中垂线②的两侧。连接BG和CH。

（6）作线段⑦平行于线段⑤，使两线之间的距离等于中腿与横裆线的样板尺寸。在线段⑦上量取IJ等于中腿宽样板尺寸的2倍，并使其均匀地分布在中垂线的两侧。在线段⑥上量取KL等于裤口样板尺寸的2倍，并使其均匀地分配在中垂线的两侧。

图8-43　裤身样板作图

（7）用圆顺的线分别将H、I、K三点和G、J、L三点连接起来。则HIK线和GJL线就是裤腿的缝合线。

（8）作线段⑧平行与横裆线⑤，使两线之间的距离等于落裆的尺寸。线段⑧与HIK和GJL线分别交于P、Q两点。

（9）在BC线上量取CM等于$\frac{1}{2}$前裆宽成品规格减缝耗；BN等于$\frac{1}{2}$臀裆宽成品规格减缝

耗，然后分别用圆顺的弧线将 *MP* 和 *NQ* 连接来。则 *MNQJLKIPM* 为裤身样板。

2.前裆样板的作图   前裆样板是在裤身样板的基础上作出的，如图8-44所示，作图步骤如下：

（1）~（7）的作图步骤与裤身样板相同，得到裤身样板。

（8）在 *BC* 线上量取 *CM* 等于 $\frac{1}{2}$ 的前裆宽样板尺寸，即 $\frac{1}{2}$ 前裆宽成品规格加拼裆缝耗。然后用圆顺的线将 *MP* 连接起来。则 *CMPHC* 为前裆样板的一半，*CH* 为中心线。以 *CH* 为前裆样板的中心线，作出前裆样板的另一半，则得到图8-45所示的前裆样板轮廓线 *MNPQ*。在此轮廓线的基础上作裆开口。

（9）过 *M* 点在 *MQ* 线上量取 *MA* 等于开口位置样板尺寸，*AB* 等于开口长样板尺寸，在 *AB* 的二等分点 *D* 处作水平线，并在水平线上量取 *DE* 等于裆开口宽样板尺寸。然后用光滑圆顺的弧线将 *AEB* 连接起来，则 *AEB* 弧线就是开口边缘的位置，*AEBQPNMA* 为前裆样板，如图8-46所示。

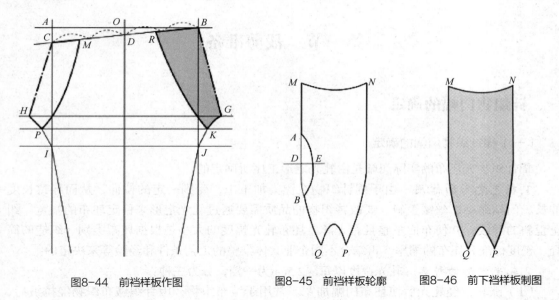

图8-44 前裆样板作图   图8-45 前裆样板轮廓   图8-46 前下裆样板制图

3.后裆样板作图   后裆样板也是在裤身样板的基础上作出的。如图8-44所示。

过 *B* 点在 *BC* 线上量取 *BR* 等于 $\frac{1}{2}$ 后裆宽样板尺寸，然后用圆顺光滑的弧线将 *RK* 连接起来，则 *BGKR* 就是 $\frac{1}{2}$ 后裆样板，*BG* 线为中心线。

第九章　针织服装裁剪工程

裁剪工程也称缝制准备工程，是指按照工艺的要求将针织坯布裁剪成衣片的过程。裁剪工程的主要任务是按服装样板把整匹服装材料切割成不同形状的裁片，以供缝制工艺缝制成衣。

针织服装的裁剪包括：裁剪前的准备、裁剪方案的制订、提缝、铺料、排料、裁剪、验片、打号等内容。其中裁剪前的准备、裁剪方案的制定、铺料为重点内容。

第一节　裁剪准备

一、针织物门幅的确定

（一）棉针织物门幅的确定

棉针织物光坯布的实际门幅是由轧光定形工序所确定的。

1.轧光定形的作用　由于棉针织物在漂染加工中，受到一定的拉伸，从而导致长度伸长、门幅缩小、丝缕歪斜。要改善织物的品质需要通过轧光定形来稳定坯布的幅宽，纠正歪斜的丝缕，并使布面平整且有光泽。坯布轧光幅度的大小是根据坯布类别、织造的筒径、密度标准和坯布的缩率，再结合不同企业具体染整的工艺条件和经验等来决定的。

2.轧光定形的种类　轧光幅度以每隔2.5cm为一档，分为三种：

（1）涨轧：经轧光后使坯布门幅加宽。常用于绒布织物，因针织绒布织物经拉绒后，长度伸长，因而绒布织物一般采用涨轧二档或三档。

（2）平轧：经轧光后使坯布门幅不变。棉毛织物由于其结构组织的紧密性，在加工过程中变形较小，一般采用平扎或缩轧一档。

（3）缩轧：经轧光后使坯布门幅缩小。一般汗布类等单面织物采用缩轧二档或三档。

影响轧幅大小主要由生产工艺、机器设备、原料性能等多方面的因素。综合各种因素最后由轧光定形来确定净坯布的幅宽规格。因为轧光幅度每隔2.5cm为一档（指筒状宽度），因而棉针织物光坯布的幅宽规格以5cm分档，与内衣胸围规格的档差5cm形成对应关系，不同规格的成衣选用不同幅宽的织物，对应由不同筒径针织机编织。这就是针织坯布规格的多样性的特点，同时不同规格的成衣选用不同幅宽的光坯布，构成了充分利用幅宽的条件，这也是针织内衣面料利用率高达90%以上的原因之一。

（二）合成纤维针织物门幅确定

针织外衣坯布多数采用合成纤维原料，为了能获得平整的布面，降低收缩率，提高尺寸稳定性和抗皱性，改善织物的风格，调整织物门幅，使织物达到规定的幅宽和克重，往往将织物进行热定形。

热定形工艺通常有干坯布定形、热风定形、染前定形、染后定形等多种方法。

目前合成纤维纬编织物常用热风加热的干热定形法。合成纤维经编坯布过去采用初定形和复定形。在染色之前进行初定形，使布面平整，防止坯布卷边而造成色花，初定形可保证高温染色时织物形态的稳定，提高织物的内在质量且有利于后工序加工，但坯布的手感较硬。复定形一般是在增白和染色之后进行，去除在高温高压染色中产生的折皱，提高成品抗皱性和改善手感。为节约能源，使坯布柔软、毛型感强，目前大都采用一次定形（复定形）。

二、用料计算

针织面料一般是以重量（kg）作为交易或核算依据的。工艺计算中以十件产品的耗用重量（kg）为单位，根据生产任务总件数，求得总重量的方法进行的。

（一）用料计算的要点

1. **主料、辅料分类计算** 产品用料中，主料包括衣身、袖子、裤身、裆；辅料包括领口、袖口、裤口、下摆罗纹、滚边布等，都应一一计算，不能遗漏。

2. **不同规格、幅宽要分别计算** 不同规格的产品，选用不同幅宽的面料，应分别计算其用料，然后再相加。

3. **不同组织分别计算** 产品用料中，采用不同组织时要分别计算，如袖片与衣身采用不同组织的面料，包含两层含义：一是针织面料中的不同组织；二是梭织与针织的不同组织。

4. **不同原料分别计算** 在主、辅料构成中，当采用不同原料或混纺比时，应分别计算。

（二）用料计算中的有关概念

1. **段耗与段耗率** 段耗是指铺料过程中断料所产生的损耗，段耗的多少用段耗率来表示。计算公式为：

$$断耗率 = \frac{断料重量}{投料重量} \times 100\%$$

段耗产生的原因：

（1）机头布。

（2）无法躲避的残疵断料。

（3）不够铺料长度，又不能裁制单件产品的余料。

（4）落料不齐而使用料增加的部分。

可以看出，段耗率的大小与针织坯布的质量和工人技术操作水平有关。常用针织坯布的裁剪段耗率参考值见表9-1。

表9-1 常用针织坯布的裁剪段耗率

段耗率（%） \ 坯布大类 \ 品种大类	棉汗布类		棉毛类		绒类		化纤布交织布
	平汗布	色织布	棉毛布	毛巾布	薄绒	厚绒	
文化衫(短袖无领无袋)	0.5 ~ 0.85	0.8 ~ 1.1	0.8 ~ 0.9	1.2 ~ 1.3			1 ~ 1.2
T恤衫(短袖有领有袋)	0.5 ~ 0.8	0.8 ~ 1	0.7 ~ .9	1.1 ~ 1.2			0.9 ~ 1.2
运动衫裤(长袖长裤)			0.9 ~ 1.1	1.2 ~ 1.4	0.8 ~ 1	1.2 ~ 1.6	1 ~ 1.3
短裤类	0.5 ~ 0.8	0.7 ~ 0.9	0.8 ~ 0.9	1 ~ 1.2			0.8 ~ 1.1
背心类	0.8 ~ 1.2	1 ~ 1.3	1.1 ~ 1.2	1.5 ~ 1.6			1.2 ~ 1.5

2.裁耗与裁耗率 裁耗是指排料、裁剪过程中所产生的损耗。是反映排料是否合理紧凑的一项指标。裁耗的多少用裁耗率来表示。计算公式为：

$$裁耗率 = \frac{裁耗重量}{断料重量} \times 100\%$$

$$= \frac{裁耗重量}{衣片重量 + 裁耗重量} \times 100\%$$

$$= \frac{裁耗重量}{投料重量 - 段耗重量} \times 100\%$$

3.成衣制成率 成衣制成率是指被制成衣服的坯布重量与投料总重量之比。计算公式为：

$$成衣制成率 = \frac{成衣坯布重量}{投料总重量} \times 100\%$$

$$= \frac{投料重 - 段耗重}{投料重} \times \frac{段料重 - 裁耗重}{段料重} \times 100\%$$

$$= （1-段耗率）（1-裁耗率）\times 100\%$$

成衣制成率是反映坯布利用程度的重要指标，利用率越高说明坯布损耗率越少，产品成本也越低。从公式中可以看出，提高坯布制成率的有效办法是降低段耗率和裁耗率。

4.坯布的回潮率 坯布的回潮率是指坯布的含水量与干重之比，计算公式为：

$$坯布的回潮率 = \frac{坯布湿重 - 坯布干重}{坯布干重} \times 100\%$$

在计算坯布用料时，用于坯布干重与湿重之间的换算。

（三）用料计算的方法

1.主料计算

（1）10件产品用料面积（m²）

$$10件产品用料面积（m^2）= \frac{段长（m）\times 门幅（m）\times 2 \times 段数}{1-段耗率}$$

其中：①门幅对于筒状坯布要考虑双层，应乘以2。

②段数是指10件产品所需的段长数。

（2）10件产品用料重量（kg）

$$10\text{件产品用料重量（kg）}=\frac{10\text{件产品用料面积（m}^2\text{）}\times\text{干重（g/m}^2\text{）}\times（1+\text{回潮率）}}{1000}$$

$$10\text{件产品毛坯重量（kg）}=\frac{10\text{件产品净坯重量（kg）}}{1-\text{染整损耗率}}$$

$$10\text{件产品耗纱重量（kg）}=\frac{10\text{件产品毛坯重量（kg）}}{（1-\text{织造损耗率）}（1-\text{络纱损耗率）}}$$

2.辅料计算　针织服装的辅料主要包括衣裤中各种边口罗纹、领子、门襟、口袋及滚边、贴边等辅料用布，与主料使用面料相同的或可以通过样板套料的方法计算出用料面积，计算方法同主料相同，这里主要介绍罗纹用料和滚边用料的计算。

（1）罗纹用料计算。罗纹用料一般以罗纹针筒针数、所用原料、用纱规格为依据，确定每厘米长度的干燥重量，然后根据每件产品耗用罗纹的长度，计算出重量。计算方法如下：

每件产品领口（或下摆）罗纹重量（g）=每件产品罗纹样板长度（cm）×干重（g/cm）
　　　　　　　　　　　　　　　　　×（1+坯布回潮率）

每件产品袖口（或裤口）罗纹重量（g）=每件产品袖口（或裤口）罗纹样板长度（cm）
　　　　　　　　　　　　　　　　　×2×干重（g/cm）×（1+坯布回潮率）

其中罗纹布每厘米干重见表9-2，纤维的回潮率见表9-3。

表9-2　罗纹布每厘米干重　　　　　　　　　　单位：g/cm

用纱规格 干重 罗纹针数	13.9tex×2+ 27.8tex（棉） 深色	27.8tex× 29（棉） 深色	13.9tex× 2（棉） 深色	15.3tex× 2（棉） 本色	27.8tex（棉）+ 15.6tex（锦纶） 深色	13.9tex（棉）+ 13.3tex（锦纶） 深色
200	0.515	0.49	0.27	0.26	0.382	
220	0.557	0.53	0.28	0.268	0.414	0.26
240	0.599	0.57	0.29	0.296	0.43	0.28
260	0.65	0.62	0.32	0.332	0.46	0.31
280	0.675	0.64	0.34	0.349		0.33
300	0.73	0.69	0.36	0.366	0.65	
320	0.78	0.74	0.376	0.385	0.71	0.38
340	0.82	0.78	0.385	0.404	0.83	
380	0.91	0.87	0.385			
420	1.00	0.98	0.411			
440	1.16	1.13	0.456			
460	1.20	1.17	0.506	0.553		
480	1.24	1.21	0.546	0.573		
540	1.39	1.35	0.596	0.598		
560	1.42	1.38	0.626	0.628		0.62

用纱规格 干重 罗纹针数	13.9tex×2+27.8tex（棉）深色	27.8tex×29（棉）深色	13.9tex×2（棉）深色	15.3tex×2（棉）本色	27.8tex（棉）+15.6tex（锦纶）深色	13.9tex（棉）+13.3tex（锦纶）深色
580	1.45	1.41	0.653			
600	1.48	1.44	0.68			
620	1.51	1.47	0.71			
640	1.55	1.51	0.737			
800	2.01	1.91				
820	2.11	2.01				
852	2.25	2.14				
900	2.38	2.20				
1120			1.207			
1200			1.329			
1240			1.392			

注：表中的深色罗纹如果改为浅色，按94%折算；色织或本色，按97%折算。

表9-3 纤维回潮率（%）

名称	棉	羊毛	真丝	苎麻	亚麻	粘胶	锦纶	腈纶	涤纶	维纶	氯纶
回潮率	8.5	15	11	10	12	13	4.5	2	0.4	5	0

（2）滚边用料：滚边用料一般使用横料，也就是说滚边料长度方向是针织坯布的幅宽方向（横向），滚边料的宽度（或段长）为针织布的长度方向（直向）；滚边部位一般是领口、袖口、裤口、下摆。滚边用料的计算仍然是先求出一件产品的用料面积，然后再换算成重量的方法。

①滚边用料长度的计算。

a.依据：滚边部位的规格；

b.缝耗：两件产品部位之间的间隙，约1～1.5cm；

c.滚边布的拉伸率：一般坯布为5%～10%，罗纹坯布为15%。

每件产品滚边用料的长度（cm）

＝［滚边部位规格（cm）+缝耗0.75cm］×（1-拉伸率）+1～1.5cm

②滚边计算用料宽度的计算。

a.依据：滚边部位滚边宽规格；

b.滚边方式：分双面滚边和单面滚边两种方式；

c.滚边折边量：一般为0.5～0.75cm；

d.拉伸扩张损耗：即由于横向的拉伸，宽度变窄，一般计0.5cm。

每件产品滚边用料（双面）的宽度（cm）

＝滚边宽成品规格×2+滚边折边0.75cm×2+扩张损耗0.5cm

每件产品（单面）滚边用料的宽度（cm）

   =滚边宽成品规格×2+滚边折边0.75cm+扩张损耗0.5cm

③每件产品滚边用料计算。

$$每件产品滚边用料面积（m^2）= \frac{滚边用料长度 × 滚边用料的宽度}{10000}$$

④每件产品滚边用料重量的计算。

$$每件产品滚边用料重量（kg）= \frac{每件产品滚边用料的面积 × 干重（g/m^2）×（1+回潮率）}{1000}$$

三、对色配料

（一）对色配料

针织坯布在染整加工中，由于工艺条件和操作上的差异，往往会出现匹与匹、批与批之间色泽上的差异（俗称"色差"），因此在裁剪前应将主料（大身料）及辅料（领、袖、裤口罗纹等）进行比色配料和数量核对，以使产品各零部件色泽基本一致，并使数量配套。

为了减少"色差"，生产中也有将一批货所需的主料及辅料在染色前配好，采用统一锅染色处理，以避免主料和副料不同锅的染色所带来的色差。

（二）数量核对

针织面料以称重的方法备料，以10件重量克数计算。

四、验布

针织坯布在织造时容易发生漏针、破洞、断线等疵点以及染整工序所带来的疵点，因为针织坯布的疵点较多，所以验布是必需的工序，而且工作量较大，验布工作质量的好坏将直接影响成衣产品的合格率。

将要验的坯布，按照裁剪用布配料单，仔细的核对匹数、尺寸、批号、支别是否符合裁剪要求。验布要全面地检验布面，发现漏针、破洞、断线、油针、花针及染整疵点的地方做上明显的记号，如用木夹、不同色线或色笔做不同标记并做好坯布质量记录。圆筒形针织物应检查坯布的两面。

五、提缝

针织产品根据排料裁剪的要求，需要把圆筒形针织物的布边折痕提转到坯布中央位置，通过裁剪消除。提缝过去用手工操作，效率很低。现在有的工厂自制了提缝机，使提缝的速度大大提高了。图9-1为提缝示意图，将圆筒形针织物布边ab和cd分别提到中央虚线位置。

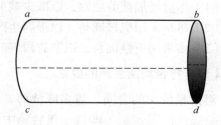

图9-1　提缝示意图

六、预缩

经过轧光、定形、验布，针织坯布还需在平摊的状态下，堆置24小时以上，使坯布得到充分的自然回缩，在铺料裁剪前使线圈形态处于稳定状态，以降低面料的自然回缩率，保证成品规格的稳定性。

第二节　裁剪方案的制定

裁剪方案的制定就是根据生产任务和生产条件，科学合理的制定某一生产任务的裁剪床数、铺料层数及套排件数的工艺设计过程。工厂里又称作分床。

裁剪方案的合理制定是裁剪工程顺利完成的前提，不仅可以为各工序提供生产依据，而且可以合理利用生产条件，充分提高生产效率，有效节约原料，为优质高产创造条件。

一、裁剪方案制定的原则

（一）符合生产条件

所确定的裁剪方案必须符合生产条件。生产条件主要包括铺料台的长度和宽度，铺料方式是机械还是人工铺料，裁剪设备的种类，裁剪车间的人员配置和生产能力等。

（二）节约用料

节约用料是降低成本的重要途径，特别是对于高档面料而言更为重要。在裁剪工程中，节约用料的途径有以下三种：

（1）采用套排的方法排料：在满足生产条件要求的前提下，采用2件（套），3件（套）或4件（套）套排，能够有效地节省面料。

（2）铺料时按严格的工艺要求进行操作：如布边对齐、段料位置准确、按工厂检验时标记的门幅分档使用等。

（3）铺料时布匹尾端处理：正确衔接或采用两个排料图混合铺料等。

（三）提高生产效率

在生产允许的范围内，尽量减少重复劳动，充分发挥人员和设备能力，达到节约人力、物力和时间，提高生产效率的目的。在裁剪工程中提高生产效率的途径有如下几个方面：

（1）尽量增加裁剪层数，以减少裁剪床数。

（2）尽量采用机械铺料，以提高生产效率。

（3）多采用折叠铺料，以节省段料时间、体力和走空趟时间。

（四）符合均衡生产的要求

对批量较大的合同，需多床裁剪，如果客户要求是独色独码包装，可每色每码裁剪；如果是混色混码包装（即每一包装箱中包含各种颜色、规格的服装），就要考虑到各种颜色、各种规格搭配裁剪。这样整理车间就可以陆续搭配包装，不致于积压，做到均衡生产。

二、裁剪方案的确定

根据上述原则制定裁剪方案，主要包括确定裁剪床数、铺料层数、铺料长度、套排件数等。

（一）铺料层数的确定

铺料层数是主要由裁剪设备的加工能力、坯布的性能和工人的技术水平等因素确定的。

1.裁剪设备的加工能力 各种裁剪设备都有其最大的加工能力，如直刃电动裁剪机的裁刀长为13～33cm多种规格，一般最大裁剪厚度为裁刀长度减4cm。再根据面料厚度确定出可裁剪层数即为铺料的最多层数。

2.坯布的性能 有些坯布耐热性能差，如果铺层较厚，裁剪过程中产生摩擦的热量不能及时散发，导致刀片温度较高，使坯布受到损伤，则应减少铺布的层数。采用203mm（8英寸）电刀裁剪时，各种坯布的铺料层数为：

9.7tex×2（60英支/2）汗布，108～120层；14～18tex（32～42英支）汗布，120～144层；厚绒布，18～21层；薄绒布，24～30层；罗纹布，40～48层；棉毛布，48～60层。

3.工人的技术水平 裁剪层数越多，铺料厚度越厚，裁剪时上下层间易产生的误差也越大，因此裁剪厚度的确定要考虑到工人的技术水平。因此，质量要求高的品种或裁剪工人技术水平欠佳时，应减少铺料的厚度，以保证裁剪的质量。

（二）铺料长度的确定

针织内衣产品样板形状比较简单，规格与坯布幅宽对应、面料易变形，大身零部件的裁剪采用分开排料的方法。使用圆筒形针织坯布裁剪衣身的套排件数一般为同规格2件（条），铺料长度即为两个衣长加上调节量，称为段长。零部件裁剪、用料规格采用单独排料，套排件数一般以5件或10件，也由此来确定其铺料长度，即段长。

针织外衣类服装套排件数和铺料长度遵守服装的排料原则，受裁床长度的限制以及生产任务中各种规格产品的数量搭配，对于边口处理中采用不同组织的面料如罗纹需要分开套排，同时由于针织面料的变形性，套排件数一般为2～4件，铺料长度不宜太长，防止拉力过大引起更大的变形。

（三）裁床数的确定

铺料长度、铺料层数确定后，则可按生产任务确定裁床数了。若采用小、中号套排，中、大号套排方案，排料后确定出排料长度，如果裁床长度允许，每床可铺100层的话，则小、中号套排和中、大号套排可以一床完成。也可以分别铺料两床完成。

（四）裁剪方案的表示方法

上述例子的裁床安排方法，可用下面数学方法简单表示：

$$2\begin{cases}（1/小+1/中）\times 100 \\ （1/中+1/大）\times 200）\end{cases}$$

大括号前面的数字2表示床数，小括号中分式的分母表示规格，分子表示套排件数，小括号中两项相加表示两个规格套排，小括号后面乘号后的数字表示铺料层数。

三、裁剪方案的案例

实际生产中，对同一批生产任务，在符合前述要求的前提下，应同时制定出几种方案，经比较确定出最佳方案。

例如，某批服装生产任务单如表9-4所示。

表9-4　生产任务单

规格	S	M	L	XL	XXL
数量（件）	200	300	500	300	300

下面几种方案可以采用：

方案1：

$$5\begin{cases}(1/S) \times 200 \\ (1/M) \times 300 \\ (2/L) \times 250 \\ (1/XL) \times 300 \\ (1/XXL) \times 300\end{cases}$$

方案2：

$$3\begin{cases}(1/S + 1/L) \times 200 \\ (1/M + 1/L) \times 300 \\ (1/XL + 1/XXL) \times 300\end{cases}$$

方案3：

$$5\begin{cases}(2/L) \times 200 \\ (1/S + 1/M) \times 200 \\ (1/XL + 1/XXL) \times 200 \\ (1/M + 1/L) \times 100 \\ (1/XL + 1/XXL) \times 100\end{cases}$$

方案1除L号外均为单件排料，铺料长度短，占用裁床少，铺料方便，且每床均为同一规格，便于生产管理，生产效率高，是针织内衣常用的裁剪方案，但不利于节约用料，且铺料层数偏多。以提高生产效率为主要目标。

方案2是两个规格服装裁片套排，有利于节约用料，比方案1减少了床数，提高了生产效率；但增加了铺料长度，不同规格混合排料对生产管理要求高，并且也存在着如果面料较厚，铺料层数偏多的问题。故此方案适用于面料较薄、价格较高的产品，以节约用料为主要目标。

方案3是在方案2的基础上调整了铺料层数，以保证裁剪顺利进行，并达到节约用料的目的；但增加了排料、铺料和裁剪的工作量。此方案适用于面料较厚、档次较高的产品。

从上述三方案的讨论可知，裁剪方案的制定，首先要考虑的是生产条件。在满足生产条件的基础上，尽可能确定出既高效又节省的最佳方案。

第三节　裁剪工程

针织服装的裁剪包括排料、铺料、裁剪、验片、打号等工序。

一、排料

坯布上样板的排法是根据预先设计好的排料方式进行的。排料时，既要符合裁剪样板的要求，又要合理用料。

（一）排料原则

1. **保证设计要求**　排料的样板根据服装设计的要求。

2. **符合工艺要求**　服装在进行工艺设计时，对衣片的对称性、对位标记等都有严格的规定，一定要按照要求准确排料，避免不必要的损失。

3. **节约用料**　在保证设计和工艺要求的前提下，尽量减少布料的用量是排料时应遵循的重要的原则。

（二）排料准备

1. **检查资料**　检查排料所需的资料是否齐全，包括生产制造单、款式板样、面料的幅宽及裁剪方案等。

2. **了解订单或生产制造单**　以便作业进行时，不会与生产线发生脱节现象。

3. **了解服装款式**　这对于对花、对条格尤为重要。

4. **了解板样**　便于检查板样的各项资料是否正确，起到监督作用，避免损失。

5. **了解尺码分配**　尺码分配是排料的前提和依据，必须据此进行排料。

6. **了解排板工具**　若手工排料，用笔描绘，相对容易掌握；如果用服装CAD排料系统，则需要熟悉计算机及CAD软件。

（三）排料的工艺要求

1. **保证样板直向与面料直向相符**　针织面料的直、横向性能不同，衣片用料有直、横向之分，服装样板中已注明直向标记（同径向符号），排料时必须保证样板直向标记与布料直向一致。

2. **选用合适的幅宽**　同一品种的坯布，有各种幅宽，应选择最合理的幅宽。产品规格不同，也可以采用不同幅宽，多种规格也可用一种幅宽，或各种规格配搭排料，或一种规格单独排料，应根据合理用料、减少浪费的原则进行排料。如90cm圆领衫，合肋时用47.5cm的门幅，合肩时用45cm的门幅（坯布为圆筒形状的）。如各种规格配搭排料时衣片数量应该平衡。

根据排料要求确定单件（或2件）排料面积，圆筒形织物的单件（或2件）排料面积（cm²）等于段长×幅宽×2。

3. **正反面确认**　保证面料正反面正确。

4. **保证衣片的对称性**　服装上很多衣片具有对称性，服装生产中，为保证同一件制品各部件用料是在同一层布料上，以免造成色差，排料时常用单层排列的形式，及一件制品的所有零部件均需排上。因此，排料时要注意衣片的对称性，避免出现"一顺"现象。排料时对于对称性衣片通常正面排画一次，翻过来再排画一次。

5.保证面料的方向性 对于绒毛、有方向性花纹图案的面料，衣片均须按同一方向排料，以保证成品光泽、手感、花纹方向的一致性。

6.排料宽度 与面料幅宽相符。

7.节约 节约用料。

在满足上述工艺要求的前提下，尽量减少空余面积，达到大料大用、小料小用、物尽其用、节约用料的目的。

（四）排料方法

排料就是要找一种用料最省的样板排放方式，要达到此目的，很大程度上要靠经验和技巧，外衣排料在实践中归纳为20个字，即：先大后小、紧密套排、缺口合并、大小搭配、避免色差。

内衣产品样板形状比较简单，因此排料比较容易做到合理。目前圆筒形针织坯布内衣产品常用的套裁排料方法有下列几种：

1.平套法 样板四周尺寸比较平齐，不能相互借套的，可采用平套法，如男女圆领汗衫、棉毛衫的大身样板，其四周呈长方形对称，故采用平套法排料如图9-2所示是圆领男衫连肩合缝大身排料图。

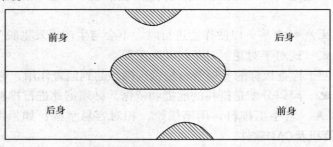

图9-2 平套法排料

2.斜套法 一般用于合肩产品，特点是前后衣片在肩斜处互套，并分别位于段长的左右两侧，斜套法排料如图9-3所示，右侧为两件的前片，左侧则为两件的后片。该方法也适用于裤裆、袖子的排料。

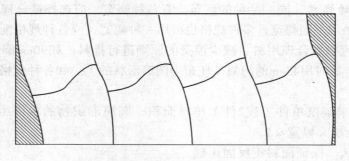

图9-3 斜套法排料

3.**镶套法**　样板的一端镶进样板另一端的空档内，如背心样板就可以采用镶套法排料如图9-4所示是男背心的排料图。

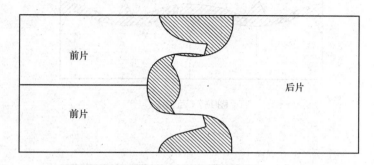

图9-4　镶套法排料

4.**拼接套法**　样板与样板相接的两侧空档，用作拼角或拼裆，如罗纹口棉毛裤的样板就采用这种排料方法，拼接套法排料如图9-5所示，是利用剪下的小料作本产品的档布，基本上没有裁耗。

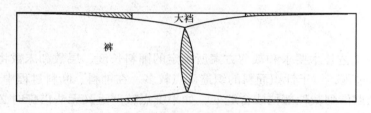

图9-5　拼接套法排料

5.**循环连续排料法**　领子的种类很多，一般都具有对称性，针织服装中用的较多的翻领，一般是双层（领面、领底）对称的，最适合采用循环连续排料法。这种方法是领子在领尖处相互套进，坯布在铺料时不断开，采用往复折叠，几乎无裁耗，循环连续排料法如图9-6。

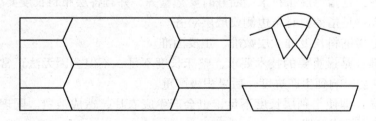

图9-6　循环连续排料法

排料方法有多种，应在实践中加以体会比较，切忌生搬硬套，有时同样的样板可以有多种排料方法，如图9-7互套法、图9-8叉套法等，要根据坯布幅宽和样板形状尺寸灵活运用。

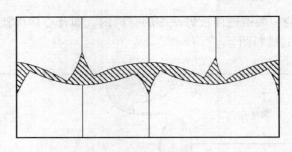

图9-7 互套法

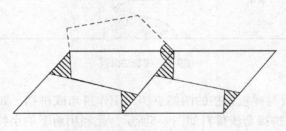

图9-8 叉套法

二、铺料

铺料就是按工艺技术要求和裁剪方案所确定的铺料长度、层数和床数将布料平铺在裁床上的工艺操作过程，由于针织面料的织造疵点较多，在铺料、断料过程中还应进行借疵，即将坯布上的疵点借到裁耗部位或合缝处，如果疵点较严重又无法借疵时必须裁去，裁去的布料可作为附属材料使用。每匹布的两端因有打戳标记和缝接针洞，还必须裁去相当长的机头布。

（一）铺料的工艺技术要求

铺料的工艺技术要求可以概括为"三齐、三准、四必须"。

1.**三齐**　是指铺料上手齐、落刀齐、布边齐。

（1）上手齐：是指铺料时每层布料的起始端要齐；

（2）落刀齐：是指每层布料末端断开时要裁整齐，并且各层布料长度要一致；

（3）布边齐：是指铺料时布边侧要层层对齐。

2.**三准**　是指铺料长度准、层数准、正反面准。

（1）长度准：是最重要的技术要求。整床长度不足，不但会因无法正常裁剪而造成极大的浪费，而且会影响到生产进度，后果积极严重。

（2）层数准：即使个别层长度不足，也会产生废衣片，造成浪费。同理，铺料层数不准，会造成衣片不足或浪费。

（3）正反面准：是指铺料时布料的正反面必须准确。例如，采用正面与正面相对、反面与反面相对的铺料方式，如果有误，会导致裁出的衣片正反面不相符。另外，绝大多数布料都有正反面之别，铺料前还必须认真辨别布料的正反面，以免铺错。

3.**四必须**　是指铺料时布面必须平整，张力必须小，上下层图案必须对准，面料倒顺方向必须正确。

布面必须平整是指铺料时，每层布料都要十分平整，不能有折皱，否则裁出的衣片会变形，并且造成衣片规格不准确。

对于针织面料尤其要注意张力必须小的要求，由于张力作用，面料会产生伸长变形，在拉伸变形状态下裁出的衣片，会加大自然回缩量，使衣片尺寸缩小，因此，除了应避免断料长度过长外，还应在拉布方式、操作工艺上注意。使用人工铺料辅助设备及电脑控制拖铺系统等，例如在裁床上安装带有轨道的裁布滑车，把布料放在上面，用人力推动就可以将面料展开，然后再用手工把面料铺平，可以有效地减小由于拉布所带来的张力。

在铺料、断料过程中，面料的经纬向及倒顺必须正确，是指服装设计时对绒毛和印花布上的动植物花型、图案也有倒顺之分，铺料时必须注意面料方向的正确与否。

（二）铺料方式

针织生产中，铺料方式有单向铺料和双向铺料方式，单面铺料由于织物的状态分筒状和剖幅两种，因而铺料结果会出现正面铺和面里对合铺。

1.单面铺料　是指铺完一层布料其末端都要断开，然后再从头铺下一层的铺料方式。

对于剖幅织物，一般幅宽较宽，属于外衣类面料，常采用这种方式铺料。其正面朝一个方向，裁剪出衣片后，因各层面料方向一致，打号时也方便准确，缺点是铺料时，每层布料均需剪开，费工费时，另外，操作工人和设备均需走空趟，生产效率低，单向辅料（剖幅织物）见图9-9。对于有方向性和倒顺之分的织物，必须采用这种铺料方式。对于筒状织物的内衣裁剪，这种铺料方式的结果与双向铺料相同，区别在于单向铺料面料具有方向性，单向铺料（筒状织物）见图9-10。

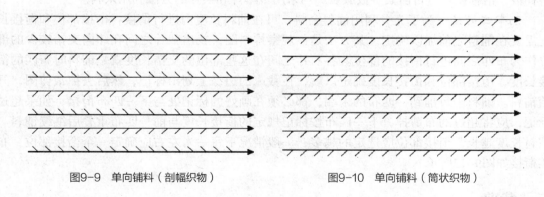

图9-9　单向铺料（剖幅织物）　　　　　　图9-10　单向铺料（筒状织物）

2.双向铺料　是指将面料采用来回折叠的铺料方式，形成各层之间正面与正面相对，反面与反面相对，双向铺料见图9-11。

这种铺料方式面料可以沿两个方向连续展开，每层之间也不必剪开，设备和操作人员不走空趟，因此工作效率比单向铺料高。

对于无方向要求的面料，可采用双向铺料方式；有些面料虽然分正反面，但无方向性，也可采用双向铺料方式。这时可利用每相邻的两层面料组成一件衣服，由于两层面料是相对的，自然形成两片衣片的左右对称，排料时可以不考虑左右衣片的对称问题，使排料更为灵活，有利于提高面料利用率。但双向铺料方式不能用于有方向性的面料，裁剪后打号也不太方便。

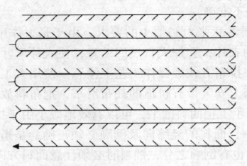

图9-11　双向铺料

（三）余料利用方法

铺料过程中，每匹布料到末端时不可能都正好铺完一层，剩余的部分称为余料。铺料长度长时，余料有时会达到几米长，因此，余料的合理利用是成衣生产中节约用料的重要组成部分，对降低生产成有着重要意义。

生产中余料可以裁剪单件或换片用，也可以在铺料中采用布匹衔接或不同长度排料图混合排列的方法。

1. **裁单件和换片**　生产中，可把颜色相近的余料裁成单件服装，以节约用料。另外裁剪后的衣片，会因布料本身的疵点、样板问题、裁剪技术问题等原因出现废片，可利用余料补裁，俗称换片。目前大多数服装厂均采用裁单件和换片的方法利用余料。

2. **布匹衔接**　为了充分利用铺料余料，可在铺料长度内进行衔接，衔接部位和衔接长度需要在铺料之前加以确定，其方法是：观察排料图，找出裁片之间在纬向交错较少的部位作为布匹之间进行衔接的部位。各衣片之间在这些部位的交错长度就是铺料时布匹的衔接长度，衔接部位和衔接长度确定以后，在裁床的边缘上划出标记，然后去掉裁剪图，开始铺料。铺料中每铺到一匹布的末端，都必须在画好的标记处与下一匹布衔接，如果超过标记，应将超过的布剪掉，下一匹布按标记规定的衔接长度与前一匹布重叠后继续铺料。铺料长度越长，衔接部位应选定的越多，一般情况下每一米左右应确定一个衔接部位，布匹衔接如图9-12所示。

三、裁剪

裁剪就是将铺好的多层面料，按排料图上的样板形状及排列位置裁成各种裁片的工艺过程。

在裁剪中，正确掌握操作技术规程，保证裁剪精度是非常重要的。裁剪精度是指裁出的衣片与样板之间的误差大小以及各层衣片之间的误差大小，其误差值越小，说明裁剪精度越高。服装裁剪最主要的工艺技术要求就是裁剪精度高，为此，裁剪过程中必须严格遵守操作技术规程，裁剪过各中主要的操作技术规程归纳如下：

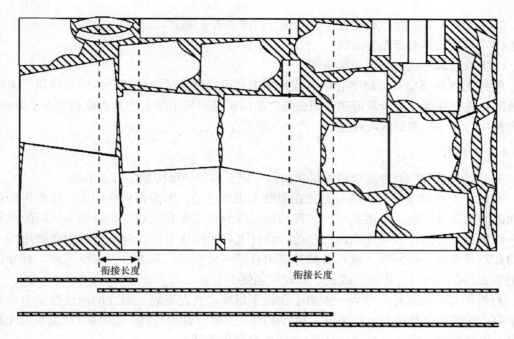

图9-12　布匹衔接

1.先小后大　裁剪时，应先裁较小的衣片。否则，先裁了大衣片，剩下小衣片不容易把握面料，给裁剪带来困难，造成裁剪不准。

2.刀不拐角　裁剪到有拐角处，应从两个方向分别进刀至拐角处，而不应直接拐角，以保证拐角处的精度。

3.避免错动　裁剪时，压扶面料用力要柔，不要用力过大、过死，更不要向四周用力。以免使面料各层之间产生错动，造成衣片之间的误差。

4.裁刀垂直　裁剪时要保持裁刀垂直，避免造成各层衣片之间的误差。

5.裁刀锋利　裁剪时要保持裁刀锋利和清洁，以免裁片边沿起毛，影响精确度。

6.剪口准确　为缝制时准确确定衣片之间的相互配合位置，裁剪时要打剪口作标记。如果剪口不准确，会造成缝制困难，影响缝制效果。剪口位置是按样板要求确定的，一般为2～3mm。

另外需注意裁刀温度对裁剪质量的影响。

四、验片、打号和配发活

（一）验片

验片是对裁对质量的检查，目的是将不合质量要求的衣片查出，避免残疵衣片投入缝制工序，影响生产的顺利进行和产品质量发生问题。验片的内容与方法如下。

（1）裁片与板样相比，检查各裁片是否与板样的尺寸、形状一致。

（2）上下层裁片相比，检查各层裁片误差是否超过规定标准。

（3）检查刀口、定位孔位置是否准确、清楚，有无漏剪。

（4）检查对格对条是否准确。

（5）检查裁片边际是否光滑圆顺。

经过上述各项检查，将不合格的裁片剔出，可以修整的应修整合格后再使用，无法修整的则要进行补裁。由于裁剪质量同服装产品的质量和后工序生产是否顺利关系十分密切，因此验片必须一丝不苟地认真进行，严格把好质量关。

（二）打号

打号是把裁好的衣片按铺料的层次由第一层至最后一层按顺序打上编码。

在裁片上打顺序号，目的是避免在服装上出现色差。因为面料在印染时很难保证各匹之间的颜色完全一致，有的甚至同一匹的前后段颜色也会有差别。如果用不同匹的裁片组成一件服装，各部位很可能全出现色差。裁片上打了顺序号后，缝制过程中必须用同一号码的各裁片组成一件服装，这样各裁片就出自同一层面料，基本可以避免色差。打号还可避免半成品在生产过程中发生混乱，发现问题便于查对。

打号用打号机进行。号码一般由七位数字组成，自左至右，最左的两位数字表示裁剪的床数，接着两位数字表示规格号，最后面的三位数宁表示层数；如0140135则表示此裁片是第二床裁剪的，规格是40号，是第135层面料裁出的裁片。

打号的颜色以清晰而不浓艳为宜，要防止印油太浓透过面料。打号的位置应在裁片的反面的边缘处，按不同品种的工艺要求打在统一规定的位置上。打号应该确保准确，避免漏打、重复、错号等现象，打号后应进行复核。

（三）配发活

裁片经打号后，要按照缝制生产安排进行分组、捆扎，以防止散乱和便于统计，同时也为缝制流水线做准备。这一过程称为配发活。

配发活时，裁剪的衣片和辅料（拉链、规格号、洗涤说明等）按品种规格及规定数量配套捆扎在一起，一般为十件、二十件或三十件，每扎附有票签，表明货号规格等。

第十章　计算机技术在服装设计中的应用

随着服装市场向多样化、高级化和个性化发展，服装的生产向着多品种、小批量、短周期化推进，这就强烈要求服装生产自动化，推进服装计算机技术的应用进程。随着科技的发展，互联网技术的发达，计算机技术在服装领域广泛应用，在这些应用中服装计算机辅助设计（服装CAD）使用最普遍，企业使用服装CAD系统进行生产，高校使用服装CAD系统进行教学，因服装CAD系统品牌比较多，有些企业和高校同时拥有两种或更多的服装CAD软件系统。除服装CAD系统外，服装生产领域还有服装计算机辅助制造系统（服装CAM），服装计算机柔性加工系统（服装FMS），服装企业信息管理系统（服装MIS）……这些系统组成了服装计算机集成制造系统（服装CIMS）。在服装企业信息管理系统中主要有服装企业资源管理软件（服装企业ERP），服装分销零售管理系统（服装DRP/服装POS），服装贸易管理系统等。

第一节　服装CAD概述

一、服装CAD的概念

服装CAD系统（Garment Computer Aided Design System），即服装计算机辅助设计系统，是现代化科学技术与服装文化艺术相结合的产物，是一项集服装效果设计、服装结构设计、服装工业样板设计与计算机图形学、数据库、网络通讯等知识于一体的现代化高新技术，它将服装设计师的设计思想、经验和创造力与计算机系统的强大功能密切结合，成为现代服装设计的主要方式。同时服装CAD系统也常用以实现服装产品开发和工程设计。服装CAD借助计算机进行服装样片设计、样片缩放、辅助排料、试衣、款式设计等方面的应用技术，促进服装企业完成自动化生产。

二、常见服装CAD软硬件配置

服装CAD系统与任何一个计算机应用系统一样，都是由硬件和软件两部分构成的。服装CAD系统包括款式设计、结构（样片）设计、裁剪排料设计等，可以完成服装生产的技术准备工作。不同阶段的设计工作需要相应的计算机硬件和不同功能的计算机软件。其硬件部分主要由三大部分组成：即主机、图形输入和图形输出设备。软件系统包括系统及绘图应用软件。

（一）服装CAD系统的硬件组成

1.**主机**　主机是计算机图形及CAD系统的核心设备。用户可根据当时计算机行情配置电脑即可，也可通过局域网和一台主机连接，形成一个分布式的计算机系统，即工作站，再与图形输出设备、图形输入设备相连，进而形成高性能的人机交互的单用户计算机。

2.**图形输入设备**　图形输入设备分为两类，一类是硬输入装置，如图形数字化仪、扫描仪等，将图形信息直接输入到主机；一种是图形软输入设备，将图形程序如图片、照片通过数码相机或存储设备直接送入主机。

图形数字化仪是一种图形/数字的转换设备，它将图形转换为计算机可以处理的数字信息。扫描仪是一种新颖的图形—图象输入设备，扫描仪一般通过接口与主机相接，服装CAD系统图形输入设备的基本配置扫描仪为A4彩色扫描仪；数字化仪为A0幅数字化仪。

3.**图形输出设备**　图形输出设备通过适配器与主机相连，输出图形信息。图形输出设备也有两种，一种是硬拷贝输出，如绘图机、打印机、切割机等；另一种是屏幕图形输出装置，如显示器。

图形打印机是重要的图形输出设备。有针式、喷墨和激光等类型，可以输出彩色效果图、按比例缩小的排料图、生产工艺单及相关管理信息等。

绘图机是一种常用的图形输出设备，一般用于1∶1输出样片。由于一般服装排料图的宽度就是面、辅料的宽度，尺寸较大，所以一般使用服装CAD专用的大型绘图机。滚筒笔式绘图机是通过绘图笔或绘图纸的横、纵向移动而产生图形轨迹，因此噪声较大；平板笔式绘图机速度快、效率高、造价高。平板笔式绘图机是将纸平铺在绘图平台上，绘图笔进行纵向和横向的运动页产生图形轨迹，其精度高于滚筒式，大型服装CAD绘图常用此类。

切割机也是图形输出设备，切割机配置不同的切割头可以切割不同的厚度、不同材料的物品，如纺织品、皮革、塑料等。

图形显示器是一种屏幕图形的输出设备，图形显示器大多都采用阴极射线管（CRT）作为显示器件，与相应的电子线路组成图形显示器。图形显示器分为随机扫描图形显示器和光栅扫描图形显示器。服装CAD系统图形输出设备的基本配置显示器为15英寸；绘图仪为A1、A0幅宽绘图仪；打印机为彩色喷墨打印机。

（二）服装CAD系统的软件构成

目前市场上服装CAD软件系统的品牌众多，不同品牌的模块种类有所不同，但大多数系统包括样片设计，也就是结构设计系统，推板系统和排料系统。本书将以模块比较齐全的航天服装CAD软件系统为例进行系统软件的介绍。

三、服装CAD的作用

服装产品在市场竞争中的能力决定服装企业的发展，而服装产品在市场的竞争能力是以服装本身的样式新、质量好、价格低为基础的。服装CAD技术在服装企业的设计和生产中发挥着不可替代的作用，有利于提高企业的经济效益和社会效益，提升企业形象。国内大企业、中型企业和高校使用，服装CAD普及率不及发达国家，但也呈上升趋势。服装CAD的运用已经成为服装企业设计水平和产品质量的重要标志，成为国际合作的必要保证。其作用主要体现在以下几方面。

（一）降低劳动强度、提高生产效率

服装CAD系统中功能强大的数据库及便捷功能键的操作可以节省因大量重复操作、错误操作而浪费的时间，从而减少工作量，降低劳动强度，提高工作效率。尤其是对于产品加工过程中的瓶颈工序，如产品开发设计环节和裁片准备和放码等环节，应用服装CAD系统中的款式设计和裁片功能、放码功能，仅需几分钟就可完成，这使得传统方式要几个小时甚至几天的工作大大缩短了工作时间。发达国家的服装企业运用服装CAD后，从面料采购到成衣销售的平均流程时间已降至2周，美国最快的仅需4天。产品设计与制作周期的缩短，使生产效率基本上提高了3倍。

（二）降低生产成本、节省原辅材料

服装CAD系统的使用，不仅减少了样板纸样的存放空间，节省场地；还降低工人的劳动强度，减少劳动力数量；同时可精确计算出原辅材料使用率，也使设计人员便于掌控，企业在购买原辅材料时更加理性，从而为生产企业降低生产成本，节省原辅材料。

（三）提高设计精度、减少技术难度

服装CAD系统操作过程中，可将数据控制到小数点后几位，是人工操作所难以控制的，可减少设计人员因心理、生理因素造成的失误，并能快速、方便地检查各部位的尺寸，提高产品设计精确度，提高产品质量、提高规格合格率。以往的传统设计方法对设计人员的绘画功底要求高，运用服装CAD系统款式系统辅助设计可减少技术难度，同时对样片结构设计系统、放码系统、排料系统等的操作也使以往对人员基本功的要求降低，可使工作人员有更多的精力提高产量质量。

（四）便于信息的管理

借助服装CAD系统强大的数据库功能，更加便于信息的管理。款式设计图和样片结构图等存储于计算机内，可提高资料的管理、数据查询及检索的效率。可避免由于人员调离及管理不善而带来的数据丢失及破损等损失。

（五）提高对市场的快速反应能力

大量服装设计的数据信息存储于计算机内，一方面可便捷地进行信息传递、交流，并可根据生产需要随时提供各种规格的资料，如排料图、结构图、工艺单等数据资料，便于加工单位的参数及成本的核定；另一方面可实现与其他系统的联网，如与计算机辅助制造（CAM）、柔性加工线（FMS）、生产管理（PMS）、经营管理（BMS）、质量管理（QMS）等系统结合起来，可使服装设计、制造、生产、管理和经营等集成为一体，成为一个便于管理的高效率、现代化的服装生产企业。

（六）缩短新产品的开发周期

产品的开发周期包括设计周期和生产周期，多品种小批量的生产特性迫使企业缩短生

产周期。而服装CAD系统中的服装款式设计，可以使设计人员方便地利用系统功能设计、调出原有的资料进行修改，服装的款式、色彩、面料都可以随意搭配，并且快捷方便。设计师可以从繁重的绘画中解放出来，充分发挥自己的设计想象力，既可以提高设计质量又加快了设计速度，库中的样片也可调出进行修改，缩短样片设计时间。CAD系统的使用，同样可缩短推板和排料的时间，从而缩短生产周期。

第二节　CAD在服装设计及生产中的应用

一、款式设计系统

款式设计系统是辅助服装款式设计的应用系统，该系统提供了大量的图形数据库和模特库，可运用各种功能键随意绘制款式图，可以通过数码相机或扫描仪输入所需图片资料。款式系统具有绘画、填色、换色、更换面料和对领子、袖子、前衣片、裤子、扣子、首饰的装配等功能。系统提供了多种填色和填面料的方法，多种笔型可进行设置，工具条中的各种工具配合辅助窗使用，绘制服装效果图快捷、自如。系统还添加了织布功能，可以根据服装设计的需求设计不同的面料。通过系统可以建立属于自己的个人资料、档案库，设计完成的款式效果图可以在样片结构设计系统中显示，或通过彩色打印机输出。款式设计系统最大的优势是比较简单，对绘画功底要求不是很高，加之使用系统中的工具和资料库中的资料可以轻松的绘制服装的款式图和效果图。

（一）菜单栏

系统中当有文件打开时，菜单栏中有7个菜单项：文件、编辑、图像调整、图像处理、视窗、窗口、帮助，每个菜单下有不同的命令，使用这些菜单可以方便的进行新建、图片的编辑处理、打印输出等工作。菜单中的设置线型具有实线、虚线等线型，在线型设置窗口中选择一种线型，使用画线等工具进行画线或对文件勾边等操作，确定后所绘制的线就会变成所选线型，线型设置可以方便款式图和效果图效果的表达，不同的线型也方便于设计师区分不同的线条组。使用方格操作可用于绘制各种图案，在方格状态下还可制作面料小样，方便设计师设计，图10-1为在方格状态下绘制的图案，图10-2为在方格状态下制作的面料小样。

图10-1　方格状态下绘制的图案

图10-2　方格状态下绘制的面料小样

菜单栏中的设实际尺寸工具可以测量图片中服装各部位的尺寸，将选中的服装照片导入系统中，通过设定横向和纵向基准尺寸，使用设实际尺寸工具就可以测量出图片中服装的各个细部的实际尺寸，为样片设计打下基础。

（二）图库窗

在图库窗中可以显示、管理、选择、装配图库中的款式文档。鼠标左键按住此处拖动鼠标，可移动图库窗。图库窗中可以显示保存在款式设计系统各个图库中的系统专有格式—DOC格式的所有文件。图库窗中的临时区是程序自动建立的库名，用来存放临时文件，每当存盘时，程序不仅存储当前文件，而且将存储的文件进行备份，顺序存放到临时区中，这样设计师在设计过程中可以随时调出前几步的设计稿，方便修改。需要注意的是临时区只能存放编号为零到十五的文件，循环存放，新文件覆盖旧文件，设计师在设计过程中不要把有用的文件存放在临时区中，如果存放到临时区时，也不能把文件名取成 0.doc，1.doc，…，15.doc中的一个，以免被备份文件覆盖。

（三）工具条

工具条是系统中最重要的部分，工具条中的工具操作比较方便，每个工具结合辅助窗使用，使用工具条中的工具便可以完成设计师的创作。工具条中的画笔工具具有6种笔型，颜色可以根据需要进行选择；选择工具有三种，一种是边框选择工具，用来选择图像和线条，边框类型有三种，使用起来比较方便，一种是套索选择工具，用来选择不规则形状的图像和线条，另一种是魔棒选择工具，可以理解为颜色选择工具，同样是用来选择图像和线条，但是由鼠标所点位置的像素点的颜色为基准，选择范围的大小由选项中的距离数据控制，相同图象中距离越大被选中颜色范围越大；距离越小被选中颜色范围越小，在设计过程中设计师可以根据需要选择不同的选择工具。使用工具条中的工具可以轻松的为需要填充颜色或面料的部位进行填充，填充方式有五种，在使用过程中，根据填充的区域选择合适的填充方式，如是用线条画的区域，则使用线条区域，如果在同色或相近色区域进行填充，则选择种子填充，在填充过程中可以配合辅助窗，选择纯色填充或者保持明暗对比，或者是透明填充，透明程度用数字控制，如果填充的是面料还可以选择角度和密度，或者是否对称填充。使用工具条中的网格工具，建好网格后填充格子面料可以有更真实的效果，特别是需要对格对条的款式，使用此工具更容易达到效果。款式设计系统也有建档工具，可以将各部位图片保存到相应的图库中，供设计和生产过程的搭配使用，这样可以节约时间和成本，在电脑上即可以看到效果，不需要制作样衣等。可以将流行的各类装饰品的图片保存到图库中，供设计和生产使用，这样可以节省时间进行绘制，也可以有直观的效果。使用款式设计系统的工具绘制的平面款式图如图10-3所示，系列效果图如图10-4所示。

（四）织布

在款式设计系统里还有织布窗口，可以根据自己的设计进行面料的设计，可以设置纱线的颜色，宽度、斜度和线数，确定后出现纱线的效果，输入经纬纱的排列公式，设计纹理，就可以模拟织布了，窗口即可出现面料的效果，同种纱线不同的排列方式或纹理不同，面料效果也不同，图10-5为同种纱线不同纹理的效果，相同的排列公式，不同纹理的效果对比，图10-6为应用织布窗口设计的各种面料的效果。

图10-3 平面款式图

图10-4 系列效果图

图10-5 同种纱线不同纹理的效果

图10-6 各种面料的效果

随着人们生活水平的不断提高，人们对衣着的追求日益多元化，而且现在不同风格的服装的设计元素都是相互交叉的，设计师在保持自己的一贯风格的同时还必须融入流行的元素，必须与国际时尚风潮相接轨。穿着风格的多样化，流行消费的多元化，就给传统的服装产业带来新的挑战。使用款式设计模块可以快速的绘制服装的效果图，摒弃了传统设计的手工绘画方式，通过电脑内部大量的模特、部件库和饰品库，使用CAD软件描绘效果图，对设计师的专业要求相对低些。因为不是所有的公司企业都拥有大牌的设计师，但公司和企业想生存发展还必须拥有自己的设计师，所以款式设计系统在服装生产中的作用还是很大的。使用CAD进行款式设计，在没有生产前，就可以看到服装的大概效果，从而提高效率，缩短产品的生产周期，节省产品的开发成本，从而降低生产成本，提高工作效益。

二、样片结构设计系统

样片结构设计又称为做纸样或打板。样片的结构设计系统是辅助服装结构设计和样板制作的应用系统。CAD提供的打板工具功能齐全，使用方便快捷，如开头样、曲线调整、样片拼接、加放缝份等方面在实现方式上速度明显快于纸笔打板，该系统为样片结构设计提供了一系列的制图工具，利用这些工具，可设置和增减点、直线、曲线；对结构基形切割、展开、对称、拼接；进行省道的定量、转移、关闭、分配；处理样板的缝份、刀眼、标记尺寸等等。设计人员只需用鼠标控制功能按钮就可以轻松完成设计需求。在系统内特别设置有多个窗口，如记录窗口可动态记录设计制作步骤，并可在窗口内快速修改和更新设计；效果图窗口为结构设计提供可参照的款式效果图，设计好的结构样片可用于生产，样片的存储也非常快捷方便。

该系统要求在进行绘制结构图前需要有尺寸表文件，多个结构图可共用一个尺寸表文件，所以在实际设计和生产中，尽管服装款式不同，但号型尺寸相同，所以相同号型建立一个基本的尺寸表便可以，方便设计和生产，在绘制过程中，尺寸表也是可以更改的，可以填加或删除号型和服装部位名称。在结构模块，也可以在建立尺寸表时输入多个号型，这样一次便可以绘制多个号型的结构图，提高效率。图10-7为五个号型的男装原型，在建立尺寸表时输入五个号型，在绘制过程中按照步骤绘制，绘制结束点击显示多个号型按钮便可出现图10-7的效果。

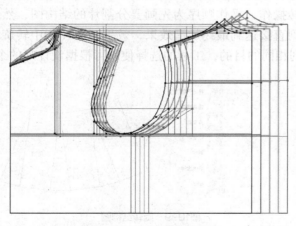

图10-7　五个号型的男装原型

　　系统中提供曲线板工具，可供结构设计使用，对于一些常用或特殊的形状，设计师可根据自己的经验和习惯设计自己习惯的曲线板工具，设计好的曲线板可以保存，供以后使用。系统中的设置工具也是很方便的，设计师可根据自己的设计需求改变线型和颜色，即便是事先设置好的线型和颜色，在最后也是可以修改的，只要选中要更改的点线，选择需要的线型和颜色即更改完毕。系统插入按钮中具有装入样片功能，库中有样片库，设计师也可将自己设计的结构图存在相应的部件库中，可供下次设计使用。如不同服装但袖型或领型相同的，便可以在衣身结构画好后，直接用系统中的插入功能，找到库里已存放的袖子和领子的结构图，选中即可，系统会提醒需要添加哪些部位的尺寸，这样添加的部件结构图尺寸便会与所绘制的匹配，可以节省大量重新绘制的时间。

　　系统提供的设定修改模式也方便对结构图的更改，比如在绘制裙子结构图时，臀围线定好尺寸后还想修改，只要选中要修改的线，要修改的线变红，修改窗口直接出现要修改线的相关信息，可以直接点击公式进行修改，修改结束后结构图中的尺寸便更改完毕。系统中提供的多个工具可以快速的完成结构图的绘制，不同的工具也可以完成相同的工作，使用者可以根据个人习惯进行选择使用。特别是一些手工比较费时的加褶转省等操作很是方便，在使用工具过程中，褶量根据设计输入，上下均可以有褶量，上下褶量可相同也可以不同，褶的倒向可以根据设计自行设置，方便结构图的绘制，如图10-8为加褶前后对比图。

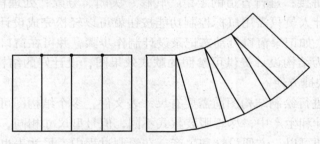

图10-8　加褶前后对比图

　　结构图绘制结束后，为了进行放码或排料操作，需要生成衣片，为了保持纱向一致，需要对结构图进行旋转后在生成衣片，图10-9为旋转结构图前后的对比。在绘制过程，也可不旋转，统一进行保存衣片，然后利用系统中的保存工具进行更改纱向的保存。如果使用衣片工具便无需旋转操作，操作顺序为先画要分割片的结构图，然后保存衣片，最后使用衣片工具加多褶，则直接达到最终加褶效果，效果同图10-9中转旋结束后的效果。系统中的不同工具可以达到相同的目的，工具的选择使用可根据设计师的个人使用习惯。

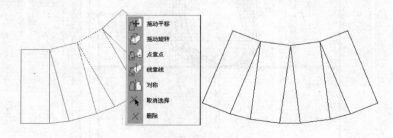

图10-9　旋转结构图

服装CAD系统的结构模块的使用，不仅可以减少样板纸样的存放空间，节省场地；更能降低工作人员的劳动强度，减少劳动力数量，通过电脑出头样，可以省去手工绘制的繁复测量和计算，速度快，准确度高。如图10-10的男装西服结构图，部分学生因绘制步骤不熟练手工绘制可以用时一天，工厂使用原型样板绘制用时1小时左右，而用软件绘制则用时半小时左右，使用服装CAD软件可以大大的提高工作效率。随着市场需求的变化，目前的服装加工业朝着小型化、多元化和快速反应的方向发展，行业竞争很是激烈，提高生产效率是必经之路，作为计算机技术高科技的产物，服装CAD系统的使用便可以使企业更好的提高效率，节约成本。

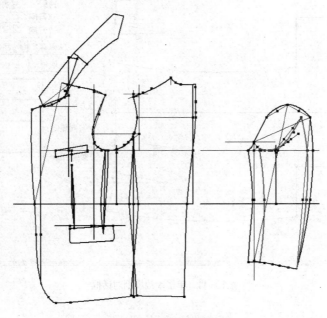

图10-10 男装西服结构图

三、推档系统

该系统是辅助样板设计完成工业样板推档（有俗称推板）。可以将手工制作好的纸板或衣片通过数字化仪输入进来，进行准确、快速的推档，也可以对样片结构设计系统中制好的衣片进行推档。推档系统用来对衣片进行推板操作，它可连接数字化仪将1∶1的衣片纸样直接输入到推档系统中，通过档差数值表和推档规则表的控制把用户所需尺码的衣片推放出来。系统提供了加缝边、放缩水、对称、分割、核对、调整布纹线、加褶、移省等功能。最后可以通过绘图机等设备输出1∶1或缩小的纸样。

首先通过尺寸表按钮输入推档的几个号型，选取基准号型，如果定量推档直接进入下一步即可，如果公式需要输入部位及部位尺寸。系统提供键盘修改按钮，可以进行点的坐标修改和点型设置。系统提供点推档，有2种方式进行推档，可以使用规则表按钮通过公式输入推档规则，或者使用单量单裁按钮直接输入距离。图10-11为单量单裁规则对话框输入，对话框中还有多个窗口，方便推档规则的输入，其中可以通过参考片进行规则点的拷贝编辑，如果没有选择参考片，则打开的衣片本身为参考片，如果有选择，则选中的衣片为参考片，可以把参考片上点的推档规则拷贝，减少推档规则的输入，节约时间，提高效率。图10-12为推档图，在尺寸表中输入三个码号。

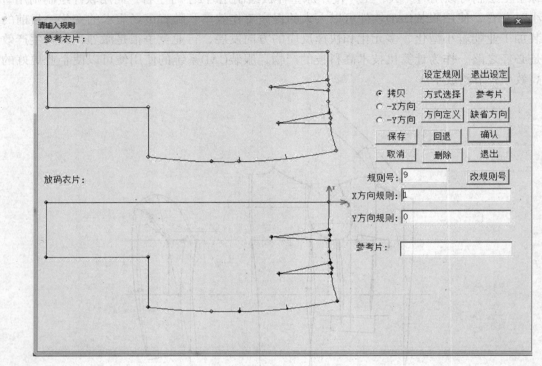

图10-11　单量单裁规则对话框

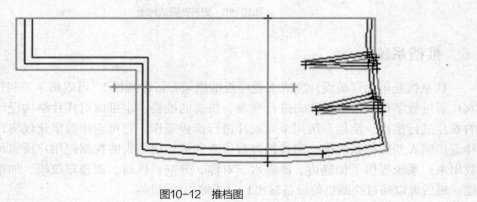

图10-12　推档图

一套复杂的纸样推档，手工推档很慢，而且尺寸不准，而使用电脑推档，至少可以速度提高五倍，甚至可以把原本需要将近一天的手工推档缩短到十几分钟，而且数据精确。现在的服装生产向着多品种、小批量、短周期、高质量的方向发展，使用推档系统可以满足企业的需求。

四、排料系统

排料是服装工业裁剪的重要技术工作，是在满足设计和制作工艺的前提下，将服装各规格的衣片样板在规定的面料幅宽内进行科学的排列，作出裁剪下料的具体方案，为铺料、推刀、裁出衣片和部件做准备工作。计算机辅助排料改变了传统的工作方式，以高效率、高质量为原则，非常直接地将所排的衣片和用布率显示在计算机屏幕上，并且系统提供的诸多工具和功能使用户可以方便、快捷、灵活地排放、修改与存储，从而提高用布率，节省面料，系统可精确计算出原辅材料使用率，使设计人员便于掌控，企业在购买原辅材料时更加理性，从而为生产企业降低生产成本，节省原辅材料。特别是对于需要对格对条的面料，使用排料系统更是快捷，在排料之前先通过面料设置，输入对格面料的参数即可，之后根据不同服装通过对格排放按钮设置对格参考点和对格点，设置后便可按照正常面料进行排料，系统自动进行对格对条，比人工效率高很多，并且节约面料。电脑排料自由度大，准确度高，可以非常方便地对纸样进行移动、调换、旋转、反转等，手工排料大概5人排一张，而应用排料系统一个人可排4张，大大的提高了工作效率，缩短生产周期，符合目前的小批量，流行周期短的服装生产。使用系统排好后用绘图仪打印出来就可以直接用于裁剪了。

参考文献

[1] 荆妙蕾.纺织品色彩设计［M］.北京：中国纺织出版社，2004.

[2] 陈彬.服装色彩设计［M］.上海：东华大学出版社，2010.

[3] 贺树青.针织服装设计基础［M］.北京：化学工业出版社，2009.

[4] 刘晓刚，崔玉梅.基础服装设计［M］.上海：东华大学出版社，2010.

[5] 上海市针织工业公司，天津市针织工业公司主编.针织手册（第六分册 成衣）［M］.北京：中国纺织出版社，1981.

[6] 桂继烈.针织服装设计基础［M］.北京：中国纺织出版社，2002.

[7] 张文斌等.服装工艺学（结构设计分册）［M］.北京：中国纺织出版社，2008.

[8] 李津，毛莉莉.针织服装设计与生产工艺［M］.北京：中国纺织出版社，2005.

[9] 刘瑞璞，刘维和.女装纸样设计原理与技巧［M］.北京：中国纺织出版社，2003.

[10] 张文斌.服装结构设计［M］.北京：中国纺织出版社，2006.

[11] 蒋晓文，周捷.服装生产流程与管理技术［M］.上海：东华大学出版社，2003.

[12] 范福军，朱松文.服装生产技术230问［M］.北京：中国纺织出版社，2008.

[13] 阎玉秀，金子敏，等.男装设计裁剪与缝制工艺［M］.北京：中国纺织出版社，1999.

[14] 王晓云，杨秀丽，等.实用服装裁剪制板与样衣制作［M］.北京：化学工业出版社，2012.

[15] 缪秋菊，王海燕，等.针织服装与面料［M］.上海：东华大学出版社，2009.

[16] 陆鑫，穆红，滕红军.成衣缝制工艺与管理［M］.北京：中国纺织出版社，2005.

[17] 吴铭，张小良，陶钧，等.成衣工艺学［M］.北京：中国纺织出版社，2002.

[18] 沈雷，郭文娟，罗娟.针织服装设计［M］.重庆：西南师范大学出版社，2009.

[19] 彭立云，董薇，等.针织服装设计与生产实训教程［M］.北京：中国纺织出版社，2008.

[20] 陈志华，朱华.中国服装史［M］.北京：中国纺织出版社，2008.

[21] 王革辉.服装面料的性能与选择［M］.上海：东华大学出版社，2013.

[22] 濮微.服装面料与辅料［M］.北京：中国纺织出版社，1998.

[23] 王晓威.服装设计实用教程［M］.北京：中国轻工业出版社，2013.

[24] 陈力，朱小珊.服装设计配饰裁剪教程［M］.沈阳：辽宁美术出版社，1999.

[25] 胡迅，须秋洁，陶宁.女装设计［M］.上海：东华大学出版社，2011.

[26] 李哲.服装CAD技术运用［M］.北京：中国轻工业出版社，2010.